荣获中国石油和化学工业优秀出版物奖·教材奖一等奖

化学工业出版社"十四五"普通高等教育规划教材

# 环境规划与管理

## 第二版

姚 建 主编

郑丽娜 余 江 副主编

化学工业出版社

·北京·

《环境规划与管理》(第二版)结合我国生态文明建设和生态环境保护全新要求,系统介绍了环境规划与管理的基本理论、内容和方法,展现了生态环境规划的主要内容。教材增加了案例介绍,并配套教学资料库,具有鲜明的时效性、完整性和实用性。全书分为四大板块:第1~2章简要介绍环境规划与管理的理论与技术基础,第3~5章介绍环境管理的组织体系和政策依据,第6~7章介绍环境规划的内容与技术方法,第8~10章从区域、企业和资源三个方面介绍环境管理的具体内容。

《环境规划与管理》(第二版)可作为高等院校环境专业的教材,也可作为相关专业和环境保护领域工作者的参考书。

### 图书在版编目(CIP)数据

环境规划与管理/姚建主编. —2版. —北京:化学工业出版社,2019.12(2024.11重印)
ISBN 978-7-122-35899-8

Ⅰ.①环⋯ Ⅱ.①姚⋯ Ⅲ.①环境规划-高等学校-教材②环境管理-高等学校-教材 Ⅳ.①X32

中国版本图书馆CIP数据核字(2019)第297557号

---

责任编辑:满悦芝　　　　　　　　　　　文字编辑:杨振美　陈小滔
责任校对:刘　颖　　　　　　　　　　　装帧设计:张　辉

---

出版发行:化学工业出版社(北京市东城区青年湖南街13号　邮政编码100011)
印　　刷:三河市航远印刷有限公司
装　　订:三河市宇新装订厂
787mm×1092mm　1/16　印张16　字数390千字　2024年11月北京第2版第7次印刷

购书咨询:010-64518888　　　　　　　　售后服务:010-64518899
网　　址:http://www.cip.com.cn
凡购买本书,如有缺损质量问题,本社销售中心负责调换。

定　价:49.80元　　　　　　　　　　　　　　　　　　　版权所有　违者必究

# 前　言

环境规划与管理是我国环境科学与工程专业的核心课程。从内容上看环境规划与管理是环境科学与技术、环境政策与管理研究和实践的综合集成，具有高度的综合性和交叉性，并随着生态环境保护和管理的需要不断发展。随着我国生态环境保护和生态文明建设的不断深入，环境规划管理的作用更加突出并受到高度关注，可见环境规划管理是一个年轻的有旺盛生命力的学科。

《环境规划与管理》（第一版）由国内多所高校教师共同编写，在总结归纳以往环境规划、环境管理教学成果的基础上，结合国内外环境规划和管理的理论方法和实践，首先简要介绍管理概念和基本知识，而后系统介绍了我国环境规划管理的理论和技术基础、环境管理体制与职责范围、环境管理的基本政策制度、主要法律法规、污染防治与生态规划的内容和方法、区域企业及资源等环境管理的内容，基本涵盖了环境规划和管理的所有领域。它是一本具有鲜明时代特色、体系和内容完整的专业教材。由于本书内容丰富而字数不多，学时数要求不高，2009年由化学工业出版社出版以来，被国内多所高校选择使用，收到很好的效果。

新修订的教材在保持原有完整体系和时代特色这两大鲜明特点的同时，强化了教材的实用性。教材以党的十八大、十九大精神为引领，结合生态文明建设和环境保护管理体制改革的新进展，根据新时代我国经济社会发展和生态环境保护的实际需要，将全新的生态环境保护管理体制、政策法规、内容方法和技术手段呈现出来，试图更系统地反映我国新时期环境管理和规划的改革、发展和成就。教材着重对环境管理体制和职责范围、环境管理的政策制度、环境管理的法律规定、环境规划的技术方法、环境管理模式和管理方法等内容进行了大量更新和修改。新修订的教材还充实了相关案例分析，不仅在书本中补充了相关文字案例介绍，而且在配套建设的资料库增加了有关图片、视频、PPT等相关参考资料，便于教学、学习时参考。教材的实用性和实践性大大增强。选用本教材的读者可发邮件至yaoj95@163.com免费索取。我们力图完美，力求教材不仅能满足专业教学需要，也能够成为学习理解我党"五位一体"总体战略布局、加强生态文明建设的生动教材，逐渐形成师生和读者们提高专业认识水平和能力的园地。

本次修订教材仍然由多所高校的有关教师共同编写完成。其中第1~2章、第6~7章由四川大学姚建编写；第3~5章由大连海洋大学郑丽娜编写；第8~10章由四川大学余江编写；中山大学的陈绍晴、西南交通大学的吴文娟、成都理工大学的许文来、成都信息工程大学的刘盛余等，参加了部分章节的编写和案例素材的提供；最后由姚建教授定稿。在教材编写过程中得到了相关学校领导和师生的帮助，也得到了化学工业出版社的大力支持，在此一并表示感谢！

由于时间及水平所限，书中疏漏之处在所难免，希望得到专家、学者及广大读者的批评指教。

编者

2019年12月于四川成都

# 第一版前言

人类的社会活动具有目的性、依存性和继承性，只有通过有组织的管理活动才能协调一致，实现既定目标，在社会分工协作不断深化的现代社会尤为重要。作为一种社会管理活动，环境保护也不例外，因此一般认为环境管理即是运用计划、组织、协调、控制、监督等手段，为达到预期环境目标而进行的一项综合性活动。由于环境管理的内容涉及土壤、水、大气、生物等各种环境因素，环境管理的领域涉及经济、社会、政治、自然、科学技术等方面，环境管理的范围涉及国家的各个部门，所以环境管理具有高度的综合性。它不仅需要环境基础学科、应用和技术学科的支撑，也需要管理学科、社会与经济学科的融合，更需要各类相关研究成果的综合集成，因此可以认为：环境管理是环境科学技术研究的最终归宿。作为20世纪70年代以后才发展起来的环境科学的一个分支，环境管理的研究时间并不长，许多理论和实践问题都有待深化和延续，因此它是一个年轻的有旺盛生命力的学科，也是当代社会最为期待的学科之一。当人们面对日益广泛、严重、复杂的环境污染和生态破坏，当人类付出了大量的资财和精力仍然不能根治环境问题，当有人大声疾呼试图唤醒人类仍难以实现人地协同的时候，这种感受更为深切。为此，加强环境管理的学习、研究和实践总结是历史赋予环境工作者的神圣职责。

我国环境科学与工程专业已将环境规划与管理作为专业核心课程。我们在总结归纳以往环境规划、环境管理教学成果的基础上，结合国内外环境规划和管理的实践和最新理念，形成了这本教材。教材力图反映当前环境管理体系和规划技术的全貌，并将最新的环境理念、方法和技术手段呈现出来。但由于时间所限，错漏之处在所难免，敬请读者批评指正，并在阅读和使用中提出宝贵意见，以便不断修订完善，成为读者的良师益友。

本书主要由四川大学和西南交通大学的有关教师编写完成。其中第1~4章由四川大学姚建编写；第5章和第6章由西南交通大学的陈海堰、刘颖分别编写；第7章、第10章由四川大学张军编写；第8章、第9章由西南交通大学的熊春梅、龚正君、吴文娟编写；最后由姚建教授定稿。在编写过程中得到了两校相关领导和师生的帮助，也得到了化学工业出版社的大力支持，在此一并致谢！

编者

2009年1月于四川成都

# 目 录

## 第1章 环境规划与管理概述 …………………………………………………… 1
### 1.1 管理学基础 …………………………………………………………………… 1
#### 1.1.1 管理的概念 …………………………………………………………… 1
#### 1.1.2 管理的职能 …………………………………………………………… 1
#### 1.1.3 管理的方法 …………………………………………………………… 2
#### 1.1.4 管理理论的发展过程 ………………………………………………… 3
### 1.2 环境管理、环境规划及其具体内容 ………………………………………… 6
#### 1.2.1 环境管理的概念 ……………………………………………………… 6
#### 1.2.2 环境管理的任务和内容 ……………………………………………… 7
#### 1.2.3 环境管理的手段 ……………………………………………………… 10
#### 1.2.4 环境管理思想的发展 ………………………………………………… 11
#### 1.2.5 环境规划及其内容 …………………………………………………… 12
#### 1.2.6 环境规划与环境管理的关系 ………………………………………… 13
### 1.3 环境管理的理论基础 ………………………………………………………… 14
#### 1.3.1 系统论 ………………………………………………………………… 14
#### 1.3.2 生态学理论 …………………………………………………………… 15
#### 1.3.3 环境经济理论 ………………………………………………………… 19
### 复习思考题 ………………………………………………………………………… 21

## 第2章 环境规划管理的技术支撑 …………………………………………… 22
### 2.1 环境监测 ……………………………………………………………………… 22
#### 2.1.1 环境监测的目的和任务 ……………………………………………… 22
#### 2.1.2 环境监测的分类 ……………………………………………………… 22
#### 2.1.3 环境监测的程序与方法 ……………………………………………… 23
#### 2.1.4 环境监测的质量保证 ………………………………………………… 23
### 2.2 环境标准 ……………………………………………………………………… 24
#### 2.2.1 环境标准的基本概念 ………………………………………………… 24
#### 2.2.2 环境标准的制定 ……………………………………………………… 25
#### 2.2.3 环境标准的应用 ……………………………………………………… 26
### 2.3 环境预测 ……………………………………………………………………… 26
#### 2.3.1 环境预测的概念 ……………………………………………………… 26
#### 2.3.2 环境预测的工作程序 ………………………………………………… 26
#### 2.3.3 环境预测方法的分类 ………………………………………………… 27
#### 2.3.4 常用的环境预测方法 ………………………………………………… 27
### 2.4 环境决策 ……………………………………………………………………… 30

    2.4.1 环境决策方法分类 …………………………………………………………… 30
    2.4.2 单目标决策方法 ……………………………………………………………… 31
    2.4.3 多目标决策方法 ……………………………………………………………… 32
    2.4.4 风险型决策方法 ……………………………………………………………… 34
  2.5 环境统计 …………………………………………………………………………… 34
    2.5.1 统计的概念和内容 …………………………………………………………… 34
    2.5.2 环境统计的概念和范围 ……………………………………………………… 35
    2.5.3 环境统计的作用 ……………………………………………………………… 36
    2.5.4 环境统计的分析方法 ………………………………………………………… 36
  2.6 环境审计 …………………………………………………………………………… 37
    2.6.1 环境审计的含义 ……………………………………………………………… 37
    2.6.2 环境审计的类型 ……………………………………………………………… 37
    2.6.3 环境审计方法 ………………………………………………………………… 38
  2.7 环境管理信息系统 ………………………………………………………………… 40
    2.7.1 环境信息 ……………………………………………………………………… 40
    2.7.2 环境信息系统分类 …………………………………………………………… 40
    2.7.3 环境管理信息系统的设计与评价 …………………………………………… 41
    2.7.4 环境决策支持系统的设计与评价 …………………………………………… 43
  复习思考题 ……………………………………………………………………………… 44
第3章 环境管理体制与职能 ……………………………………………………………… 45
  3.1 环境管理体制 ……………………………………………………………………… 45
    3.1.1 国外环境管理体制模式 ……………………………………………………… 45
    3.1.2 我国的环境管理体制模式 …………………………………………………… 48
    3.1.3 我国环境管理体制的产生和演变 …………………………………………… 50
  3.2 环境管理部门的职责 ……………………………………………………………… 55
    3.2.1 基本职能 ……………………………………………………………………… 55
    3.2.2 环境监督管理的范围 ………………………………………………………… 55
  3.3 各级环保部门职责 ………………………………………………………………… 56
    3.3.1 生态环境部 …………………………………………………………………… 56
    3.3.2 省级环境管理机构 …………………………………………………………… 57
    3.3.3 其他地方各级环境管理机构 ………………………………………………… 58
    3.3.4 企事业单位的环境管理机构 ………………………………………………… 59
  3.4 我国环境管理体制存在的问题和对策 …………………………………………… 59
    3.4.1 我国现行环境管理体制存在的主要问题 …………………………………… 60
    3.4.2 完善环境管理体制的建议 …………………………………………………… 61
    3.4.3 我国环境管理体制改革的趋向 ……………………………………………… 62
  复习思考题 ……………………………………………………………………………… 63
第4章 环境管理政策与制度 ……………………………………………………………… 64
  4.1 环境管理的方针 …………………………………………………………………… 64
    4.1.1 "三十二字方针" ……………………………………………………………… 64
    4.1.2 "三同步、三统一"的方针 …………………………………………………… 64

|     4.1.3　可持续发展战略的方针 | 64 |
|     4.1.4　"五位一体、四个全面"的方针 | 65 |
|   4.2　环境管理政策 | 65 |
|     4.2.1　环境管理的基本政策 | 65 |
|     4.2.2　环境管理的单项政策 | 67 |
|   4.3　环境管理制度 | 70 |
|     4.3.1　20世纪70年代的"老三项"管理制度 | 70 |
|     4.3.2　20世纪80年代后的"新五项"管理制度 | 75 |
|     4.3.3　环境管理制度的改革与发展 | 82 |
|   复习思考题 | 83 |

# 第5章　环境管理的法律法规　84

  5.1　环境保护法原则和体系　84
    5.1.1　环境保护法的基本原则　84
    5.1.2　我国的环境法体系　87
  5.2　环境法律责任　90
    5.2.1　违反环境法律的行政责任　90
    5.2.2　环境污染损害的民事赔偿责任　91
    5.2.3　破坏环境犯罪的刑事责任　93
    5.2.4　环境纠纷的处理和处置　95
  5.3　资源与环境保护的法律规定　97
    5.3.1　污染和公害防治的法律规定　97
    5.3.2　资源和生态环境保护的法律规定　106
  复习思考题　114

# 第6章　区域环境规划　115

  6.1　区域环境规划的程序和内容　115
    6.1.1　区域环境规划的类型　115
    6.1.2　区域环境规划的内容　116
    6.1.3　区域环境规划编制程序　121
  6.2　区域大气污染控制规划　122
    6.2.1　区域大气环境污染控制规划的主要内容　122
    6.2.2　大气环境现状分析与评价　123
    6.2.3　大气污染预测　124
    6.2.4　大气污染总量控制规划　125
    6.2.5　大气污染总量控制计算分析实例　127
    6.2.6　区域大气污染综合整治措施　129
  6.3　区域水环境规划　131
    6.3.1　区域水环境规划的内容和程序　131
    6.3.2　区域水污染源调查与分析　132
    6.3.3　区域水污染预测　132
    6.3.4　水污染控制单元　133
    6.3.5　水环境容量计算和分配　133

  6.3.6 区域水资源保护及水污染综合整治措施 ……………………………… 135
  6.3.7 水污染总量控制规划实例 ……………………………………………… 136
 6.4 固体废物管理规划 …………………………………………………………… 139
  6.4.1 固体废物管理规划的内容 ……………………………………………… 139
  6.4.2 固体废物污染现状及其发展趋势分析 ………………………………… 140
  6.4.3 确定规划目标 …………………………………………………………… 141
  6.4.4 固体废物管理规划的方法 ……………………………………………… 141
  6.4.5 区域固体废物综合整治措施 …………………………………………… 142
 6.5 噪声污染控制规划 …………………………………………………………… 144
  6.5.1 区域噪声污染控制规划的内容 ………………………………………… 144
  6.5.2 区域噪声现状监测与评价 ……………………………………………… 145
  6.5.3 噪声污染预测 …………………………………………………………… 145
  6.5.4 噪声控制规划方案 ……………………………………………………… 146
  6.5.5 区域噪声污染综合整治措施 …………………………………………… 146
 复习思考题 ………………………………………………………………………… 147

## 第7章 生态规划 …………………………………………………………………… 148
 7.1 生态规划的概念和内容 ……………………………………………………… 148
  7.1.1 生态规划的概念 ………………………………………………………… 148
  7.1.2 生态规划的目标 ………………………………………………………… 149
  7.1.3 生态规划的原则 ………………………………………………………… 149
  7.1.4 生态规划的步骤 ………………………………………………………… 150
 7.2 生态规划分析方法 …………………………………………………………… 152
  7.2.1 生态适宜度分析 ………………………………………………………… 152
  7.2.2 生态环境综合评价 ……………………………………………………… 154
  7.2.3 生态服务功能重要性评价 ……………………………………………… 157
  7.2.4 生态敏感性评价 ………………………………………………………… 158
  7.2.5 生态足迹（生态承载力）分析 ………………………………………… 160
 7.3 生态功能分区与生态红线划定 ……………………………………………… 163
  7.3.1 生态功能分区的目的和原则 …………………………………………… 163
  7.3.2 生态功能区划指标体系 ………………………………………………… 164
  7.3.3 生态功能分区方法 ……………………………………………………… 164
  7.3.4 生态功能区划分成果 …………………………………………………… 165
  7.3.5 生态保护红线概述 ……………………………………………………… 166
  7.3.6 生态保护红线划定方法 ………………………………………………… 166
 7.4 生态规划案例分析 …………………………………………………………… 167
  7.4.1 成都市龙泉驿区生态环境现状 ………………………………………… 168
  7.4.2 龙泉驿生态区建设的目标分析 ………………………………………… 169
  7.4.3 龙泉驿生态区建设的生态功能区划 …………………………………… 171
  7.4.4 龙泉驿生态区建设的主要领域和重点任务 …………………………… 171
  7.4.5 龙泉驿生态区建设的重点项目 ………………………………………… 174
  7.4.6 龙泉驿生态区建设目标的可达性分析 ………………………………… 174

7.4.7　龙泉驿生态区建设的效益分析与评价 …………………………………… 174
7.4.8　规划实施的保障措施 ………………………………………………………… 175
复习思考题 …………………………………………………………………………… 175

# 第8章　区域环境管理 …………………………………………………………… 176

8.1　末端控制为基础的环境管理模式 …………………………………………… 176
  8.1.1　末端控制的环境管理模式 ……………………………………………… 176
  8.1.2　浓度控制 ………………………………………………………………… 177
  8.1.3　总量控制 ………………………………………………………………… 178
8.2　污染预防为基础的环境管理模式 …………………………………………… 181
  8.2.1　污染预防型的环境管理模式 …………………………………………… 181
  8.2.2　组织层面的环境管理 …………………………………………………… 183
  8.2.3　产品层面的环境管理 …………………………………………………… 186
  8.2.4　活动层面的环境管理 …………………………………………………… 189
8.3　城市环境管理 ………………………………………………………………… 189
  8.3.1　我国的城市环境状况 …………………………………………………… 190
  8.3.2　城市环境保护目标及指标 ……………………………………………… 191
  8.3.3　城市环境管理对策和措施 ……………………………………………… 192
  8.3.4　城市环境管理案例 ……………………………………………………… 194
8.4　农村环境管理 ………………………………………………………………… 194
  8.4.1　我国农村的环境状况 …………………………………………………… 194
  8.4.2　农村环境保护的目标和内容 …………………………………………… 196
  8.4.3　农村环境保护的措施 …………………………………………………… 197
  8.4.4　农村环境管理案例 ……………………………………………………… 199
复习思考题 …………………………………………………………………………… 200

# 第9章　工业企业环境管理 ……………………………………………………… 201

9.1　工业企业环境管理概述 ……………………………………………………… 201
  9.1.1　工业企业环境管理的基本概念 ………………………………………… 201
  9.1.2　实施工业企业环境管理的目的 ………………………………………… 202
  9.1.3　工业企业环境管理的内容 ……………………………………………… 202
  9.1.4　工业企业环境管理的模式 ……………………………………………… 203
9.2　工业企业环境管理方法和手段 ……………………………………………… 205
  9.2.1　工业企业环境管理的方法 ……………………………………………… 205
  9.2.2　工业企业环境管理的手段 ……………………………………………… 206
9.3　生命周期评价 ………………………………………………………………… 207
  9.3.1　生命周期评价的起源 …………………………………………………… 207
  9.3.2　生命周期评价的定义与类型 …………………………………………… 208
  9.3.3　生命周期评价的技术程序 ……………………………………………… 208
  9.3.4　生命周期评价在企业环境管理中的应用及案例 ……………………… 210
9.4　清洁生产与全过程控制 ……………………………………………………… 213
  9.4.1　清洁生产简介 …………………………………………………………… 213
  9.4.2　清洁生产内容 …………………………………………………………… 215

  9.4.3 清洁生产实施 ……………………………………………………………… 215
  9.4.4 清洁生产实施案例 …………………………………………………… 217
 9.5 环境管理标准体系 ISO 14000 ……………………………………………… 218
  9.5.1 ISO 14000 系列标准的内容 ………………………………………… 218
  9.5.2 ISO 14000 系列标准的作用 ………………………………………… 220
  9.5.3 企业 ISO 14000 管理体系的建立和实施 …………………………… 220
  9.5.4 实施 ISO 14000 系列标准的应用案例 ……………………………… 222
 复习思考题 …………………………………………………………………………… 223

## 第 10 章 自然资源环境管理 ……………………………………………………… 224
 10.1 水资源的保护与管理 ……………………………………………………… 224
  10.1.1 水资源的概念与特点 ……………………………………………… 224
  10.1.2 水资源开发利用中的环境问题 …………………………………… 227
  10.1.3 水资源环境管理的原则和方法 …………………………………… 228
 10.2 矿产资源的保护与管理 …………………………………………………… 229
  10.2.1 矿产资源的概念与特点 …………………………………………… 229
  10.2.2 矿产资源开发利用中的环境问题 ………………………………… 231
  10.2.3 矿产资源环境管理的原则和方法 ………………………………… 231
 10.3 森林资源的保护与管理 …………………………………………………… 232
  10.3.1 森林资源的概念与特点 …………………………………………… 232
  10.3.2 森林资源开发利用中的环境问题 ………………………………… 234
  10.3.3 森林资源环境管理的原则和方法 ………………………………… 234
 10.4 生物多样性的保护与管理 ………………………………………………… 236
  10.4.1 生物多样性的概念及其作用 ……………………………………… 236
  10.4.2 生物多样性的变化情况 …………………………………………… 237
  10.4.3 破坏生物多样性的主要因素 ……………………………………… 239
  10.4.4 生物多样性的保护与管理措施 …………………………………… 241
 复习思考题 …………………………………………………………………………… 243

## 主要参考文献 …………………………………………………………………………… 244

# 第1章  环境规划与管理概述

## 1.1  管理学基础

### 1.1.1  管理的概念

随着人类社会和文明的发展,社会分工越来越明细,人与人之间的关系也越来越密切,人类活动的社会性越来越显著。可见人类活动具有目的性、依存性和知识性,通过有效地组织和引导才能协调一致,达到单个人活动难以达到的目标,这就成为管理活动产生的客观基础。管理活动与人类的文明活动一样古老,我国古代就有"顺道、重人、人和、乐信、利器、对策、节俭"等管理思想,而西方管理思想建立在工业社会发展基础上,表现为"劳动分工可提高效率、简化劳动、创造新工具和改造设备"等。

从字面上讲,管理就是管辖、处理的意思,但由于研究管理的社会背景不同,角度不同,认识也不尽相同。对管理的认识主要存在几种观点:①管理是指导人类达到既定目标的行动;②管理就是领导,通过领导者的智慧和能力达成目标;③管理就是决策,通过内外环境的分析和判断决定行动和结果;④管理就是人类为使系统功效不断提高所进行的一系列活动。

根据这些认识,我们可以认为,管理是根据事物的客观规律,通过计划、组织、控制等功能,有效地将人力、物力、财力作用于管理对象,使之适应外部环境,以达到既定目标的人类活动。

以上定义说明:管理是在一定的组织下进行的社会活动,其中涉及的人、财、物、时间、信息称为管理要素。管理活动通过决策者和管理阶层科学的分析和研究,对管理要素进行合理配置,指向既定目标,以收到单个人的活动不能收到的效果。管理的任务就是要设计和维持一种环境,使人们能以尽可能少的支出去实现既定目标。

### 1.1.2  管理的职能

所谓管理职能,是管理过程中各项行为及其功能的概括,是人们对管理工作应有的一般过程和基本内容所作的理论概括。划分管理职能,有助于使管理者在实践中实现管理活动的专业化,因而更容易从事管理工作。同时,管理者可以运用职能观点去建立或改革组织机构,根据管理职能规定出组织内部的职责和权利以及它们的内部结构,从而可以确定管理人员的人数、素质、学历、知识结构等。自法约尔提出五种管理职能以来,管理的职能经许多人多年的研究,至今仍然众说纷纭。有的人认为有三四种,有的说六七种,最常见的提法是:管理的基本职能为计划、组织、指挥、协调、控制。

(1)计划

管理意味着展望未来。预见是管理的一个基本要素,预见的目的就是制订行动计划,对今后要做的工作进行安排。计划的内容包括调查、预测、决策、目标、计划方案等。

（2）组织

组织分为物质组织和社会组织两大部分，管理中的组织是社会组织，只负责机构的部门设置，各职位的安排以及人员的安排。组织包括人、财、物、信息等要素的合理组织，机构设置，人员配备，规章建立等。

（3）指挥

当社会组织建立以后，就要让指挥发挥作用。通过指挥的协调，能使本单位的所有人做出最好的贡献，实现本组织的利益。指挥包括领导、督促、决策、激励、创造良好的系统环境等。

（4）协调

协调就是指机构的一切工作者要和谐地配合，以便于企事业经营的顺利进行，并且有利于企事业单位取得成功。协调主要包括人、财、物等相互调配以实现目标。

（5）控制

从管理者的角度看，应确保组织按计划认真执行，而且要反复地确认、修正、控制，保证企业社会组织的完整。由于控制适合于不同的工作，所以控制的方法也有很多种，有事中控制、事前控制、事后控制等。控制包括确立标准、收集信息、监督检查、分析研究、采取措施、进行调节等。

### 1.1.3 管理的方法

管理方法是指各种能够保证管理活动朝着预定的方向发展，达到管理目的的专门手段、措施和途径等。其中最基本的方法有五种。

（1）行政方法

依靠行政机构和行政首长的权力，以强制性的行政命令直接对管理对象施加影响，按行政系统来管理的方法。

① 特点：权威性、强制性、阶级性、稳定性、时效性、具体性、保密性、垂直性，是管理活动中最基本的方法。

② 方式：命令、指示、规定、指令性计划、规章制度等。

③ 优点：集中统一，便于管理职能的发挥和领导意图的实现。

④ 缺点：受领导水平的影响，不便于分权。

（2）立法与法律方法

利用法律的制定和实施来规范和管理客体的方法。

① 特点：阶级性、概括性、规范性、强制性、稳定性、可预测性。

② 优点：便于处理具有共性的一般问题，便于集权和统一领导，并且具有自我调节的功能。

③ 缺点：缺乏灵活性，容易使管理僵化。

（3）经济的方法

依靠经济组织，按客观经济规律要求，运用经济手段来进行管理的方法。经济手段即把劳动集体及个人的物质利益与其工作充分联系起来的方法。

① 特点：阶级性、具体性、灵活性、时效性。

② 优点：可以给下层管理层更多的自主权，调动各子系统和全体成员的协调性、主动

性、创造性。

③ 缺点：若无立法和制度的配合，易造成混乱局面乃至导致经济的违法行为。

(4) 宣传教育方法

以社会的理想、道德、规范、党的路线、方针、政策教育群众，提高他们的思想道德觉悟和道德责任感，以保证各项具体任务的完成。

① 特点：启发性、阶级性、广泛性、多样性、艺术性。

② 优点：生动、活泼、形象、直观。

③ 缺点：受教育者的观念和水平影响，易受教条限制。

(5) 咨询顾问的方法

被管理者向管理者寻求帮助和信息的方法。

① 特点：管理者处于被动状态，被管理者处于主动状态。

② 优点：便于管理者和被管理者的信息沟通。

③ 缺点：缺乏统一性，易造成各子系统各行其是的局面，目前仅是一种有效的辅助方法。

### 1.1.4 管理理论的发展过程

#### 1.1.4.1 19世纪末至20世纪初的古典理论

(1) 背景

19世纪末以前的传统管理完全凭经验办事：

① 没有职能分工，即资本拥有者就是管理者，工人是商品生产者也是生产管理者。

② 实行家长式管理，工人被当作机器，没有民主权利。

③ 缺乏管理技术，凭经验管理，随意性大。

随着生产规模的扩大，技术复杂程度提高，传统管理已不适应，劳资矛盾突出，要求提高管理水平，倡导科学管理，特别注意人事技能的应用。

(2) 内容

代表人物——泰勒（美），被称为"管理学之父"。为创建科学管理理论、谋求最高的工作效益，他通过试验研究及总结，于1911年出版《科学管理原理》一书，提出科学管理的以下原则：

① 归纳制定规章制度。

② 按标准工作方法培训工人。

③ 差别计件工资制。

④ 促进管理人员与工人密切合作。

(3) 特点

将积累的管理经验系统化和标准化，并运用科学手段和方法来研究解决企业内部生产管理问题。管理与生产作业分开，实现了管理的专门化。但古典理论把人看作机器的附属品，管理的重心是提高工作效率、改进工作方法，也被称为"管物说"。

#### 1.1.4.2 行为管理理论（1920—1945年）

(1) 背景

行为科学是研究人类行为规律的科学，它是在心理学、社会学、人类学等基础上发展起来的，从人的需要、动机、行为等不同角度，研究人的个体行为、集体行为、领导行为的规律，提高行为的预见性和控制力。这种理论产生于 20 世纪 40 年代，发展很快，在企业管理、公共行政、司法、医学、教育、国际事务等领域均有广泛应用。

(2) 内容

行为科学应用于企业管理，首先发生在美国，代表人物哈佛大学教授梅奥（著有《工业文明的人类问题》）。30 年代，梅奥在芝加哥西方电气公司的霍桑厂进行了著名的霍桑试验，提出了与传统管理不同的观点，要点如下：

① 传统管理认为人是"经济人"，金钱是刺激积极性的唯一动力。行为管理认为人是"社会人"，影响工人积极性的因素除金钱之外，还有社会和心理因素。

② 传统管理认为工作效率主要受工作条件和方法影响。行为管理认为效率取决于职工的态度即士气，而士气又取决于家庭和社会生活及企业中人与人的关系。

③ 传统管理只注意"正式组织"（体现在组织结构、制度等方面）。行为管理认为"非正式组织"有其特殊的情感、规模和倾向，对职工行为有很大影响。

④ 认为新型领导要善于沟通和听取职工的意见，使正式组织的经济需要与非正式组织的社会需要取得平衡。

(3) 特点

行为管理理论，使管理行为由"以事为中心管理"发展到"以人为中心管理"、由"纪律"研究发展到"行为"研究、由"监督管理"发展到"人性激励管理"、由"独裁式管理"发展到"参与式管理"。这些思想对现代管理学发展产生了重大影响。

#### 1.1.4.3 现代管理理论（1945 年以后）

(1) 背景

二战后科技和生产发展迅速，工程规模不断扩大，生产复杂程度和生产社会化程度不断提高，市场竞争更为剧烈。这些都促进了现代管理理论的发展。

(2) 内容

现代管理理论发展迅速、学派林立。根据我国学者研究，最具代表性的西方现代管理思想大致可分为七大学派：

① 管理程序学派是在法约尔的管理思想基础上发展起来的。代表人物是美国的哈罗德·孔茨和西里尔·奥唐奈。其代表作是他们合著的《管理学》。

这个学派最初对组织的功能研究较多，提供了一个分析研究管理的思想架构，将一些新的管理概念和管理技术容纳在计划、组织和控制等职能之中。

② 行为科学学派的代表人物有美国的马斯洛和赫茨伯格等。该学派认为管理中最重要的因素是对人的管理。所以，要研究人，尊重人，关心人，满足人的需要以调动人的积极性，并创造一种能使下级充分发挥能力的工作环境，在此基础上指导他们的工作。

该学派主张从单纯强调感情的因素、搞好人与人之间的关系转向探索人类行为的规律，提倡善于用人、进行人力资源的合理开发，并且强调个人目标和组织目标的一致性，要从个人因素和组织因素两方面着手来调动人的积极性。

③ 决策理论学派是从社会系统学派发展起来的。它的代表人物是美国的赫伯特·西蒙，其代表作是《管理决策新科学》。

该学派认为管理的关键在于决策，因此，管理必须采用一套科学的决策方法，研究合理的决策程序。决策理论包括如下四个主要观点：决策是一个复杂的过程而不是一个瞬间的活动；决策可分为程序化决策和非程序化决策；决策应遵循满意的行为准则；组织设计的任务就是建立一种制定决策的人-机系统。

④ 系统管理学派侧重于用系统的观念来考察组织结构及管理的基本职能，它来源于一般系统理论和控制论。代表人物为卡斯特等人，卡斯特的代表作是《系统理论和管理》。

该学派认为组织是一个由诸多相互联系、相互影响和相互作用的要素组成的系统，组织的功能是由组织的结构决定的。一个组织的管理水平或系统的运行效果是通过系统内各个子系统相互作用的效果决定的。同时又认为，组织这个系统中的任何子系统的变化都会影响到其他子系统的变化。为了更好地把握组织的运行过程和提高管理水平，就要研究这些子系统之间以及各子系统和系统之间的相互关系。

⑤ 权变理论学派是一种较新的管理思想，权变的含义通俗地讲也就是权宜应变。顾名思义，权变理论学派是一种在指导思想上以强调权宜应变为特色的现代管理学派。它的代表人物是英国的伍德沃德，其代表作是《工业组织：理论和实践》。

该理论认为，组织和组织成员的行为是复杂和不断变化的，这是一种固有的性质。所以说，没有任何一种理论和方法适用于所有情况，因此，管理方式和方法也应随着情况的不同而改变，要根据管理对象的实际情况来选择最好的适用管理方式。也就是说，没有什么是一成不变的、普遍适用的"最好的"管理理论和方法。一切管理理论和方法都与所处的环境条件密切相关，不能机械和教条地生搬硬套。

⑥ 管理科学学派又称数理学派，它形成于第二次世界大战之后，是泰勒科学管理理论的继续和发展。其代表人物为美国的伯法等人，伯法的代表作是《现代生产管理》。该学派强调群体决策，运用数学方法和计算机技术，重点研究操作方法和作业方面的定量管理问题。

在管理科学学派看来，管理就是制定和运用数学模式与程序的系统，就是用数学符号和公式来表示计划、组织、控制、决策等合乎逻辑的程序，求出最优解，以达到管理的目标。所以，所谓管理科学就是制定用于管理决策的数学和统计模式，并把这些模式通过电子计算机应用于企业管理。

管理科学学派最突出的特点是其方法的"工具性"。该学派认为，管理科学需要对以下两个问题提供答案：一是管理的对象和内容是什么，即回答"管什么"的问题；二是如何管理，即回答"怎么管"的问题。

⑦ 经验主义学派的代表人物主要有戴尔和杜拉克，其代表作分别为《管理：理论和实践》和《有效的管理者》。

这一学派主要从管理者的实际管理经验方面来研究管理，他们认为成功的组织管理者的经验是最值得借鉴的。因此，他们重点分析许多组织管理人员的经验，加以概括，找出他们成功经验中具有共性的东西，然后使其系统化、理论化，并据此向管理人员提供建议。

（3）特点

尽管现代管理理论学派林立，但现代管理科学均重视创造性劳动，强调以经营战略为重点，进行综合开发，主要特点如下所述：

① 突出经营决策。面对用户和市场，进行环境分析，制订经营战略，实行目标管理，力求提高企业盈利水平。"管理的重心在经营，经营的重点在决策"。

② 实行以人为中心的管理。职工参与管理、参股、接受职业教育等，注重人的需要和发展。

③ 以产品开发、质量保证为核心，对市场调查、产品设计、生产制度、销售服务等各个环节进行全过程管理。

④ 广泛运用现代科技成就，运用运筹学、数理统计方法、投入产出分析、计算机技术等先进理论和方法，使管理走向定量化。

⑤ 实行系统管理。企业是开放的系统，要适应环境，寻找机会，避免风险，创造一个良好的发展条件，企业内部各子系统应综合平衡、全面管理。

## 1.2 环境管理、环境规划及其具体内容

### 1.2.1 环境管理的概念

#### 1.2.1.1 环境管理的认识

环境管理学是 20 世纪 70 年代初逐步形成的一门新兴学科，是管理学、环境科学和技术科学的综合交叉，涉及面很广，目前国内外对环境管理的含义尚未形成统一的认识和看法。

1972 年，斯德哥尔摩联合国人类环境会议发表的《人类环境宣言》提出了环境管理的原则，包括指定适当的国家机关管理环境资源、利用科学和技术控制环境恶化和解决环境问题、开展环境教育和发展环境科学研究、确保各国际组织在环境保护方面的有效和有力的协调作用等。

1974 年，联合国环境规划署与联合国贸易和发展会议在墨西哥联合召开的"资源利用、环境与发展战略方针专题研讨会"上形成了三点共识：

① 全人类的一切基本需要均得到满足。

② 发展满足需要，但又不超出生物圈的容许极限。

③ 协调这两个目标的方法即环境管理。

1974 年，休埃尔《环境管理》一书中指出：环境管理是对损害人类自然环境质量（特别是大气、山、陆地外貌质量）的人的活动施加影响，以求创造一种美学上令人愉快、经济上可以生存发展、身体上有益于健康的环境所作出的自觉的、系统的努力。

1987 年，刘天齐《环境技术与管理工程概论》认为："环境管理是通过全面规划，协调发展与环境的关系；运用经济、法律、技术、行政、教育等手段，限制人类损害环境质量的活动；达到既发展经济满足人类基本需要，又不超出环境的容许极限。"

1992 年，赖斯等编著的《环境管理》中引用现代管理程序学派的观点，认为任何管理活动在本质上都是履行各种管理职能，实现同样的程序（过程），环境管理也不例外。"环境管理的本质是实现特定的环境目标，这一目标应该在保护和改善环境质量的宏观背景下实现。"

2000 年，我国学者叶文虎在《环境管理学》一书中指出，环境管理是"通过对人们自身思想观念和行为进行调整，以求达到人类社会发展与自然环境承载能力相协调。也就是说，环境管理是人类有意识的自我约束，这种约束通过行政的、经济的、法律的、教育的、科技的手段来进行，它是人类社会发展的根本保障和基本内容"。

#### 1.2.1.2 环境管理的定义

根据《环境科学大辞典》，环境管理有两种含义。从广义上讲，环境管理是指在环境容

量的允许下，以环境科学的理论为基础，运用技术的、经济的、法律的、教育的和行政的手段，对人类的社会经济活动进行管理。从狭义上讲，环境管理是指管理者为了实现预期的环境目标，对经济、社会的发展过程中施加给环境的污染和破坏性影响进行调节和控制，实现经济、社会和环境效益的统一。

总的来说，可以从以下几方面理解环境管理的含义。

① 环境管理首先是对人的管理。环境管理可以从广义和狭义两个角度来解释，广义上，环境管理包括一切为协调社会经济发展与保护环境关系而对人类的社会经济活动进行自我的约束行为。狭义上，环境管理是指管理者为控制社会经济活动中产生的环境污染和生态破坏影响所进行的调节和控制。

② 环境管理主要是要解决次生环境问题，即由人类活动所造成的各种环境问题。

③ 环境管理是国家管理的重要组成部分，涉及社会经济生活的各个领域，其管理内容广泛而复杂，管理手段包括法律手段、经济手段、行政手段、技术手段和教育手段等。

#### 1.2.1.3 环境管理的特点

(1) 环境管理的区域性

由于管理对象的区域差异，环境管理存在很强的区域性特点。这个特点是由环境问题的区域性、经济发展的区域性、资源配置的区域性、科技发展的区域性和产业结构的区域性等特点所决定的。开展环境管理工作，要从实际情况出发，制定有针对性的环境保护目标和环境管理的对策与措施。

(2) 环境管理的综合性

环境管理的综合性是由环境问题的综合性、管理手段的综合性、管理领域的综合性和应用知识的综合性等特点所决定的。因此，开展环境管理必须从环境与发展综合决策入手，建立地方政府负总责、环保部门统一监督管理、各部门分工负责的管理体制，走区域环境综合治理的道路。

在实际环境管理工作中，既要充分发挥环境保护部门的职能和作用，又要动员全社会的力量，极大地调动社会各阶层及政府各部门的环境保护积极性，实施分工合作、综合协调、综合管理。

(3) 环境管理的社会性

保护环境就是保护人的环境权和生存权。所以，环境保护是全社会的责任与义务，涉及每个人的切身利益。开展环境管理除了专业力量和专门机构外，还需要社会公众的广泛参与。这意味着一方面要加强环境保护的宣传教育，提高公众的环境意识和参与能力；另一方面要建立健全环境保护的社会公众参与和监督机制，这是强化环境管理的两个重要条件。

### 1.2.2 环境管理的任务和内容

#### 1.2.2.1 环境管理的目的和任务

(1) 环境管理的目的

环境问题的产生以及伴随社会经济迅速发展变得日益严重，根源在于人类的思想和观念上的偏差，这种偏差导致人类社会行为的失当，最终使自然环境受到干扰和破坏。因此，改变基本思想观念，从宏观到微观对人类自身的行为进行管理，逐步恢复被损害的环境，并减少或消除新的发展活动对环境的破坏，保证人类与环境能够持久地、和谐地协同发展下去，这是环境管理的根本目的。具体地说，就是要创建一种新的生产方式、新的消费方式、新的社会行为规范和新的发展模式，以协调社会经济发展和环境保护的关系。

(2) 环境管理的基本任务

环境问题的产生有思想观念和社会行为这两个层面的原因。为了实现环境管理的目的，必须从这两个方面入手，这就构成了环境管理的两个基本任务：一是转变人类社会的一系列的基本观念，二是调整人类社会的行为。

观念的转变是解决环境问题的最根本的方法，它包括消费观、伦理道德观、价值观、科技观和发展观直到整个世界观的转变。这种观念的转变将带动整个人类文明的转变。环境文化是以人与自然和谐为核心和信念的文化，环境管理的任务之一，就是要指导和培育这样的一种文化，环境文化渗透到人们的思想意识中去，使人们在日常的生活和工作中能够自觉地调整自身的行为，以达到与自然环境和谐相处的境界。

人类社会行为主要包括政府行为、市场行为和公众行为三种。政府行为是指国家的管理行为，诸如制定政策、法律、法令、发展计划并组织实施等。市场行为是指各种市场主体包括企业和生产者个人在市场规律的支配下，进行商品生产和交换的行为。公众行为则是指公众在日常生活中诸如消费、居家休闲、旅游等方面的行为。这三种行为都可能会对环境产生不同程度的影响。所以说，环境管理的主体和对象都是由政府行为、市场行为、公众行为所构成的整体或系统。

环境管理的两项任务是相互补充、相辅相成的。环境文化的建设对解决环境问题能够起根本性的作用，但是文化的建设是一项长期的任务，短期内对解决环境问题的效果并不明显，行为的调整可以比较快地见效，而且行为的调整可以促进环境文化的建设。所以说，环境管理中，应同等程度地重视这两项工作，不可有所偏废。

#### 1.2.2.2 环境管理的对象

(1) 人是管理活动的主体

这对于以限制人类损害环境质量的行为作为主要任务的环境管理来说尤其重要。管理过程各个环节的主体是人，人与人的行为是管理过程的核心。

人类社会经济活动的主体大体可以分为三个方面：

① 个人作为社会经济活动的主体，为了满足自身生存和发展的需要，通过生产劳动或购买去获得用于消费的物品和服务。要减轻个人的消费行为对环境的不良影响，首先必须明确个人行为是环境管理的主要对象。为此必须唤醒公众的环境意识，同时还要采取各种技术和管理的措施。

② 企业作为社会经济活动的主体，其主要目标通常是通过向社会提供产品或服务来获得利润。在它们的生产过程中，都必须要向自然界索取自然资源，并将其作为原材料投入生产活动中，同时排放出一定数量的污染物。企业行为是环境管理的又一对象。

③ 政府作为社会经济活动的主体，其行为同样会对环境产生影响。其中特别值得注意的是宏观调控对环境所产生的影响具有极大的特殊性，既牵涉面广、影响深远，又不易察觉。由此可见，作为社会经济活动主体的政府，其行为对环境的影响是复杂的、深刻的。既有直接的一面，又有间接的一面；既可以有重大的正面影响，又可能有巨大的难以估计的负面影响。要解决政府行为所造成和引发的环境问题，关键是促进宏观决策的科学化。

(2) 资源是管理的物质基础

环境管理也可认为是为实现预定环境目标而组织和使用各种物质资源的过程，即资源的开发利用和流动全过程的管理。环境管理的根本目标是协调发展与环境的关系。从宏观上说，要通过改变传统的发展模式和消费模式去实现，保护环境就是保护生产力。从微观上讲，要管理好资源的合理开发利用，要规划和管理好物质生产、能量交换、消费方式和废物处理等各个领域。

(3) 资金是管理活动的动力

从社会经济角度出发，经济发展消耗了环境资源，降低了环境质量，但又为社会创造了新增资本。如果说，物的管理侧重于研究合理开发利用资源，维护环境资源的可持续利用，那么，资金管理则应研究如何运用新增资本和拿出多少新增资本去补偿环境资源的损失。随着我国社会主义市场经济体制的不断完善，在政府的宏观调控下，市场价格机制应该在规范对环境的态度和行为方面发挥愈来愈重要的作用。

(4) 信息是管理系统的"神经"

信息是指能够反映管理内容的，可以传递和加工处理的文字、数据或符号，常见形式有资料、报表、指令、报告和数据等。只有通过信息的不断交换和传递，把各个要素有机地结合起来，才能实现科学的规划管理。

(5) 时空条件是管理的约束

任何管理活动都是在一定的时空条件下进行的，环境规划与管理的一个突出特点是时空特性日益突出，则时空条件亦应成为重要的研究对象。环境管理活动处在不同的时空区域，就会产生不同的管理效果。管理的效果在很多情况下也表现为时间的节约。各种管理要素的组合和安排，也都存在一个时序性问题。同时，空间区域的差别往往是环境容量和功能区划的基础，而这些时空条件又构成了决定能否成功管理的要旨。

#### 1.2.2.3 环境管理的内容

由管理目标和对象确定的管理内容是广泛而复杂的，一般可作如下划分。

(1) 从环境管理的范围划分

① 资源环境管理。依据国家资源政策，以资源的合理开发和持续利用为目的，以实现可再生资源的恢复和循环利用，不可再生资源的节约利用和代替资源的开发为内容的环境管理。资源环境管理的目标是在经济发展过程中，合理使用自然资源从而优化选择。

② 区域环境管理。区域环境管理是以行政区划分为归属边界，以特定区域为管理对象，以解决该区域内环境问题为内容的一种环境管理。

③ 部门环境管理。部门环境管理是以具体的单位和部门为管理对象，以解决该单位或部门内的环境问题为内容的一种环境管理。

(2) 从环境管理的性质划分

① 环境规划与计划管理。环境规划与计划管理是依据规划计划而开展的环境管理。这是一种超前的主动管理。其主要内容包括：制定环境规划，对环境规划的实施情况进行检查和监督。

② 环境质量管理。环境质量管理是一种以环境标准为依据，以改善环境质量为目标，以环境质量评价和环境监测为内容的环境管理。它是一种标准化的管理，包括环境调查、监测、研究、信息、交流、检查和评价等内容。

③ 环境技术管理。环境技术管理是一种通过制定环境技术政策、技术标准和技术规程，以调整产业结构，规范企业的生产行为，促进企业的技术改革与创新为内容，以协调技术经济发展与环境保护关系为目的的环境管理。它包括环境法规标准的不断完善、环境监测与信

息管理系统的建立、环境科技支撑能力的建设、环境教育的深化与普及、国际环境科技的交流与合作等。环境技术管理要求有比较强的程序性、规范性、严密性和可操作性。

### 1.2.3 环境管理的手段

#### 1.2.3.1 行政手段

行政手段是行政机构以命令、指示、规定等形式作用于直接管理对象的一种手段。在我国的环境管理工作中，行政手段通常包括：

① 制定和实施环境标准。根据《中华人民共和国环境保护法》（以下简称《环境保护法》）的规定，国家环境质量标准由国务院环境保护行政主管部门制定，地方环境质量标准由省、自治区、直辖市人民政府制定。

② 颁布和推行环境政策。国务院环境保护行政主管部门根据一定时期内国家的环境保护目标，拟定环境保护工作的基本方针、指导原则和具体措施，并予以推行。

#### 1.2.3.2 法律手段

法律是一种社会行为规范，法律规范最显著的特征是强制性，即通过国家机器的保障，强制执行。

在我国，环境保护法律法规体系主要包括：①宪法。我国宪法对环境保护的规定是制定其他环境保护法律法规的基础。②环境保护基本法。《环境保护法》规定了我国环境保护的目的和任务，确立了我国环境管理体系，提出了有关个人或组织应遵循的行为规范以及违法者应承担的法律责任。③环境保护单行法，包括《中华人民共和国水污染防治法》《中华人民共和国大气污染防治法》《中华人民共和国环境噪声污染防治法》《中华人民共和国固体废物污染环境防治法》《中华人民共和国海洋环境保护法》等，环境保护相关法，包括《中华人民共和国土地管理法》《中华人民共和国水法》《中华人民共和国森林法》《中华人民共和国草原法》《中华人民共和国野生动物保护法》《中华人民共和国渔业法》《中华人民共和国矿产资源法》《中华人民共和国煤炭法》《中华人民共和国水土保持法》等，是我国针对特定环境要素保护的需要作出的具体法律规定。④环境保护行政法规和部门规章。它们是为了贯彻落实环境保护基本法、环境保护单行法而由国务院或国务院各部门制定的。

#### 1.2.3.3 经济手段

在我国，政府环境管理的现行经济手段主要包括：①环境保护税收政策。《中华人民共和国环境保护税法》和《中华人民共和国环境保护税法实施条例》于2018年1月1日起施行。环境保护税是我国首个以环境保护为目标的绿色税种，取代了施行近40年的排污收费制度，不再征收排污费。环境保护税的征税对象是大气污染物、水污染物、固体废物和噪声等4类应税污染物。②减免税制度。对自然资源综合利用产品实行五年内免征产品税、对因污染搬迁另建的项目实行免征建筑税等。③补贴政策。财政部门掌握的排污费，可以通过环境保护部门定期划拨给缴纳排污费的企事业单位，用于补助污染治理。④贷款优惠政策。对于自然资源综合利用项目、节能项目等，可按规定向银行申请优惠贷款。

#### 1.2.3.4 宣传教育手段

通过环境宣传教育，不但要使全社会充分认识到环境保护的重要性，而且应当使全社会懂得环境保护需要每一个社会成员的参与。常用的宣传教育手段包括：报刊、电视、影片、网络、专题活动等。

首先，每一个社会成员都是物质产品的消费者，他们选择不同的消费方式将会对环境产生不同的影响；同时他们又分别以不同的身份和形式参与到政府、企事业单位的社会行为之中。全社会逐渐形成自觉的环境保护道德规范，对于保护环境、实现可持续发展无疑具有根本性的意义。其次，通过环境宣传教育，提高公众的环境保护意识，还有助于增强企业和公众（另一环境管理的主体）参与环境管理的能力。

#### 1.2.3.5 科学技术手段

政府环境管理中的科学技术手段是指国家建立合理的制度，制定有关的政策和法律，提高环境保护的科学和技术水平。具体地讲，主要指提高促进人与自然和谐，环境与经济协调的决策科学水平；提高保障代内和代际的人与人之间（包括国家之间、地区之间，部门之间）公平的管理科学水平；提高发展既能高度满足人类消费需要又与环境友好的新材料、新工艺的科学技术水平；提高整治生态环境破坏、治理环境污染、提高环境承载力的科学技术水平等。常用的科学技术手段包括：技术标准、技术规范、技术研发、技术推广等。

### 1.2.4 环境管理思想的发展

环境管理的思想和方法的演变历程是同人们对于环境问题的认识过程联系在一起的，所以，从这个角度看，环境管理的思想与方法大致经历了以下三个阶段。

(1) 把环境问题作为一个技术问题，以治理污染为主要管理手段

这一阶段大致从20世纪50年代末到70年代末。最初人们直接感受到的环境问题主要是"公害"问题即局部的污染问题，如河流污染、城市空气污染等。这时，人们认为这是一个可通过发展技术得到解决的单纯的技术问题。因此，这个时期环境管理的原则是"谁污染、谁治理"，实质上只是环境治理，环境管理成了治理污染的代名词。这主要表现在：

① 政府环境管理机构体现了这样一种认识。如我国一开始成立的环保机构就叫做"三废"治理办公室。在这一时期，各国政府每年从国民收入中抽出大量的资金来进行污染治理，如美国的污染防治费就占到 GNP 的 2%。

② 在法律上，则颁布了一系列的防治污染的法令条例，著名的如美国的《清洁空气法案》、中国的《大气污染防治法》，可以说，目前的环境保护法律主要是在这一时期所创立的。这些法律的基本特点都是针对某一单项环境要素或某一类污染问题。

③ 在技术上则致力于研究开发治理污染的工艺、技术和设备，用于建设污水处理厂、垃圾焚烧炉、废弃物填埋场等。

④ 在理论研究上，各个学科分别从不同的角度研究污染物在环境中的迁移扩散规律，研究污染物对人体健康的影响，研究污染物的降解途径等。从而形成了早期环境科学的基本形态，如环境化学、环境生物学、环境物理学、环境医学、环境工程学等。

这一时期的工作对于减轻污染、缓解环境与人类之间的尖锐矛盾起了很大的作用。但总体来说，这一时期的工作因为没有从杜绝产生环境问题的根源入手，因而并没能从根本上解决环境问题。另一方面新污染源又不断地出现，治理污染成了国家财政的一个巨大负担。

(2) 把环境问题作为经济问题，以经济刺激为主要管理手段

这一时期大致从20世纪70年代末到90年代初。随着时间的推移，其他环境问题诸如生态破坏、资源枯竭等也都陆续凸现出来，加之使用末端污染治理的技术手段并没有取得预期的效果，于是人们进一步认识到酿成各种环境问题的原因在于经济发展中环境成本外部性问题。因此开始把保护环境的希望寄托在对经济发展活动过程的管理，于是这一时期环境管理思想和原则就变为"外部性成本内在化"。具体说来就是通过对自然环境和自然资源进行

赋值，使环境污染和破坏的成本在一定程度上由经济开发建设行为担负。

这一时期最主要的进步就是认识到自然环境和自然资源的价值。所以，对自然资源进行价值核算，运用收费、税收、补贴等经济手段以及法律的、行政的手段来进行管理成为这一阶段的主要研究内容和管理办法，这些办法被认为是最有希望解决环境问题的途径。在这一时期，环境规划学、环境经济学、环境法学等得到蓬勃的发展。但大量实践表明，经济活动为其固有的运行准则所制约，因而在其原有的运行机制中很难或不可能给环境保护提供应有的空间和地位。对目前的经济运行机制进行小修小补还是不可能从根本上解决环境问题。

（3）把环境问题作为一个发展问题，以协调经济与环境的关系为主要管理手段

《我们共同的未来》的出版以及1992年在巴西里约热内卢召开的联合国环境与发展大会《里约宣言》的公布，标志着人们对环境问题的认识提高到一个新的境界。人们终于认识到环境问题是人类社会在传统自然观和发展观等人类基本观念支配下的发展行为造成的必然结果。人们终于觉悟到，要真正解决环境问题，首先必须改变人类的发展观。只有改变目前的发展观及由之所产生的科技观、伦理观和价值观、消费观等，才能找到从根本上解决环境问题的途径与方法。

近年来，人们逐渐认识到了这个问题，并在不同的领域里进行了探索。如生命周期评价（Life Cycle Assessment，简称LCA）的提出就是一个重要的例子。它从产品着眼，包括产品服务在内。生命周期评价是用于评估从原材料开采、加工合成、运输分配、使用消费和废弃处置的生命全过程，对环境产生的影响的技术和方法。这种方法的特点是以产品为龙头，面向产品的生命过程，而不是仅仅面向产品的加工过程。更为重要的是，因为产品是人类社会-自然环境系统中物质循环的载体，抓住了产品的管理，就是抓住了人与自然之间物质循环的关键。又如，德国WUPPERTAL研究所的施密特教授提出的单位服务量物质强度（MIP）的概念和思路，它从单位服务的物质消耗的角度来考察人们的行为对环境的影响，从而使人们在生活的各个方面都顾及对环境的影响，使人类的社会行为尽可能少地消耗自然资源。这些例子表明人们对环境问题已经开始有了更本质的认识，并且已经逐渐接近世界系统运行的本身，也反映了人们在努力探索减轻对自然环境系统压力的方法。

在环境问题的压力面前，人们从观念到行为对自身的各方面进行全面的反思，并在实际操作层次上进行探索，这说明，人类已经进步到有意识地探索与自然和谐共处的道路的阶段。因此在新文明、新发展观、新发展模式、新的思想理论观念的形成过程中，环境管理作为人类对自身与自然相沟通的管理手段，必将发挥更大的作用。

## 1.2.5 环境规划及其内容

### 1.2.5.1 环境规划的含义

环境规划是环境管理的一种手段和工具，是人类为使环境与经济社会协调发展而对自身活动和环境所做的时间和内容的合理安排。

环境规划是国民经济与社会发展规划的有机组成部分，是环境决策在时间、空间上的安排。这种规划是对一定时期内环境保护目标和措施所做出的规定，其目的是在发展经济的同时保护环境，使经济与环境协调发展。

《环境保护法》第十三条规定："县级以上人民政府环境保护主管部门，应当会同有关部门对管辖区范围内的环境状况进行调查和评价，拟定环境保护规划，经计划部门综合平衡后报同级人民政府批准实施"。第三次全国环境保护会议提出八项制度，环境规划作为环境管

理体系中的重要组成部分已明显表现出来，并占有重要位置。

#### 1.2.5.2 环境规划的内容

作为一种克服人类经济活动盲目性的科学决策活动，环境规划必须包括两方面内容：一是要根据环境保护要求，对人类经济社会活动指出约束要求，如制定正确的产业发展政策、确立合理的生产规模、优化产业结构的布局、采用先进工艺等。二是要根据经济社会发展对环境发展和环境保护的目标要求，对环境保护与建设做出长远的安排与合理的部署。为此，一般环境规划的主要内容包括：

① 环境现状调查与评价。通过环境质量、污染来源的现状调查与评价，可以了解区域环境状况，获取规划需要的科学数据信息，这是规划工作的基础。

② 环境预测。环境预测是结合区域经济社会发展趋势，对未来环境状况进行定量、半定量分析和描述。环境预测是编制环境规划的先决条件。

③ 环境区划与功能分区。根据区域自然及社会经济条件差异划分不同功能的环境单元，并研究不同单元的环境容量（承载力），便于分类指导、因地制宜地规划。

④ 环境目标。环境目标及其指标体系的制定是环境规划的核心工作，目标高低决定投资大小及实施可能，也决定了规划的合理性和可实施性。

⑤ 环境规划设计。结合规划区域存在的问题和环境目标要求，拟定污染防治及产业调整、生态保护方案。环境规划设计是环境规划的关键。

⑥ 规划方案优选。通过综合分析、科学比较，提出投资少、效益好的规划方案或组合方案，体现环境经济的协调统一，保证规划目标的实现。

⑦ 实施环境规划的支持与保证。根据规划重点项目编制投资预算和年度计划，提出环境规划的组织、管理、技术与资金支持措施，保障规划的顺利实施。

### 1.2.6 环境规划与环境管理的关系

环境规划与管理已被国内外多年的实践证明是环境保护工作行之有效的主要途径。环境管理与环境规划紧密相连，难以分割。但是，两者又存在各自独立的内容和体系。两者的相关性和差异性可从以下几方面说明。

(1) 规划职能是环境管理的首要职能

从现代管理的职能来看，无论是三职能说（规划、组织和控制）、五职能说（规划、组织、指挥、协调和控制），还是七职能说（规划、组织、用人、指导、协调、报告和预算），均将规划职能作为管理的首要职能。

在环境管理中，环境预测、决策和规划这三个概念，既相互联系又相互区别。环境预测是环境决策的依据；环境规划是环境决策的具体安排，它产生于环境决策之后；预测是规划的前期准备工作，是使规划建立在科学分析基础上的前提。可见环境规划是环境预测与环境决策的产物，是环境管理的重要内容和主要手段。因此，从环境管理职能来看，环境规划是环境管理部门的一项重要的职能。

(2) 环境目标是环境规划与环境管理的共同核心

前已述及，环境管理工作是关于特定环境目标实现的管理活动。环境目标可根据环境质量保护和改善的需要，采用多种表达形式。例如，可制定精确的量化目标，如立法中的具体环境标准；或表达更广阔的期望，如保护特定景观的美学价值；还包括道德伦理领域，如保护濒危物种和关心子孙后代发展等。而环境规划的核心亦是环境目标决策，涉及目标的辨识和目标实现手段的选择。实现共同的环境目标，使环境规划与环境管理具备共同的工作基础。

当然，从时空特征出发，环境规划被看作探索未来的科学方法，而环境管理更关心当前环境问题的解决，并通过各种管理手段为实现环境目标而努力。

(3) 环境规划与管理具有共同的理论基础

从学科领域来看，环境规划属于规划学的分支，环境管理属于管理学的分支，在内容和方法体系上存在一定差异。但是，从理论基础分析，现代管理学、生态学、环境经济学、环境法学、系统工程学和社会伦理学等又是两者共同的基础，两者同属自然科学与社会科学交叉渗透的跨学科领域。

可见环境规划与管理内容丰富而广泛，它是以生态环境科学理论和工程技术为基础，以系统分析方法为手段，研究环境管理政策及措施、环境规划的技术方法及应用的综合性学科。它的研究和实施能为生态环境保护管理提供顶层设计和系统解决方案。

## 1.3 环境管理的理论基础

由于环境管理学是多学科相互交叉渗透的边缘学科，必须以广泛的相关学科为基础，加以整合和应用，才能发挥应有作用。与环境管理有关的理论很多，如系统论、控制论、信息论、行为科学理论、生态学理论、环境经济理论、管理学理论，以及三种生产理论、冲突协同理论、界面活动控制理论等，它们都是环境管理学的理论来源。下面主要介绍环境管理的基础性理论。

### 1.3.1 系统论

系统论是运用数学和逻辑方法，研究一般系统运动规律的理论。其中，数学方法是系统论研究一般系统运动规律的定量化方法，是用来揭示系统内部各子系统之间相互联系和制约关系的手段。逻辑方法则是系统论研究一般系统运动规律的定性思维方法，蕴含着思想方法论的成分。二者结合起来便形成了丰富而深刻的内容。系统论的基本观点可概括为下述四个方面。

(1) 整体性观点

整体性观点旨在通过揭示要素和系统整体的关系，告诉人们，在认识和处理问题时要坚持一切从整体出发，不仅要把研究对象作为系统整体来认识，而且要将研究过程看作系统整体。

在环境管理中，不但要将环境问题视为社会发展的整体问题来研究，而且要将环境问题的解决过程视为一个系统整体。同时，在一定的人力、物力、财力和技术等条件基本不变的情况下，从产业结构调整和工业布局优化入手，加强宏观政策调控，加快环境管理机构和体制改革，实现环境管理的合理组织、协调和控制，从整体上促进区域的可持续发展战略目标的实现。

(2) 相关性观点

系统的相关性是指任一事物都处于联系之中，是关于系统各要素之间相互关联的特性，即系统中任何要素的存在和运动变化都与其他要素相关联。因此，要处理一个系统要素，就必须充分考虑该要素的影响和作用。把可处理的客观事物和所要解决的问题作为更大系统的要素来研究，这就是系统论的相关性观点。

环境问题的产生与人类社会发展息息相关，与人类的社会活动和经济活动息息相关。而环境问题的解决同样与人类的经济活动、社会进步密不可分。因此，环境管理就必须将环境问题与经济问题和社会发展问题联系起来，研究它们之间的相互关系、作用与影响，通过改变人类的生产方式和消费方式来调整环境、经济与社会三者之间的相关性，实现人类环境与社会经济协调、稳定、可持续发展。

(3) 有序性观点

系统的有序性是指系统内部诸要素在一定空间和时间的排列顺序以及运动转化中的有规则、合规律的属性。这个理论实际上就是现代管理科学中所谓分级管理，指标或功能分解原则的基础。系统的有序性观点旨在揭示系统结构与功能的关系，通过对系统要素的有序组合而实现系统整体功能的优化。

环境管理就是要求提高生态-经济-社会系统在时间、空间以及功能等方面的有序性，力争在原有系统要素不变的情况下，通过提高结构的有序程度达到经济建设与环境保护协调发展。

(4) 动态性观点

动态性观点是对系统开放特征的反映和总结。它旨在通过揭示系统状态同时间的关系，告诉人们要历史地、辩证地、发展地考察和认识对象系统，处理好系统与环境的动态适应关系。

要解决当今的环境问题，就要从环境问题产生的历史背景和原因出发，整体地、全面地、动态地看待环境的现状；在正确分析历史背景和现状的基础上，运用发展的观点认识环境问题，并对其进行科学的预测，以研究和探讨环境问题的发展规律，才能正确地制定当今的环境战略和环境对策。

## 1.3.2 生态学理论

生态学的基本原理，是环境管理的重要理论基础。近年来有些生态学家提出了许多正确的见解，并把它上升到规律和定律的高度。我国生态学家马世骏提出的生态学五规律，即相互制约和相互依赖的互生规律、相互补偿和相互协调的共生规律、物质循环转化的再生规律、相互适应与选择的协同进化规律和物质输入输出的平衡规律。陈昌笃提出六条生态学一般规律：物物相关、相生相克、能流物复、负载定额、协调稳定和时空有宜。美国环境学家米勒（G. T. Miller）提出的生态学三定律是：

生态学第一定律：任何行动都不是孤立的，对自然界的任何侵犯都具有无数效应，其中许多效应是不可逆的。该定律也可称为多效应原理或极限性原理。

生态学第二定律：每一种事物无不与其他事物相互联系和相互交融。此定律也可称为相互联系原理或生态链原理。

生态学第三定律：我们生产的任何物质均不应对地球上自然的生物地球化学循环有任何干扰。此定律也可称为勿干扰原理或生物多样性原理。

下面将重点介绍米勒的生态学三定律在环境管理与规划中的应用。

### 1.3.2.1 极限性原理——环境容量和环境承载力

任何事物都具有一定的限度。生态环境系统中的一切资源都是有限的，环境对污染和破坏所带来的影响，也只有一定限量的承受能力。如果超过这个限度，就会使自然系统失去平衡稳定的能力，引起质量上的衰退，并造成严重的后果。因此，人类对环境资源的开发利用，必须维持自然资源的再生功能和环境质量的恢复能力，不允许超过生物圈的承载能力或容许极限。在进行环境管理时，应根据事物的极限性原理，对环境系统中各因素的功能限度——环境容量和环境承载力慎重地展开分析研究。

(1) 环境容量

环境容量是一个复杂的反映环境净化能力的量，其数值应能表征污染物在环境中的物理、化学变化及空间机械运动性质。简单地说，环境容量是指某环境单元所允许承纳的污染物质的最大数量。环境容量是自然生态环境的基本属性之一，由自然生态环境特征和污染物质特性所共同确定。它是一个变量，环境容量 $M$ 有两个组成部分，即基本环境容量 $K$ 和变动环境容量 $R$。前者可以通过环境质量标准减去环境本底值求得，后者是指该环境单元的自净能力。其定义式如下：

$$M = K + R$$

某环境单元内的环境容量值的大小，与该环境单元本身的组成和结构有关。因此，在地表不同的区域内，环境容量的变化具有明显的地带性规律和地区性差异。要准确地得到某区域的环境容量，需要花费大量的人力、物力以及较长的研究、监测时间。由于环境的自净机制，所以可用环境浓度标准值与背景值之差，并通过一定的输入输出关系转换成排放量，即以污染物的允许排放量作为环境容量。从这个意义上讲，环境容量是一种环境资源，合理利用环境容量对防治环境污染具有重要的经济价值，并受到人们的重视。

(2) 环境承载力

环境承载力指某一时刻环境系统所能承受的人类社会、经济活动的能力阈值。环境承载力是环境系统功能的外在表现，即环境系统具有依靠能流、物流和负熵流来维持自身的稳态，有限地抵抗人类系统的干扰并重新调整自组织形式的能力。环境承载力是描述环境状态的重要参量之一，即某一时刻环境状态不仅与其自身的运动状态有关，还与人类作用有关，它反映了人类与环境相互作用的界面特征，是研究环境与经济是否协调发展的一个重要判据。

环境承载力是环境系统固有功能的表现，它不仅与环境系统本身的结构有关，还与外界（人类社会经济活动）的输入输出有关。若将环境承载力（EBC）看成一个函数，那么它至少包含三个自变量：时间（$T$）、空间（$S$）、人类经济行为的规模与方向（$B$）。

$$EBC = f(T, S, B)$$

在一定时刻，在一定的区域范围内，可以将环境系统自身的固有特征视为定值，则环境承载力随人类经济行为规模与方向的变化而变化。环境承载力既是一个客观地表征环境特征的量，又与人类的主要经济行为息息相关。概言之，环境承载力的特点是时间性、区域性、主客观的结合性。

为了方便量化描述，将环境承载力划分为：

① 环境能够容纳污染物的量；

② 环境持续支撑经济社会发展规模的能力；

③ 环境维持良好生态系统的能力。

从环境系统与人类社会经济系统之间物质、能量和信息的联系角度，可以将环境承载力指标分为三部分：

① 资源供给指标。如水资源、土地资源和生物资源的数量、质量和开发利用程度。

② 社会影响指标。如经济实力、污染治理投资、公用设施水平和人口密度等。

③ 污染容纳指标。如污染物的排放量、绿化状况和污染物净化能力等。

通过环境承载力指标体系，可以间接量化表达某一区域的环境承载量和环境承载力。环境承载力可以应用于环境规划，并作为其理论基础之一，成为从环境保护方面规划未来人类行为的一项依据。

#### 1.3.2.2 生态链原理——工业生态学和生态工业园

所谓生态链原理系指按照生态学第二定律"每一种事物无不与其他事物相互联系和相互交融"的原理，模仿生态系统物质循环和能量流动的规律重构工业（产业）系统，推行循环经济模式，研究现代工业系统运行机制的耦合思想，是环境管理与规划的重要理论基础。

(1) 工业生态学

20世纪60年代，日本政府通商产业省的工业机构咨询委员会开展了前瞻性研究，其下属的工业生态工作小组通过研究，提出了以生态学的观点重新审视现有工业体系和应在"生态环境"中发展经济的观念。1972年5月，该小组发表了《工业生态学：生态学引入工业政策的引论》的报告。1983年，比利时的政治研究与信息中心出版了《比利时生态系统：工业生态学研究》专著，书中反映了六位学者（包括生物学家、化学家、经济学家等）对工业系统存在的问题的思考。20世纪90年代初，美国耶鲁大学格雷德尔（T. E. Graedel）等，出版了全球第一本作为高校教材的《产业生态学》（Industrial Ecology），开设了相关课程，并于1997年组织出版了第一份《工业生态学杂志》（Journal of Industrial Ecology），1998年成立了工业生态学研究中心。2000年国际工业生态学学会（ISIE）成立。康奈尔大学在2001年成立了美国国家生态工业发展研究中心。

格雷德尔在《产业生态学》中提出了产业生态学的定义："……是人类在经济、文化和技术不断发展的前提下，有目的、合理地去探索和维护可持续发展的方法。""……要求不是孤立而是协调地看待产业系统与其周围环境的关系。这是一种试图对整个物质循环过程——从天然材料、加工材料、零部件、产品、废旧产品到产品最终处置——加以优化的系统方法。需要优化的要素包括物质、能量和资本。"

工业生态学实践者界定的工业的外延非常广泛，涵盖了人类的各种活动，其研究范围不仅仅局限在一个企业的围墙之内，而是扩展到人类生存和活动对地球造成的各种影响，包括社会对资源的利用，这成为循环经济理论产生的基础。

(2) 生态工业园

① 生态工业园的概念。1996年8月由美国总统可持续发展理事会（PCSD）召集的专家组提出，生态工业园是商务（企业）群体，其中的商业企业互相合作，而且与当地的社区合作，以实现有效地共享资源（信息、材料、水、能源、基础设施和天然生境），产生经济和环境质量效益，为商业企业和当地社区带来平衡的人类资源。生态工业园可定义为一种工业系统，它有计划地进行材料和能源交换，寻求能源与原材料使用的最小化，废物最小化，建立可持续的经济、生态和社会关系。

2003年12月我国国家环境保护总局把生态工业示范园区（生态工业园区）定义为依据清洁生产要求、循环经济理念和工业生态学原理而设计建立的一种新型工业园区。它通过物流或能流传递等方式把不同工厂或企业连接起来，形成共享资源和互换副产品的产业共生组合，使一家工厂的废弃物或副产品成为另一家工厂的原料或能源，模拟自然系统，在产业系统中建立"生产者-消费者-分解者"的循环途径。

② 生态工业园的建设实践。20世纪70年代建成的丹麦的卡伦堡（Kalundborg）工业共生体是生态工业园发展的雏形。当初，卡伦堡市的几个重要企业试图在减少费用、废料管理和更有效地使用淡水等方面寻求革新，它们之间建立了紧密、相互协调的关系。80年代以来，当地主管发展的部门意识到这些企业自发地创造了一种新的体系，并给予了积极支持，将其称为"工业共生体"，这是工业生态学的第一次实践。

美国是世界上最为积极投身于生态工业园规划和建设的国家之一。从 1993 年开始，美国已有 20 个城市的市政当局与大公司合作规划建立生态工业园。1995 年，PCSD 指定了四个示范工业园进行实际应用研究，它们是巴尔的摩（Baltimore，MD）、查尔斯角（Cape Charles，VA）、布朗斯维尔（Brownsville，TX）和查塔努加（Chattanooga，TN）。美国国家环境保护局（EPA）也于 1999 年资助了两个生态工业园区计划。目前，美国已经有近 20 个生态工业园，涉及生物能源开发、废物处理、清洁工业、固体和液体废物的再循环等多种行业多个层次，并且各具特色。

日本提出了与生态工业园类似的零排放社会的概念。在日本通商产业省和环境厅的财政支持下，川崎零排放工业园于 2001 年开始运作。该园区的特点包括利用湿地进行废水处理并进行再利用，能量的逐级利用，再生资源的开发，将废物转化成能源，日光温室，将灰渣和其他一些废物用于水泥和陶瓷制造等废物资源化的措施。

"十五"期间，在科学发展观和循环经济理论指导下，我国生态工业园建设也取得了较大进展。当时国家环境保护总局已正式确认把贵港生态工业园（制糖）、海南生态工业园（环境保护产业）、鲁北企业集团（石膏制硫酸联产水泥和海水利用）、湖南黄兴生态工业园（电子、材料、制药和环境保护等多产业共生体）和内蒙古包头生态工业园（铝电联营）等作为国家生态工业示范园。

#### 1.3.2.3　生物多样性原理——与自然和谐相处的环境伦理观

生态学第三定律即生物多样性原理给环境规划与管理提出了转变人类观念和调整人类行为的基本任务，而这种观念和行为的改变，取决于对人与自然关系的重新认识。因此，与自然和谐相处的环境伦理观，成为环境价值观的基础。

（1）生命中心主义

生命中心主义的代表人物之一保罗·沃伦·泰勒（P. W. Taylor）在《尊重自然》一书中写到："采取尊重自然的态度，就是把地球自然生态系统中的野生动物看作是具有固有价值的东西。"根据他的意见，所谓"尊重自然"就是尊重"作为整体的生物共同体"，而尊重"生物共同体"就是承认构成共同体的每个动植物体的"固有的价值"。

提出生命中心主义的环境伦理观，其目的是保护野生动物，避免被人类伤害。由于人类在组成社会、进行生产和发展文化的过程中，已经具备了其他生物无与伦比的力量和优势，因此，只有从价值观上肯定野生动植物也像人一样具有它不可剥夺的"权利"与"价值"，才能避免人类对自然生物的进一步伤害，并使人类承担起对自然的伦理责任。

（2）地球整体主义

地球整体主义的代表人物之一是提出"大地伦理"并被视为环境伦理学先驱的利奥波德。利奥波德所说的"大地伦理"是指"规范人与大地以及人与依存于大地的动植物之间关系的伦理规则"，其基本主张是要将人"从大地这一共同体的征服者转变成为这一共同体的平凡一员、一个构成要素"。"大地伦理"的这一特征是将"共同体"的概念从以往伦理学所研究的人类社会共同体的关系扩展到了大地。这里"大地"包括土壤、水、植物、动物等，其实是整个自然生态系统。他在《大地伦理学》中提出，所有一切万物，均有其内在的生命价值，均应看成和人一样，得到尊重。他强调大地并不是一项商品，而是与人共存的一个"社区"。他指出："我们从前虐待大地，是因为将其视为属于我们的一项商品。当我们认清大地是我们属于它的一种社区，我们才可能对其开始尊重与爱护。"

(3) 代际均等的环境伦理观

与生命中心主义及地球整体主义不同，持这种观点的人的立场是以人类为中心的。它只考虑人类各成员的均等，而将自然环境和其他生命有机体看作是人类均等义务，最终都源于我们人类各成员相互间所应承担的义务。但是，这一伦理观不同于传统的伦理观之处，是它把人类各成员间的平等关系从"代内"扩展到"代际"，认为在享有自然资源与拥有良好的环境上，子孙后代与当代人具有同等的权利。因此，从子孙后代的权益考虑，当代人应该约束自己的行为，制定对自然的道德规则与义务，使自然环境得到保护。代际均等的环境伦理观已成为可持续发展的基本原则。

上述几种环境伦理观由于出发点和考虑问题角度的不同，各自成为相对独立的思想体系，但这些不同思想取向的环境伦理观在根本目标上是一致的，就是试图通过提出人与自然环境之间的伦理关系，来解决人类面临的日益严峻的生态破坏与环境污染问题。将我们关于生态学的知识上升至伦理的高度，要求人们从生态学的角度来看待和约束自己的行为，来解决人类面临的日益严峻的生态破坏与环境污染问题。

### 1.3.3 环境经济理论

#### 1.3.3.1 环境经济学的研究内容

环境经济学就是研究合理调节人与自然之间的物质交换，使社会经济活动符合自然生态平衡和物质循环规律，不仅能取得近期的直接效果，又能取得远期的间接效果的学科。从这个角度讲，建立可持续发展的经济体系、社会体系和保持与之相适应的可持续利用的资源和环境基础，是环境经济学研究的主要任务。

环境经济学的研究内容，主要包括以下四个方面：

① 环境经济学的基本理论。包括社会体制、经济与环境的相互作用关系以及环境价值计量的理论和方法等。为了保障环境资源的持续利用，必须改变对环境资源无偿使用的状况，对环境资源进行计量，实行有偿使用，使经济活动的环境效应能以经济信息的形式反馈到国民经济核算体系中，保证经济决策既考虑直接的近期效果，又考虑间接的长远效果，促进经济发展符合自然生态规律的要求。具体包括环境经济学理论在可持续发展条件下的修正和应用，国民经济核算体系完善，环境资源价值评估等。

② 社会生产力的合理组织。环境污染和生态失调，很大程度上是对自然资源的不合理开发和利用造成的。合理开发和利用资源，合理规划和组织社会生产力，是保护环境最根本、最有效的措施。为此必须改变单纯以 GDP 衡量经济发展成就的传统方法，把环境质量的改善作为经济发展成就的重要内容，使生产和消费的决策同生态学的要求协调一致；要研究把环境保护纳入经济发展规划的方法，以保证基本生产部门和消除污染部门按比例地协调发展；要研究生产布局和环境保护的关系，按照经济观点和生态观点相统一的原则，拟定各类资源开发利用方案，确定国家或地区的产业结构，以及社会生产力的合理布局。

③ 环境保护的经济效果。包括环境污染、生态失调的经济损失估价的理论和方法，各种生产生活废弃物最优治理和利用途径的经济选择，区域环境污染综合防治优化方案的经济分析，各种污染物排放标准确定的经济准则，各类环境经济数学模型的建立等。

④ 运用经济手段进行环境管理。经济手段通过税收、财政、信贷等经济杠杆，调节经济活动与环境保护之间的关系，污染者与受污染者之间的关系，促使企业和个人的生产和消费方式符合可持续发展的需要。当前，更应加强对市场经济条件下环境经济政策的研究，建

立和完善适合中国国情的环境税收制度、资源有偿使用制度和资源定价政策,依靠价值规律和供求关系来强化环境规划与管理。

#### 1.3.3.2　环境经济学的基本理论

(1) 经济效率理论

意大利社会学家、经济学家维尔弗里多·帕累托(V. Pareto)在20世纪初从经济学理论出发探讨资源配置效率问题,提出了著名的"帕累托最适度"理论。这一理论被奉为环境经济学的经典。经济效率理论认为,经济效率应该是社会经济效率,既不是传统生产力理论中的"产出最大化",也不是传统消费者理论中的"效用最大化",而应寻求个人、集体和社会之间经济效率的协调与统一。

(2) 外部性理论

由阿尔弗雷德·马歇尔(A. Marshall)提出,经庇古(A. C. Pigou)等学者深入研究后形成的外部性理论认为,在没有市场力的作用下,外部性表现为财经独立的两个经济单位(如公司和消费者)的相互作用。并应用一般均衡分析法,分析环境问题产生的经济根源,即生产和消费的外部性和它的影响范围,提出解决环境污染这个外部不经济性问题的各种方法。

(3) 物质平衡理论

在20世纪60年代中期,肯尼思·艾瓦特·博尔丁(K. E. Boulding)依据热力学定律,提出了一个最基本的环境经济学问题——环境与经济相互作用关系问题。他指出,首先,根据热力学第一定律,生产和消费过程产生的废弃物,其物质形态并没有消失,必然存在于物质系统之中,因此,在规划经济活动时,必须同时考虑环境吸纳废弃物的容量;其次,虽然回收利用可以减少对环境容量的压力,但是根据热力学第二定律,不断增加的熵意味着100%的回收利用是不可能的。

20世纪70年代初期,克尼斯(A. V. Kneese)、罗伯特·艾瑞斯(R. U. Ayres)和德阿芝(R. C. Darge)依据热力学第一定律的物质平衡关系,对传统的经济系统作了重新划分,并提出了著名的物质平衡模型。该模型分析了包括环境要素在内的投入产出关系,首次从环境经济学的角度指出了环境污染的实质。

物质平衡理论的一个现代经济系统由物质加工、能量转换、污染物处理和最终消费四个部门(或部分)组成。在这四个部门之间及由这四个部门组成的经济系统与自然环境之间,存在着物质流动关系。如果这个经济系统是封闭的,没有物质净积累,那么在一个时间段内,从经济系统排入自然环境的污染物的物质量必须大致等于从自然环境进入经济系统的物质量。为了使人类经济步入可持续发展的轨道,减少经济系统对自然环境的污染,最根本的办法是提高物质及其能量的利用效率和循环使用率,减少自然资源的开采量和使用量,从而降低污染物的排放量。循环经济的提出和发展,正是物质平衡理论在可持续条件下的实践。

(4) 自然环境价值理论

约翰·克鲁蒂拉(J. Krutilla)是最早定义自然环境价值的经济学家。他在1967年9月提出了珍奇的自然景观、重要的生态环境系统等"舒适型资源的经济价值理论"。他认为出于科学研究、生物多样性保护和不确定性等原因,保护好舒适型资源,或者将这类资源的使用严格限制在可再生的限度之内是十分必要的。舒适型资源所具有的性质表明,对这类资源的损坏是单向的,被破坏就意味着永远丧失。这就是舒适型资源破坏的不可逆性,也是舒适型资源概念的核心。这一理论最重要的贡献在于为定量评价舒适型资源的经济价值奠定了坚实的理论基础。

(5) 排污权交易理论

1960年，美国芝加哥大学的经济学家罗纳德·哈里·科斯（R. H. Coase，1991年荣获诺贝尔经济学奖）发表了论文《社会成本问题》，提出了著名的科斯定理，即"在设计和选择社会格局时，我们应当考虑总的效果"，"关键在避免较严重的损害"。著名经济学家戴尔斯（J. H. Dales）提出的排污权交易理论就是在科斯定理的基础上发展起来的。

排污权交易理论认为，环境资源是一种商品，政府拥有所有权，政府可以在专家帮助下组织实施排污权交易，通过市场竞争机制，促使外部性内部化，达到避免较严重的损害的目的。也就是政府有效地使用其对环境资源这个特殊商品的产权，使市场机制在环境资源优化配置和外部性内部化问题上发挥最佳作用。

#### 1.3.3.3 主要分析方法

(1) 环境退化的宏观经济评估

环境退化包括自然资源耗竭和环境质量恶化两部分。环境退化的宏观经济评估，主要研究如何确定环境资源价值核算的指标体系、核算方法，将环境退化纳入国民收入核算体系中，争取改进现行的国民收入核算体系，在经济增长中考虑环境资源的消耗。

(2) 环境质量的费用效益分析

这是环境经济学的核心内容，包括环境资源的价值核算理论和方法；环境污染和生态破坏的经济损失评估技术；环境质量改善的效益评估；污染控制的费用评估；环境质量影响的剂量反应关系；环境规划、政策和标准制定中费用效益分析方法的应用；环境效益分析和风险分析等。

(3) 环境经济系统的投入产出分析

投入产出分析可以用定量方式来描述环境与经济的协调关系，可以是宏观的定量描述，将环境保护纳入国民经济综合平衡计划；也可以是微观的定量描述，描述一个企业各生产工序间环境与经济的投入产出关系。这是建立环境管理最优化模型和循环经济发展模式的基本方法。

(4) 环境资源开发项目的经济评价

在考察费用和效益时要考虑到间接（外部）费用和间接效益。间接费用和效益的计算要涉及环境质量费用效益分析技术以及资源的机会成本或影子价格计算。

## 复习思考题

1. 何谓管理？现代管理理论的发展趋势如何？
2. 试述管理的职能和方法。
3. 什么是环境管理？主要包括哪些内容？
4. 说明环境规划与环境管理的区别和联系。
5. 简述环境管理的基本理论和原理的主要内容。

# 第 2 章　环境规划管理的技术支撑

## 2.1　环境监测

环境监测是环境管理工作的基础性技术手段，它通过规范的方法测定环境质量因素的代表值以反映环境质量的状况。

### 2.1.1　环境监测的目的和任务

通过长时期积累的大量的环境监测数据，可以判断该地区的环境质量状况是否符合国家的规定，可以预测环境质量的变化趋势，进而可以找出该地的主要环境问题，甚至主要原因。在此基础上才有可能提出相应的治理方案、控制方案、预防方案以及法规和标准等一整套的环境管理办法，作出正确的环境决策。

另外，通过环境监测还可以不断发现新的和潜在的环境问题，掌握污染物的迁移、转化规律，为环境科学研究提供启示和可靠的数据。

环境监测包括对污染源的监测和对环境质量的监测两个方面。通过对污染源的监测，可以检查、督促各企事业单位遵守国家规定的污染物排放标准。通过对环境质量的监测，可以掌握环境污染的变化情况，为选择防治措施，实施目标管理提供可靠的环境数据，为制定环保法规、标准及污染防治对策提供科学依据。

### 2.1.2　环境监测的分类

作为环境管理的一项经常性的、制度化的工作，环境监测分为常规监测和特殊目的监测两大类，分述如下。

#### 2.1.2.1　常规监测

常规监测是指对已知污染因素的现状和变化趋势进行的监测。这类监测又进一步具体分为以下两种。

(1) 环境要素监测

针对大气、水体、土壤等各种环境要素，分别从物理、化学、生物学角度对其污染现状进行定时、定点监测。

(2) 污染源的监测

对各类污染源的排污情况从物理、化学、生物学角度进行定时监测。

#### 2.1.2.2　特殊目的监测

这类监测的形式和内容很多，主要有以下几种。

(1) 研究性监测

这类监测是根据研究的需要确定需监测的污染物与监测方法，然后再确定监测点位与监测时间组织监测，从而去探求污染物的迁移、转化规律以及所产生的各种环境影响，为开展环境科学研究提供科学依据。

（2）污染事故监测

这类监测是在发生污染事故以后在现场进行的监测，目的是确定污染的因子、程度和范围，从而确定产生污染事故的原因及其所造成的损失。

（3）仲裁监测

这类监测是为解决在执行环境保护法规过程中出现的在污染物排放及监测技术等方面发生矛盾和争端时进行的，它通过所得的监测数据为公正的仲裁提供基本依据。

## 2.1.3 环境监测的程序与方法

### 2.1.3.1 环境监测程序

环境监测的程序因监测目的不同而有所差异，但其基本程序是一致的。首先是进行现场调查与资料收集，调查的主要内容是各种污染源及排放规律，自然和社会的环境特征。其次是确定监测项目，之后是监测点布设及采样时间和方法的确定。最后，进行数据处理和分析，将结果上报。

### 2.1.3.2 环境监测方法

环境监测的方法，从技术角度来看，多种多样，有物理的、化学的、生物的；从先进程度来看，有人工的，有自动化的。最近，由于遥感技术、信息技术和数字技术的迅猛发展，环境监测的方法在日新月异地发展着、更新着。但不管什么方法，都取决于监测的目的和实际可能的条件。

## 2.1.4 环境监测的质量保证

### 2.1.4.1 质量保证的目的

质量保证的目的是使监测数据达到以下五个方面的要求：

① 准确性：测量数据的平均值与真实值的接近程度。
② 精确性：测量数据的离散程度。
③ 完整性：测量数据与预期的或计划要求的符合程度。
④ 可比性：不同地区、不同时期所得的测量数据与处理结果要能够进行比较研究。
⑤ 代表性：要求所监测的结果能表示所测的要素在一定的空间范围内和一定时期中的情况。

### 2.1.4.2 质量保证的内容

（1）采样的质量控制

采样的质量控制包括以下几方面的内容：审查采样点的布设和采样时间、时段的选择；审查样品数量的总量；审查采样仪器和分析仪器是否合乎标准和经过校准，运转是否正常。

（2）样品运送和贮存中的质量控制

样品运送和贮存中的质量控制主要包括：样品的包装情况、运输条件和运输时间是否符合规定的技术要求，防止样品在运输和保存过程中发生变化。

（3）数据处理的质量控制

数据处理质量控制的内容包括：监测数据的整理、处理及精度检验控制，数据分布、分类管理制度的控制。要确保监测数据的可靠性、可比性、完整性和科学性。

## 2.2 环境标准

环境标准是环境管理目标和效果的表示，也是环境管理的工具之一，是环境管理工作由定性转入定量、更加科学化的显示。

### 2.2.1 环境标准的基本概念

环境标准是为维持环境资源的价值，对某种物质或参数设置的最低（或最高）含量。标准可适用的环境资源范围较广。它是通过分析影响资源的敏感参数，确定维持该资源所需水平的关键浓度而制定的，这些参数在标准中有所体现。

在我国，环境标准除了各种指数和基准之外，还包括与环境监测、评价以及制定标准和法规有关的基础和方法的统一规定。《中华人民共和国环境保护标准管理办法》中对环境标准的定义为：环境标准是为了保护人群健康、社会物质财富和维持生态平衡，对大气、水、噪声、土壤等环境质量，对污染源的监测方法以及其他需要所制定的标准。

#### 2.2.1.1 环境标准的功能

环境标准是一种法规性的技术指标和准则，是环境保护法规系统的一个组成部分。因此，环境标准是国家进行科学的环境管理所遵循的技术基础和准则，是环保工作的核心和目标。合理的环境标准可以指导经济和环境协调发展，严格执行环境标准可以保护和恢复环境资源价值，维持生态平衡，提高人类生活质量和健康水平，并为制定区域发展负载容量奠定基础。对于某些有价值的环境资源已被污染干扰而致破坏的地区，采用严格的区域排放标准可以逐步改善各种参数，使其逐步达到环境质量标准，并恢复环境资源价值。

#### 2.2.1.2 环境标准的分类

根据《中华人民共和国环境保护标准管理办法》，我国的环境标准分为三类，即环境质量标准、污染物排放标准和环境保护基础和方法标准。

① 环境质量标准有大气、地面水、海水、噪声、振动、电磁辐射、放射性辐射以及土壤等各个方面的标准。

② 污染物排放标准除了污水综合排放标准以及行业的排放标准外，还有烟尘排放标准，同时对噪声、振动、放射性、电磁辐射也都作了防护规定。

③ 环境保护基础和方法标准是对标准的原则、指南和导则、计算公式、名词、术语、符号等所做的规定，是制定其他环境标准的基础。

随着经济技术的发展和进步，为满足环境保护工作不断深化的需要，出现了越来越多的环境标准，如各种行业排放标准，各种分析、测定方法标准和技术导则，其他还有颁发的部级标准，如国家卫生健康委员会颁发的各种卫生标准和检验方法标准。在进行区域规划和环评过程中，某些项目没有标准的情况下，允许使用推荐的标准。

#### 2.2.1.3 环境标准的等级

环境标准分国家环境标准和地方环境标准两级。我国的地方标准是省、自治区、直辖市级的地方标准。基础和方法标准只有国家标准。

国家标准具有全国范围的共性或针对普遍的和具有深远影响的重要事物，它具有战略性的意义。而地方标准和行业标准带有区域性和行业特殊性，它们是对国家标准的补充和具体化。同时各种方法标准、标准样品标准和仪器设备标准可以作为正确实施标准的保证。

环境标准由各级环保部门和有关的资源保护部门负责监督实施。生态环境部设有法规与标准司，负责环境标准的制定、解释、监督和管理。

## 2.2.2　环境标准的制定

#### 2.2.2.1　制定环境标准的原则

① 保障人体健康是制定环境质量标准的首要原则。因此在制定标准时首先需研究多种污染物浓度对人体、生物、建筑等的影响，制定出环境基准。

② 制定环境标准，要综合考虑社会、经济、环境三方面效益的统一。具体说来就是既要考虑治理污染的投入，又要考虑治理污染可能减少的经济损失，还要考虑环境的承载能力和社会的承受力。

③ 制定环境标准，要综合考虑各种类型的资源管理，各地的区域经济发展规划和环境规划的要求和目标，贯彻高功能区用高标准保护，低功能区用低标准保护的原则。

④ 制定环境标准，要和国内其他标准和规定相协调，还要和国际上的有关协定和规定相协调。

#### 2.2.2.2　制定环境标准的基础

① 与生态环境和人体健康有关的各种学科基准值。

② 环境质量的目前状况、污染物的背景值和长期的环境规划目标。

③ 当前国内外各种污染物处理技术水平。

④ 国家的财力水平和社会承受能力，污染物处理成本和污染造成的资源、经济损失等。

⑤ 国际上有关环境的协定和规定，其他国家的基准/标准值；国内其他部门的环境标准（如卫生标准、劳保规定）。

#### 2.2.2.3　制定环境标准的原理

(1) 环境质量标准的制定原理

环境质量标准是从多学科、多基准出发，研究社会的、经济的、技术的和生态的多种效应与环境污染物剂量的综合关系而制定的技术法规。

制定环境质量标准的科学依据是环境质量基准。基准值是纯科学数据，它反映的是单一学科所表达的效应与污染物剂量之间的关系。环境标准中最低类别大多与这些基准值有关。将各种基准值综合以后，还需与国内的环境质量现状、污染物负荷情况、社会的经济和技术力量对环境的改善能力、区域功能类别和环境资源价值等加以权衡协调，这样才能将环境质量标准置于合理可行的水平上。

(2) 污染物排放标准制定原理

污染物排放标准是指可排入环境的某种物质的数量或含量。在这个数量范围内排放不会使环境参数超出已确定的环境质量标准范围。

污染物排放标准的设置情况，可用图 2-1 来加以说明。图中横坐标代表处理效果，用去除率（%）表示，纵坐标代表成本。在点 O 以前，成本增加不多，而去除率增加很快；在点 ① 以后成本增加很多，而去除率增加不大。这反映了污染处理成本与效果的一般特征。所以

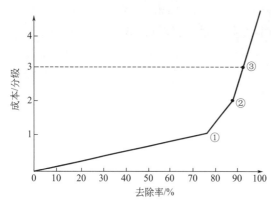

图 2-1 污染物排放标准的设置

拐点①具有最大经济效益。

目前较发达的工业国家都采用"最佳实用技术"（BPT）和"最佳可行技术"（BAT）的方法制定排放标准，其含义是排放标准的制定是以经济上适用的污染物综合治理技术为依据，其中 BAT 要求较高，BPT 处于图 2-1 点②的位置，BAT 处于图 2-1 点③的位置。可见，排放标准可以随控制时期的国家经济技术条件的变化而变化。

### 2.2.3 环境标准的应用

环境标准是环境管理工作中的一个重要工具和手段，在环境管理中有众多应用。首先它是表述环境管理目标和衡量环境管理效果的重要标志之一。比如在进行环境现状评价和环境影响评价时，都需要有一个衡量好坏、大小的尺度，从而作出能否允许、是否接受的判断，环境标准就承担了尺度的角色；又如在制定环境规划时，首要的任务就是进行功能分区，并明确各功能区的环境目标，然后才能作下一步的各种规划安排，而各功能区的环境目标也只能用环境标准来表示；再如在制订排污量或排放浓度的分配方案时，也必须在明确了环境目标的前提下才能进行。

还有在制定各种环境保护的法规和管理办法时，也必须以环境标准为准则，才能分清环境事故的责任人与责任大小，作出正确的裁判或评判。

## 2.3　环境预测

### 2.3.1　环境预测的概念

预测是指对研究对象的未来发展作出推测和估计。或者说，预测就是对发展变化事物的未来作出科学的分析。环境预测是根据已掌握的情报资料和监测数据，对未来的环境发展趋势进行的估计和推测，为提出防止环境进一步恶化和改善环境的对策提供依据。它是环境管理的重要依据之一。

环境管理的职能是协调各方面的关系，规范各方面的行为，以避免环境问题的发生，或减少环境问题的危害。在这些环境管理活动中，需要不断分析形势、了解情况、估计后果，也就是说，都需要预测。这样才能使做出的决策具有正确性，制定的方案具备可行性。

尽管环境状态的变化极其复杂，且带有较大的随机性，但由于它是客观存在，因而是可以被认识的。特别是可以通过调查、监测了解它的过去和现在，总结出它的变化规律，因而对环境状态的变化可以作出比较正确而且可以越来越正确的估计和预测。

### 2.3.2　环境预测的工作程序

环境预测工作因其内容、要求不同，其工作程序也不会完全一样。但一般来说，预测工作的程序还是可以大致分为四个阶段和十一个步骤，如图 2-2 所示。

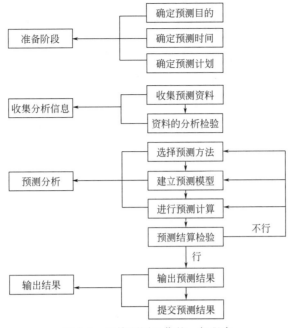

图 2-2　环境预测工作的一般程序

## 2.3.3　环境预测方法的分类

### 2.3.3.1　定性预测方法

定性预测方法泛指经验推断方法、启发式预测方法等。这类方法的共同点主要是依靠预测人员的经验和逻辑推理，而不是靠历史数据进行数值计算。但它又不同于凭主观直觉作出预言的方法，而是充分利用新获取的信息，将集体的意见按照一定的程序集中起来形成的。

属于定性预测方法的有头脑风暴法、德尔菲法、主观概率法、关联树法、集合意见法、先导指标预测法等。

### 2.3.3.2　定量预测方法

定量预测方法主要是依靠历史统计数据，在定性分析的基础上构造数学模型进行预测的方法。按照预测的数学表现形式可分为定值预测和区间预测。这种方法不靠人的主观判断，而是依靠数据，计算结果比定性分析具体和精确得多。

属于定量预测方法的有趋势外推法、回归分析法、投入产出法、马尔可夫法、模型预测法等。

### 2.3.3.3　综合预测方法

综合预测方法是定性方法与定量方法的综合。也就是说，在定性方法中，也要辅之以必要的数值计算；而在定量方法中，模型的选择、因素的取舍以及预测结果的鉴别等，也都必须以人的主观判断为前提。由于各种预测方法都有它的适用范围和缺点，综合预测法兼有多种方法的长处，因而可以得到较为可靠的预测结果。

## 2.3.4　常用的环境预测方法

在环境管理和环境规划的实际工作中，常用的预测内容包括人口预测、经济发展预测、环境质量预测等，具体方法参见相关文献，表 2-1 至表 2-5 列出了社会经济与环境预测的主要方法。

表 2-1 常见的人口预测模型

| 项 目 | 公 式 | 说 明 |
|---|---|---|
| 算术级数法 | $N_t = N_{t_0} + b(t-t_0)$ | $N_t$——预测年的人口数量,万人;<br>$N_{t_0}$——基准年的人口数量,万人;<br>$b$——逐年人口增加数(即$t$变动一年$N_t$的增加数),万人/a;<br>$t,t_0$——预测年和基准年,a;<br>$K$——人口自然增长率,是人口出生率与死亡率之差,常表示为人口每年净增的千分数 |
| 几何级数法 | $N_t = N_{t_0}(1+K)^{(t-t_0)}$ | |
| 指数增长法 | $N_t = N_{t_0} \times 2.718^{K(t-t_0)}$ | |

表 2-2 能源消耗预测方法

| 方法名称 | 说 明 |
|---|---|
| 人均能源消费法 | 按人民生活中衣食住行对能源的需求来估算生活用能的方法,我国平均每人每年消耗1.14 t标准煤 |
| 能源消费弹性系数法 | 能源消费弹性系数$e$一般为0.4~1.1,由国民经济增长速度,粗预测能耗的增长速度$\beta = ea$,其中$a$为工业产值增长速度,以此可进行规划期能耗预测 $E_t = E_0(1+\beta)^{(t-t_0)}$,其中$E_t$为预测年的能耗量,$E_0$为基准年的能耗量,$t,t_0$为预测年和基准年 |

表 2-3 常用大气环境质量预测模型

| 模型名称 | 模型公式 | 说 明 |
|---|---|---|
| 箱式模型 | $c_B = c_{B_0} + \dfrac{QL}{uH}$ | $c_B$——预测区大气污染物浓度,mg/m³;<br>$c_{B_0}$——预测区大气污染物浓度背景值,mg/m³;<br>$Q$——源强,t/a;<br>$L$——箱体长度,m;<br>$H$——预测区混合层高度,m;<br>$u$——平均风速,m/s;<br>$\sigma_y,\sigma_z$——污染物浓度在$y$、$z$方向的标准差,m;<br>$H_e$——点源废气排放有效高度,m;<br>$Q_L$——线源源强,g/(m·s);<br>$\theta$——无线长线源与风向夹角角度,(°);<br>$x$——预测点距污染源在$x$方向的距离,m;<br>$x_0$——构建虚拟点源距污染源在$x$方向的距离,m;<br>$\alpha$——反射系数;<br>$v_g$——粒子沉降速度,m/s;<br>$y$——预测点距污染源在$y$方向的距离,m;<br>$z$——预测点距污染源在$z$方向的距离,m |
| 高架连续点源高斯扩散模式 | $c_B(x,y,z,H) = \dfrac{Q}{2\pi u \sigma_y \sigma_z} \exp\left(-\dfrac{y^2}{2\sigma_y^2}\right)$<br>$\times \left\{ \exp\left[-\dfrac{(z-H_e)^2}{2\sigma_z^2}\right] + \exp\left[-\dfrac{(z+H_e)^2}{2\sigma_z^2}\right] \right\}$ | |
| 高架连续点源地面浓度的高斯扩散模式 | $c_B(x,y,0,H) = \dfrac{Q}{\pi u \sigma_y \sigma_z} \exp\left(-\dfrac{y^2}{2\sigma_y^2}\right) \exp\left(-\dfrac{H_e^2}{2\sigma_z^2}\right)$ | |
| 高架连续点源地面轴线浓度的高斯扩散模式 | $c_B(x,0,0,H) = \dfrac{Q}{\pi u \sigma_y \sigma_z} \exp\left(-\dfrac{H_e^2}{2\sigma_z^2}\right)$ | |
| 高架连续点源地面轴线最大浓度模式 | $c_{B,\max} = \dfrac{2Q}{e\pi u H_e^2} \times \dfrac{\sigma_z}{\sigma_y} = \dfrac{0.234Q}{u \cdot H_e^2} \times \dfrac{\sigma_z}{\sigma_y}$ | |
| 地面连续点源扩散模式 | $c_B(x,y,z,0) = \dfrac{Q}{\pi u \sigma_y \sigma_z} \exp\left(-\dfrac{y^2}{2\sigma_y^2}\right) \exp\left(-\dfrac{z^2}{2\sigma_z^2}\right)$ | |
| 线源扩散模式 | $c_B = \dfrac{\sqrt{2}Q_L}{\sqrt{\pi}u\sigma_z \sin\theta} \exp\left(-\dfrac{H_e^2}{2\sigma_z^2}\right)$ | |
| 面源扩散模式 | $c_B = \dfrac{\sqrt{2}Q}{\sqrt{\pi}u\sigma_z} \times \dfrac{1}{\dfrac{\pi}{8}(x+x_0)} \exp\left(-\dfrac{H_e^2}{2\sigma_z^2}\right)$ | |
| 总悬浮微粒扩散模式 | $c_B = \dfrac{Q(1+\alpha)}{2\pi u \sigma_y \sigma_z} \exp\left(-\dfrac{y^2}{2\sigma_y^2}\right) \exp\left[-\dfrac{(H_e - \dfrac{v_g x}{u})^2}{2\sigma_z^2}\right]$ | |

表 2-4 常用水环境质量预测模型

| 模型名称 | 模型公式 | 说明 |
|---|---|---|
| 河流水质完全混合模型 | $c_B = \dfrac{(1-k_1)(q_{v_0}c_{B_0} + q_v c_{B_i})}{q_{v_0} + q_v}$<br>当 $k_1 = 0$，$c_B = \dfrac{q_{v_0}c_{B_0} + q_v c_{B_i}}{q_{v_0} + q_v}$<br>$c(x,t) = \dfrac{Me^{-kt}}{A\sqrt{4\pi D_x t}} e^{-\dfrac{(x-ut)^2}{4D_x t}}$ | $c_B$——河流下游断面污染物浓度，mg/L；<br>$q_{v_0}$——河流上游断面河水流量，m³/s；<br>$c_{B_0}$——河流上游断面污染物浓度，mg/L；<br>$c_{B_i}$——流入废水中污染物浓度，mg/L；<br>$q_v$——废水流量，m³/s；<br>$k_1$——污染物削减综合系数，若不考虑污染物的削减量时，$k_1 = 0$；<br>$c(x,t)$——河流断面 $t$ 时刻的浓度，mg/L；<br>$x$——计算断面与排污口的距离，m；<br>$t$——扩散时间，h；<br>$M$——污染物排放量，mg/s；<br>$D_x$——扩散系数；<br>$u$——河流断面平均流速，m/s；<br>$A$——河流断面面积，m²；<br>$k$——一级反应速率常数，又称衰减系数或耗氧系数，d⁻¹；<br>$\theta$——废水在湖水中的稀释扩散角度，在岸边排放时为 180°，在湖心排放时为 360°；<br>$H$——废水扩散区在湖水中的平均深度，m；<br>$r$——预测点距排放口的距离，m；<br>$k_2$——污染物自净系数；<br>$L_0$——河流起始点的 BOD 值，mg/L；<br>$D_0$——河流起始点的氧亏值，mg/L；<br>$t_c$——由起始点到达临界点的流行时间，s；<br>$K_d$——河水中 BOD 衰减(耗氧)速率常数；<br>$K_a$——河流复氧速率常数；<br>$q_{v_i}$——第 $i$ 断面进入河流的污水(或支流)的流量，m³/s；<br>$q_{v_{1i}}$——由上游进入第 $i$ 断面的流量，m³/s；<br>$q_{v_{2i}}$——由断面 $i$ 输出到下游的河水流量，m³/s；<br>$q_{v_{3i}}$——在断面 $i$ 处的河水取水量，m³/s；<br>$L_i$——在断面 $i$ 处进入河流的污水或支流的 BOD₅ 的浓度，mg/L；<br>$L_{2i}$——由断面 $i$ 向下游输出的河水的 BOD₅ 的浓度，mg/L；<br>$\alpha_{i-1}$——综合衰减系数，d⁻¹ |
| 一维河流水质模型 | 稳态时，$c(x) = c_B \exp\left(-\dfrac{kx}{u}\right)$ | |
| 湖库水质预测模型 | $c_B = c_{B_0} \exp\left(-\dfrac{k_2 \theta H}{2 q_v} r^2\right)$ | |
| 河流 S-P 模型 | $t_c = \dfrac{1}{K_a - K_d}$<br>$\times \ln\left\{\dfrac{K_a}{K_d} \times \left[1 - \dfrac{D_0(K_a - K_d)}{L_0 K_d}\right]\right\}$ | |
| 多河段 BOD₅ 模型 | $L_{2i} = \dfrac{L_{2,i-1}\alpha_{i-1}(q_{v_{1i}} - q_{v_{3i}})}{q_{v_{2i}}} + \dfrac{q_{v_i}}{q_{v_{2i}}} L_i$ | |

表 2-5　固体废物常用预测模型

| 模型名称 | | 模型公式 | 说明 |
|---|---|---|---|
| 工业固体废物产生量预测模型 | 系数预测法 | $W=PS$ | $W$——预测固体废物年排放量，$10^4$ t/a；<br>$P$——固体废物排放系数；<br>$S$——预测的产品年产量，$10^4$ t/a |
| | 回归分析法 | $y=bx+a$ | 根据固体废物产生量与产品产量或工业产值的关系，可建立一元回归模型；若固体废物产生量受多种因素影响，还可建立多元回归模型进行预测 |
| | 灰色预测法 | — | 根据历年固体废物产生量序列来建立灰色预测模型，其基本方法可参见大气、水环境污染预测有关内容 |
| 城市生活垃圾产生量预测模型 | 系数预测法 | $W_生=0.365 f_生 N$ | $W_生$——预测城市垃圾年产生总量，$10^4$ t/a；<br>$f_生$——排放系数，kg/(人·d)；<br>$N$——预测年人口总数，万人 |

## 2.4　环境决策

管理是由评价、预测、决策和执行所构成的一个连续过程，而决策是管理的核心组成部分。环境管理同一般管理一样，离不开环境决策。环境决策是决策理论与方法在环境保护领域的具体应用，是环境管理的核心。因此，对环境决策理论、方法和技术的研究已成为环境管理的重要任务。

### 2.4.1　环境决策方法分类

决策是指为了解决某一行动选择问题对拟采取的行动所作出的决定。由于决策的内容直接来源于所要解决的问题并受其制约，因此，这个待解决的问题就构成决策问题。一个合理的决策问题，首先是确定决策的目标或决策者所希望达到的行动结果或状态。这种有目的的行动，一般由三种活动所组成：设计备选方案、选择行动方案和实施行动方案。

环境决策问题较为复杂，它具有目标性、主观性、非程序化等特点，因而可以有多种分类方法：

① 按照环境决策问题的条件和后果，可分为确定型决策和非确定型决策。
② 按照环境决策问题出现有无规律性，可分为程序化决策和非程序化决策。
③ 按照环境决策问题所包含的目标数量，可分为多目标决策和单目标决策。
④ 按照环境决策信息的精确度，可分为定性决策和定量决策。

以上关于决策的分类是为了便于读者对决策问题有一个较全面和深刻的了解。与这些决策类型相对应，存在着各种不同的决策方法。就一般的管理而言，其决策方法有几十种，许多论著有比较详细的论述。然而，对于环境管理而言，其有效的、常用的决策方法主要包括德尔菲决策法、多阶段决策法、多目标决策法和非确定型决策方法。

## 2.4.2 单目标决策方法

### 2.4.2.1 费用效益分析

传统上费用效益分析是用于识别和度量一项活动或规划的经济效益和费用的系统方法，其基本任务就是分析计算规划活动方案的费用和效益，然后通过比较评价从中选择净效益最大的方案提供决策。它是一种典型的经济决策分析框架。将其引入环境规划和管理中，可作为一项工具手段以进行环境规划的决策分析。其基本步骤和方法如下：

(1) 备选方案的主要费用和效益识别

实施方案所产生的费用包括：为实现规划方案所投入的资金，环境方案实施可能造成的一些环境影响的损失。实施方案所产生的效益包括：方案实施后产生的直接和间接经济效益、社会效益和环境效益。

(2) 备选方案的主要费用和效益的货币化

目前常用的货币化技术有三类：市场法、替代市场法及调查法（见表2-6）。

表 2-6 常用的货币化技术

| 种类 | 具体技术 |
| --- | --- |
| 市场法 | 市场价格法<br>人力资本法<br>机会成本法<br>防护费用法<br>恢复费用法<br>影子工程法 |
| 替代市场法 | 资产价值法<br>旅游费用法<br>工资差额法 |
| 调查法 | 支付愿望法<br>专家调查法 |

(3) 备选方案的费用效益评价及选择

通常采用经济净现值、经济内部收益率和经济净现值率等评价准则。

$$\text{ENPV} = \sum_{i=0}^{n} \frac{B_{ti} - C_{ti}}{(1+r)^i} \quad \text{经济净现值} \quad \text{ENPV} \geqslant 0 \text{ 可接受}$$

$$\sum_{i=0}^{n} \frac{B_{ti} - C_{ti}}{(1+\text{EIRR})^i} = 0 \quad \text{经济内部收益率} \quad \text{EIRR} \geqslant r \text{ 可接受}$$

$$\text{ENPVR} = \frac{\text{ENPV}}{I_p} \quad \text{经济净现值率} \quad \text{ENPVR 高的方案}$$

式中，ENPV 为经济净现值；EIRR 为经济内部收益率；ENPVR 为经济净现值率；$B_{ti}$ 为时间 $t$（一般为年）的收益；$C_{ti}$ 为时间 $t$（一般为年）的成本；$r$ 为折现率；$I_p$ 为投资净现值。

### 2.4.2.2 数学规划法

数学规划法是指利用数学规划最优化技术进行环境规划决策分析的一类技术方法。从决策分析的角度看，这类决策分析方法的使用，需要根据规划系统的具体特征，结合数学规划方法的基本要求，将环境系统规划决策问题概化成在预定的目标函数和约束条件下，对由若干决策变量所代表的规划方案，进行优化选择的数学规划模型。

目前，用于环境规划中的数学规划决策分析方法主要有：线性规划、非线性规划以及动态规划等。

① 常用的线性规划模型为：

$$\begin{cases} \max(\min) f = \bm{cx} \\ \bm{Ax} \leqslant (=,\geqslant) \bm{b} \\ x_i \geqslant 0 \end{cases}$$

式中  $\bm{x} = (x_1, x_2, x_3, \cdots, x_n)^T$，$\bm{x}$——由 $n$ 个决策变量构成的向量，即规划问题的备选方案；

$\bm{c} = (c_1, c_2, c_3, \cdots, c_n)$，$\bm{c}$——由目标函数中决策变量的系数构成的向量；

$\bm{A}$——线性规划问题的 $m$ 个约束条件中关于决策变量的系数组成的矩阵；

$\bm{b} = (b_1, b_2, b_3, \cdots, b_m)^T$，$\bm{b}$——由 $m$ 个约束条件中常数构成的向量。

② 上述规划模型中目标函数或约束条件中至少有一个是非线性函数表达式，则为非线性规划。一般非线性关系的复杂多样性，使得非线性规划问题求解要比线性规划问题求解困难得多。因而，非线性规划不像线性规划那样存在普遍适用的求解算法。目前，除在特殊条件下可通过解析法进行非线性规划求解外，绝大部分非线性规划采用数值求解。

③ 在规划中有一类问题是随时间变化的活动过程。这类问题的解决可以按照时间过程划分为若干个相互联系的阶段，每个阶段都需要作一定的决策。每一阶段的最优决策不只是孤立地考虑本阶段所取得的效果如何，而是必须把整个过程中的各阶段联系起来考虑，要求所选择的各阶段决策的集合——策略，能使整个过程的总效果达到最优，这类问题叫多阶段决策问题。由于是按照时间过程，依次分阶段地选取一些决策，来解决整个动态过程的最优化总量，所以称之为"动态规划"。

一维动态规划模型（DP）可表示为：

$$\max(\min) z = \sum_{i=1}^{N} r_t(S_t, X_t)$$
$$\text{s.t.} \quad S_1 \leqslant, =, \geqslant I_1$$
$$S_{t+1} - G_t(S_t, X_t) = 0 \quad t = 1, 2, \cdots, N-1$$
$$G_N(S_N, X_N) \leqslant, =, \geqslant I_N$$
$$x_t \varepsilon \Omega_t \quad \forall t$$

式中  $S_t$——状态变量，表示在阶段 $t$ 可分配的资源；

$X_t$——决策变量，表示在阶段 $t$ 分配的资源量；

$\Omega_t$——集合变量，表示在阶段 $t$ 可能的分配集合；

$r_t(S_t, X_t)$——输出变量，表示在阶段 $t$ 可能得到的输出；

$G_t(S_t, X_t)$——状态转移方程，表示阶段 $t$ 到阶段 $t+1$ 的变化。

### 2.4.3　多目标决策方法

所谓多目标决策分析，就是运用各种数学（包括计算机）支持技术，来处理两个问题：根据所建立的多个目标，找出全部或部分非劣解；设计一些程序识别决策者对目标函数的意愿偏好,从非劣解集中选择满意解。

设某一多目标问题含有 $P$ 个目标,$f_1(x)$,…,$f_p(x)$ 且 $x \in \mathbf{R}$,求 $f(x) = \{f_1(x), \cdots, f_p(x)\}$ 的最优值。

(1) 主要目标优化方法

在多目标决策问题中,分清了主要和次要目标以后,使主要目标优化,兼顾其他目标的决策方法称为主要目标优化法。

如果 $f_1(x)$ 是最主要的目标,这时可将其他目标降为约束条件 $f_i' \leqslant f_i(x) \leqslant f_i''$($i=1$,2,3,…,$P$),$f_i'$ 与 $f_i''$ 为常数。因此,多目标决策问题就转化为下述的单目标决策问题:

$$\max f_1(x) [\text{或} \min f_1(x)]$$

其中,$x \in \mathbf{R}' = \{x \mid f_i' \leqslant f_i'', i=2, 3, \cdots, P, x \in \mathbf{R}\}$,若有 $x^* \in \mathbf{R}'$ 使 $f_1(x^*) = \max f_1(x) [\text{或} \min f_1(x)]$

则有:$f(x^*) = \{f_1(x^*), f_2(x^*), \cdots, f_p(x^*)\}$ 为该多目标问题的最优决策。

(2) 线性加权法

当一个多目标问题的 $P$ 个目标 $f_1(x)$,…,$f_p(x)$ 极值方向一致时,即都求最大值或都求最小值时,可以给每个目标以相应的权系数 $w_i$($i=1$,2,…,$P$)构成新的目标函数:

$$U(x) = \sum_{i=1}^{P} w_i f_i(x) \qquad x \in \mathbf{R}$$

求 $\max U(x) [\text{或} \min U(x)]$。若有 $x^* \in \mathbf{R}$ 只使下式成立:

$U(x^*) = \max U(x)$ 或 $U(x^*) = \min U(x)$

则 $F(x^*) = \{f_1(x^*), f_2(x^*), \cdots, f_p(x^*)\}$ 为该多目标问题的最优决策。

这里,选择适当的权系数 $w_i$ 是问题的关键,可运用德尔菲决策法来确定。

(3) 乘除法

在 $P$ 个目标中,如果要求 $f_1(x)$,…,$f_k(x)$ 达到最小,要求另外 $(P-k)$ 个目标 $f_{k+1}(x)$,…,$f_p(x)$ 达到最大,并假设 $f_{k+1}(x) > 0$,…,$f_p(x) > 0$,则构造新的函数:

$$U(x) = \frac{f_1(x) f_2(x) \cdots f_k(x)}{f_{k+1}(x) \cdots f_p(x)} \qquad x \in \mathbf{R}$$

求 $\min U(x)$。若有 $x^* \in \mathbf{R}$ 使得 $U(x^*) = \min U(x)$,则 $f(x^*) = \{f_1(x^*), f_2(x^*), \cdots, f_p(x^*)\}$ 为该多目标问题的最优决策。

(4) 目标规划法

如果决策者对每个目标 $f_i(x)$ 预先规定了一个希望达到的目标值 $\overline{f}_i$($i=1$,2,…,$P$),要求所有的目标和相应的目标值尽可能地接近,这时可运用最小二乘法构成下述评价函数:

$$U(x) = \sum_{i=1}^{P} [f_i(x) - \overline{f}_i]^2 \qquad x \in \mathbf{R}$$

如果对其中不同的目标重视程度不同,也可以给出权系数 $w_i$($i=1$,2,…,$P$),构成如下评价函数:

$$U(x) = \sum_{i=1}^{P} w_i [f_i(x) - \overline{f}_i]^2 \qquad x \in \mathbf{R}$$

求 $\min U(x)$。若存在 $x^* \in \mathbf{R}$ 使 $U(x^*) = \min U(x)$，则 $f(x^*) = \{f_1(x^*), f_2(x^*), \cdots, f_p(x^*)\}$ 为该多目标问题的最优决策。

值得注意的是，多目标决策问题的最优解 $x^* \in \mathbf{R}$ 不一定是每一目标 $f_i(x)$ 的最优解，也可能是 $f_i(x)$ 的近似最优解、准优解、满意解，或者连满意解也不是。这里再一次说明了系统整体最优并不要求也不保证其组成要素都是最佳的这一系统学思想。

### 2.4.4 风险型决策方法

（1）期望值决策法

此种方法是先通过贝叶斯公式计算各方案的损益期望值，然后选择所有损益期望值最大的那个方案为决策方案。设条件集合为 $\mathbf{Q} = \{Q_1, Q_2, \cdots, Q_n\}$，$P_j = P(Q_j)$ 表示第 $j$ 个外界条件 $Q_j$ 发生的概率（$j = 1, 2, \cdots, n$），其期望值计算公式为：

$$E_i(a_i, Q) = \sum_{j=1}^{n} a_{ij} P_j$$

取 $\max\{E_1(a_1, Q), E_2(a_2, Q), \cdots, E_m(a_m, Q)\}$ 对应的方案为决策方案。

（2）最大可能法

此种方法是将风险型决策转化为确定型决策的一种决策方法。其基本应用前提是：某一外界条件出现的概率比其他条件出现的概率大得多，而它们的相应损益值差别不大。最大可能法实际上就是在"大概率事件可看成是必然事件，小概率事件可看成是不可能事件"这样的假设前提下把风险型转变为确定型的一种决策方法。

（3）决策树法

所谓决策树法是指以树状图作为分析和选择方案的一种决策方法。实际上是以期望值为基础的图解决策方法。

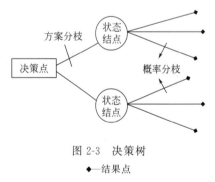

图 2-3 决策树

决策树由决策点、方案分枝、状态结点、概率分枝和结果点组成，如图 2-3 所示。

决策树法的决策步骤：

第一步，画决策树。把某个决策问题未来发展情况的可能性和可能结果逐级展开为方案分枝、状态结点、概率分枝等。第二步，计算期望值。在决策树中由末梢开始即从右向左依次进行，利用损益值和相应的概率计算出每个方案的损益期望值。第三步，剪枝。这是方案的比较过程，从左向右对决策点的各方案分级逐一比较，最后择优以确定方案。

决策树法直观、形象、易于理解，是一种在经济决策中常用的决策方法。

## 2.5 环境统计

### 2.5.1 统计的概念和内容

统计是收集、整理、分析、研究有关自然、科学技术、生产建设以及各种社会现象等实际情况的数字资料的过程。通常，统计工作的基本过程大致分为三个阶段：

第一阶段是统计调查过程。其基本任务是经过周密的统计设计后，根据统计工作的任务，按照确定的统计指标和指标体系，向社会做系统的调查，取得各种以数字资料为主体的统计资料。为保证统计工作的质量，统计调查必须符合准确性和及时性的要求，这也是衡量环境统计工作质量的重要标志。

第二阶段是统计整理过程。对调查得到的统计资料进行条理化、系统化的分组、汇总和综合，把大量原始的个体资料汇总成可供分析的综合资料，编制各种图表，建立数据库，这就是对统计资料的加工整理过程。统计整理不仅汇总各种总量指标，还要计算各种所需的相对指标、平均指标，编制各种统计表，绘制统计图，并要建立与之相适应的计算机信息网络的能满足多种用途的数据库，以适应统计资料储存和深层加工利用的需要。

第三阶段是统计分析过程。统计分析过程是在统计整理基础上，根据统计的目的要求，运用各种统计指标和分析方法，采用定性和定量分析相结合，对社会经济现象的本质和规律作出说明，反映这些现象在一定时空条件下的状况和发展变化趋势，达到对这些现象全面深刻的了解。统计分析一般分为综合性分析和专题分析。

这三个阶段的基本内容可描述如表 2-7 所示。

表 2-7 统计过程各阶段的工作内容

| 阶段 | 内容 |
| --- | --- |
| 统计调查（收集资料过程） | 全面调查（报表制度、普查） |
| | 非全面调查（重点调查、典型调查、抽样调查） |
| 统计整理（加工资料过程） | 统计表（把资料综合成统计表） |
| | 统计图（把资料综合成统计图） |
| | 整理成各种统计指数（统计指标、回归分析、指数、动态数列等） |
| 统计分析（分析资料过程） | 描述性分析（利用指数数据说明问题） |
| | 推测性分析（各种推断、预测） |

## 2.5.2 环境统计的概念和范围

环境统计是用数字反映并计量人类活动引起的环境变化和环境变化对人类的影响。环境问题的广泛性决定了环境统计对象的广泛性。

由于环境统计是以环境为主要研究对象，因此它的研究范围涉及人类赖以生产和生活的全部条件，包括影响生态平衡的诸因素及其变化带来的后果。根据环境保护工作的需要，联合国统计司提出环境的构成部分包括：植物、动物、大气、水、土地土壤和人类居住区。环境统计要调查和反映以上各个方面的活动和自然现象及其对环境的影响。

我国环境统计指标体系是根据我国环境管理工作实际的情况确立的，目前我国环境统计的范围见表 2-8。

表 2-8 我国环境统计的范围

| 项　目 | 范　围 |
| --- | --- |
| 工业污染与防治 | 企业基本情况,工业污染物排放情况,工业污染治理设施情况,工业污染治理情况 |
| 生活及其他污染与防治 | 生活污水排放情况,城市污水处理厂运行情况,生活废气排放情况,城市垃圾处理情况 |
| 农业污染与防治 | 规模化畜禽养殖场污染排放及治理情况 |
| 环境污染治理投资 | 污染源治理投资,城市环境基础设施建设投资,环境污染治理投资合计 |
| 自然生态环境保护 | 自然保护区建设情况,野生动植物保护情况,生态示范区建设情况,生态功能保护区建设情况,农村环境污染及治理情况 |
| 环境管理统计 | 环保法规和标准,环保年度计划,绿色工程规划,环境影响评价制度、"三同时"制度、排污收费制度、排污申报登记及排污许可制度、限期治理制度的执行情况,环境科技工作,环保产业,环保信访工作,人大、政协提案,环保档案工作情况 |
| 环保系统的自身建设 | 环境保护系统的机构、人员和仪器装备的现有规模与水平 |

## 2.5.3 环境统计的作用

环境统计是我国国民经济和社会发展统计的重要组成部分,其基本任务包括以下内容。

① 向各级政府及其环境保护部门提供全国和地区的环境污染和防治、生态破坏与修复,以及环境保护事业发展的统计资料,客观地反映环境状况和环保事业发展变化的现状和趋势,为环境决策和管理提供科学依据。

② 不断及时、准确地提供反馈信息,检查和监督环境保护计划的执行情况,并及时发现新情况、新问题,以便于及时调整计划和采取对策。

③ 运用环境统计手段对各级政府及环境保护部门进行环境保护工作方面的评价与考核,如城市环境综合整治定量考核、总量控制考核等,促进环境、经济、社会协调发展。

④ 依法公布国家和地方的环境状况公报和环境统计公报,提供环境统计资料,使社会公众增加对环境状况和环境保护的了解,提高全民环境意识。

⑤ 系统地积累历年的环境统计资料,建立环境统计数据库,并根据信息需求进行深度开发和分析,为环境决策和管理提供优质的信息咨询服务。

## 2.5.4 环境统计的分析方法

环境统计分析方法主要有大量观察法、综合分析法、归纳推断法等。

(1) 大量观察法

环境现象是复杂多变的,各单位的特征与其数量表现有不同程度的差异,建立在大量观察基础上的统计结果必然具有较好的代表性。在研究现象的过程中,统计要对总体中的全体或足够多的单位进行调查与观察,并进行综合研究。

(2) 综合分析法

综合分析法是指对大量观察所获资料进行整理汇总,计算出各种综合指标(总量指标、相对指标、平均指标、变异指标等),运用多种综合指标来反映总体的一般数量特征,以显示现象在具体的时间、地点及各种条件的综合作用下所表现出的结果。

(3) 归纳推断法

所谓归纳是由个别到一般、由事实到概括的推理方法,这种方法是统计研究常用的方法。统计推断可用于总体特征值的估计,也可用于总体某些假设的检验。

## 2.6 环境审计

### 2.6.1 环境审计的含义

#### 2.6.1.1 定义

"环境审计"是一个较新的术语,又是一个应用日趋广泛的术语。在很长一段时间内,"环境审计"活动是在不同的名称下进行的,如环境回顾、考查、调查、质量控制、评估等。广义地说,环境审计是对环境管理的某些方面进行检查、检验和核实。

我国学者认为环境审计是指审计组织对被审计单位的环境保护项目计划、管理和实施活动的真实性、合法性和效益性进行审查鉴证、评价法律责任的一种监督活动。其目的是促使环境管理系统有效运行,控制社会经济活动的环境影响。

国际商会在专题报告中对环境审计的概念作了陈述,并得到了普遍的认同:"环境审计"是一种管理工具,它用于对环境组织、环境管理和仪器设备是否发挥作用进行系统的、文化的、定期的和客观的评价。其目的在于通过以下两个方面来帮助保护环境:

① 简化环境活动的管理。

② 评定公司政策与环境要求的一致性,公司政策要满足环境管理的要求。

#### 2.6.1.2 环境审计的要素

① 审计主体。包括审计机关、内部审计机构和注册会计师。参与审计工作的成员应能胜任工作,能够在技术上对环境作出可靠的、符合实际的评价。所需的技能涉及对一般环境事物和政策的了解,以及环境方面的专长、实际工作经验和环境审计方面的知识。

② 审计客体。包括环境规划、经营活动的环境影响、环保机构工作绩效、环保政策法规制定与执行情况、环境报告的完整和公允性等。只有在主动贯彻和对已鉴定的事物进行跟踪的条件下,审计的全部价值才能得以实现。

### 2.6.2 环境审计的类型

环境审计有三种主要类型,即司法审计、技术审计和组织审计。

#### 2.6.2.1 司法审计

司法审计包括审查:国家环境政策的目标;现行的法规在实现这些目标方面所起的作用;怎样才能对法规进行最好的修正。一些要考虑的领域包括国家对有关自然资源的所有权,及其使用和管理方面的政策,以及国家在控制污染和保护环境方面的法律和法规。

#### 2.6.2.2 技术审计

技术审计报告了对空气和水污染,固体和有危险性的废弃物,放射性物质,多氯联苯(PCBs)和石棉的检测结果。例如,气体排放源的形式可包括排放源的类型,设备的类型和排放方式,控制设备的容量以及排放点的位置、高度和排放速度等。

#### 2.6.2.3 组织审计

这种审计包括对有关公司的管理结构、内部和外部信息的传递方式以及教育和培训计划等方面的审查。它揭示了有关工厂的详细情况,例如,有关工厂的历史和工厂厂长、环境协调人、采购代理、维修监督员和实验室管理员的姓名。

### 2.6.3 环境审计方法

如图 2-4 所示,环境审计是一个定义完整,组织良好的整体。从方法学来说,它分为以下三个步骤。

图 2-4 典型的环境审计工作流程图(来源 ICC,1989)

#### 2.6.3.1 审计准备

每一项审计的准备工作都包括大量的活动,活动的内容包括选择审查现场,挑选、组织审计小组,制订审计计划以确定技术、区域和时间范围,获得工厂的背景材料(如用调查表的方法进行调查)以及要被用在评估程序中的标准。这样做的目的是减少现场活动时的时间浪费,使审计小组在整个现场审计过程中能发挥最大的工作效率。

关于审计小组的组成,若有一位来自审计现场的成员,则既有有利的一面,又有不利的一面。有利的一面是:

① 当地雇员了解工厂内部有关设备布置和组织模式的详细情况。

② 把当地雇员和审计报告联系起来,可使工厂的职工更加相信审计报告的内容。

不利的一面主要是当地雇员不容易发表客观如实的观点,特别当这些观点是对他的上司或同事提出批评时,就更是如此。在内部缺乏专业人员的情况下,独立于外的顾问们可以提供帮助,特别是对于小公司,情况更是如此。

#### 2.6.3.2 现场审计活动

现场审计活动由五个基本步骤组成:

(1) 鉴别和了解企业内部的管理控制系统

内部控制是与工厂环境管理系统联系在一起的。内部控制包括有组织的监测和保存记录的程序;正式计划,如防止和控制偶然的污染物的排放;内部检查程序;物理控制,如排放物的控制;各类其他控制系统要素等。审计小组通过利用正式的调查表、观察资料和会谈等方法,来获取大量的资料,并从这些大量的资料中获得与所有重要的控制系统要素有关的信息。

(2) 评价企业内部的管理控制系统

评价企业内部的管理控制系统主要是评价管理控制系统的功能和效果。在有些情况下,法规对管理控制系统的设计作了详细说明,例如,对偶然的排放物,法规可列出要包含在计划中的、与其有关的专项内容。但更常见的情况是,小组成员必须依靠他们自己的专业判断能力对控制系统作出评价。

(3) 搜集审计证据

审计小组搜集所需证据,以便证实控制系统在实际运行中确实能达到预期的效果。小组成员根据审计草案(该审计草案可根据实际情况进行调整)中的既定程序进行工作。该步骤内容包括:审查排放物的监测数据以确证其符合规定的要求;审查培训记录以证实有关的工作人员已接受过培训;审查采购部门的记录以证实废弃物承包商具有资格处置这些废弃物。记录搜集到的全部信息,进行分析。控制系统中的要素存在的不足,也要记录下来。

(4) 评价审计调查结果

单项控制调查结束之后,小组成员得出的是与控制系统单个要素有关的结论。接下来要综合评价该调查结果,并评估不足之处。在评价该审计调查结果时,审计小组要确认有足够的证据来证实调查的结果,并清楚、概要地总结调查的结果。

(5) 向工厂汇报调查结果

在审计过程中,就调查的结果,通常要与工厂职员分别进行讨论。在总结审计报告时,要与工厂管理部门一起召开一个正式的会议,汇报调查结果及其在控制系统运行中的重要性。审计小组可在准备最后报告之前,向管理部门提交一份书面总结作为中期的报告。

#### 2.6.3.3 后期审计活动

在现场审计后期,还有三项重要的工作要做:

① 准备最终报告并提出一个更正行动的计划。最终审计报告一般由小组负责人撰写,然后由负责评价其准确性的人员进行审查,之后才被提交给相应的管理部门。

撰写环境审计报告有三种基本方法,叙述性分析法、调查表分析法、调查表和半定量分析法。在全部三种方法中,座谈可能是一种使用最广泛的信息搜集方法。

② 行动计划的准备及执行。在审计小组或外部专家的协助下,工厂提出一项计划,该项计划反映了全部调查的结果。行动计划作为一种途径,是为取得管理部门的认可和保证计

划顺利实施服务的。只要可能,就应立即付诸行动,以使管理部门确信已经计划了合适的更正行动。当然,如果更正行动没有很快地进行,审计的主要作用就失去了。

③ 监督更正行动计划的执行。监督是非常重要的一个步骤,其目的是要保证更正行动计划的实施和使所有必要的更正行动受到关注。审计小组、内部环境专家以及管理部门都可以进行监督。

并不是所有的审计程序都必须包含每一个步骤,但是,一般来说,每个程序的设计都应考虑到上述活动的每个步骤。

## 2.7 环境管理信息系统

### 2.7.1 环境信息

环境信息是在环境管理工作中应用的经收集、处理而以特定形式存在的环境知识。它们以数字、字母、图像、音频等多种形式存在。环境信息是环境系统受人类活动等外来影响作用后的反馈,是人类认知环境状况的来源。因此,环境信息是环境管理工作的"侦察兵"和主要依据之一。

环境信息除具有一般信息的基本属性(如事实性、等级性、传输性、扩散性和共享性)以外,还具有下述特征:

(1) 时空性

环境信息是对一定时期环境状况的反映。针对某一国家或地区而言,其环境状况是不断变化的,因此环境信息具有鲜明的时间特征。不同地区,由于其自然条件、经济结构及社会发展水平各异,其环境状况也各不相同,这表明环境信息具有明显的空间特征。抽象地说,环境信息就是一组关于环境状况的四维函数。

(2) 综合性

环境信息是对整个环境状况的客观反映,而环境状况是通过多种环境要素反映的,这也就要求环境信息必须具有综合性。

(3) 连续性

一般地说,环境状况的改变是一个由量变到质变的过程,因此环境信息也就必然体现出连续性。

(4) 随机性

环境信息的产生与发展都受到自然因素、社会因素及特定环境条件的随机作用,因此它具有明显的随机性。

### 2.7.2 环境信息系统分类

环境信息系统是从事环境信息处理工作的,是由工作人员、设备(网络技术、GIS 技术、模型库、计算机等软硬件)及环境原始信息等组成的系统。环境信息系统按内容可分为环境管理信息系统、环境决策支持系统两类,下面分别加以介绍:

#### 2.7.2.1 环境管理信息系统

环境管理信息系统(Environmental Management Information Systems)简称 EMIS,它是一个以系统论为指导思想,通过人-机(计算机等)结合收集环境信息,通过模型对环境信息进行转换和加工，并据此进行环境评价、预测和控制，最后再通过计算机等先进技术实现环境管理的计算机模拟系统。

环境管理信息系统的基本功能有：环境信息的收集和录用；环境信息的存储；环境信息的加工处理；以报表、图形等形式输出信息，为决策者提供依据。

#### 2.7.2.2 环境决策支持系统

环境决策支持系统（Environmental Decision Support Systems）简称 EDSS，是将决策支持系统引入环境规划、管理、决策工作中的产物。决策支持系统也是一种人机交互的信息系统，是从系统观点出发，利用现代计算机存储量大、运算速度快等特点，应用决策分析方法，对定结构化、未定结构化或不定结构化问题进行描述、组织，进而协助人们完成管理决策的支持技术。

EDSS 是环境信息系统的高级形式，是在环境管理信息系统的基础上，使决策者能通过人-机对话，直接应用计算机处理环境管理工作中的未定结构化的决策问题。它为决策者提供了一个现代化的决策辅助工具，并且提高了决策的效率和科学性。

环境决策支持系统的主要功能有：收集、整理、储存并及时提供本系统与本决策有关的各种数据；灵活运用模型与方法对环境信息进行加工、处理、分析、综合、预测、评价，以便提供各种所需环境信息；友好的人机界面和图形输出功能，不仅能提供所需环境信息，而且具有一定推理判断能力；良好的环境信息传输功能；快速的信息加工及响应；具有定性分析与定量研究相结合的特定处理问题的方式。

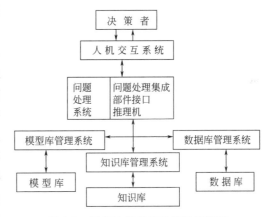

图 2-5　环境决策支持系统结构简图

环境决策支持系统的结构见图 2-5。

### 2.7.3 环境管理信息系统的设计与评价

环境管理信息系统的设计过程可分为四个阶段：可行性研究、系统分析、系统设计和系统实施与评价。每个阶段又分为若干步骤。设计过程见图 2-6。

#### 2.7.3.1 可行性研究

可行性研究是环境管理信息系统设计的第一阶段。其目标是为整个工作过程提供一套必须遵循的衡量标准，即①针对客观事实；②考虑整体要求；③符合开发节奏。这一标准根据应用的重要性和信息系统可利用的资源而定。可行性研究阶段的任务是确定环境管理信息系统的设计目标和总体要求，研究其设计的需要和可能，进行费用效益分析，制订出几套设计方案，并对各个方案在技术、经济、运行三方面进行比较分析，得出结论性建议，并编制出可行性研究报告报上级主管部门审查、批准。

#### 2.7.3.2 系统分析

系统分析是环境管理信息系统研制的第二阶段。这个阶段的主要目的是解决"干什么"，即明确系统的具体目标、系统的界限以及系统的基本功能。这一阶段的基本任务是设计出系

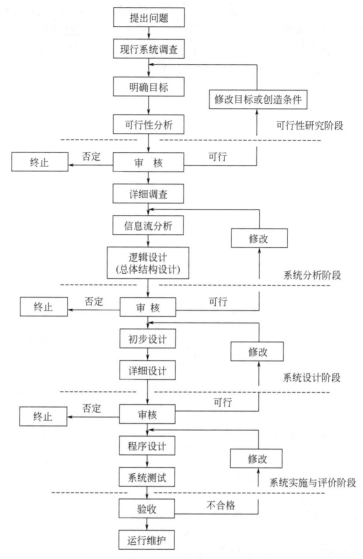

图 2-6 环境管理信息系统设计过程流程图

统的逻辑模型。所谓逻辑模型是从抽象的信息处理角度看待组织的信息系统,而不涉及实现这些功能的具体的技术手段及完成这些任务的具体方式。

系统分析不论从资金的投入,还是从时间的占用上,在整个环境管理信息系统的研制中都占很大比例,具有十分重要的地位。这一阶段的主要工作内容包括:进行详细的系统调查,以了解用户的主观要求和客观状态;确定拟开发系统的目标、功能、性能要求及对运行环境、运行软件需求的分析;分析数据;确认测试准则;编制系统分析报告,包括编写可行性研究报告及制订初步项目开发计划等工作。

2.7.3.3 系统设计

系统设计是环境管理信息系统研制过程的第三阶段。该阶段的主要任务是根据系统分析的逻辑模型提出物理模型。这个阶段是在各种技术手段和处理方法中权衡利弊,选择最合适的方案,解决"如何做"的问题。

系统设计阶段的主要工作内容包括:系统的分解;功能模块及连接方式的确定;输入设

计；输出设计；数据库设计及模块功能说明。在系统设计过程中，应充分考虑该系统是否具备下述性能：

① 及时全面地为环境科研及管理提供各种环境信息。
② 提供统一格式的环境信息。
③ 对不同管理层次给出不同要求和不同详细程度的图表、报告。
④ 充分利用了该系统本身的人力、物力，使开发成本最低。

#### 2.7.3.4 系统实施与评价

最后一个阶段就是系统的实施与评价。环境管理信息系统设计完成后就应交付使用，并在运行过程中不断完善，不断升级，因而需要对其进行评价。评价一个环境管理信息系统主要应从下述五个方面进行：

① 系统运行的效率。
② 系统的工作质量。
③ 系统的可靠性。
④ 系统的可修改性。
⑤ 系统的可操作性。

### 2.7.4 环境决策支持系统的设计与评价

(1) 制订行动计划

从理论上讲，研制运行计划有三种基本方案。它们分别是快速实现方案、分阶段实现方案和完整的 EDSS 方案。上述三种方案各有所长，它们分别适用于不同区域的环境决策支持系统。

(2) 系统分析

该步骤是 EDSS 设计的重要步骤。因为建立 EDSS 的关键在于确定系统的组成要素，划分内生变量，分析各要素间的相互关系，从而才能确定 EDSS 的基本结构和特征。

(3) 总体结构设计

总体结构设计又由以下四个部分集成：

① 用户接口。用户通过它进行系统运行，它以人们习惯方便的方式提供人-机信息交换，菜单、图形、数据库、表格是其主要形式。
② 信息子系统。包括基础数据文件与文件管理系统，可以用简便的方式提供环境信息及其他与环境决策相关的各类信息。
③ 模型子系统。包括经济、能源、人口评价与预测模型，水、气、固体废物污染物总量宏观控制模型及污染物时空分布结构模型等。
④ 决策支持子系统。提供系统支持决策的分析与评价的相互关联的功能子模块，它们是：历年统计和监测资料分析、环境现状及影响评价、污染物削减分配决策支持、环境与经济持续发展决策支持。

(4) 系统的实施与评价

环境决策支持系统设计完成后，在使用过程中应从以下五个方面评价，进而完善该系统：运行效率、工作质量、可靠性、可修改性及可操作性。在使用该系统时，还应切记本系统只是辅助决策，不可能完全代替人的决策思维。

## 复习思考题

1. 简述环境监测的程序和方法,以及怎样保证环境监测的质量。
2. 为什么要制定环境标准?我国现行的环境标准有哪些?
3. 为什么要进行环境预测?有哪些主要方法?
4. 什么是环境决策?常用的决策方法有哪些?
5. 简述环境统计和环境审计的概念和内容。
6. 怎样设计一个合理的环境管理信息系统?
7. 你认为还应该吸纳哪些技术手段和方法作为环境规划管理的技术支撑?

# 第3章 环境管理体制与职能

## 3.1 环境管理体制

环境管理体制是指国家环境行政管理机构的设置、职权的划分与协调以及管理活动规范运营的方式,是进行环境管理的体系和制度,主要是正确处理各环境保护管理部门上下左右、条条块块的权力、责任相互关系和沟通这种关系的方式。环境管理体制的研究内容相当广泛,就我国而言,包括它的性质,在国家经济管理体制中的地位,与社会制度的关系,从中央到地方、从各部委(局)到各厂矿企事业环境管理机构是一个什么样的系统,等等。社会制度的性质和社会经济发展的状况,是决定环境管理体制模式的主要因素。

一定形式的管理体制,是一定管理关系制度化的表现形式。它一般包括管理的组织体系形式、决策权限划分、控制调节机制、监督方法等内容。在管理的决策、规划、技术措施等确定之后,管理体制就成为影响管理效果的关键性因素。

### 3.1.1 国外环境管理体制模式

所谓环境管理体制模式是指环境管理体制中控制调节机制的形式,即采取什么手段来控制污染环境的单位,使之服从国家的环境政策和环境规划。

国外环境管理体制模式的基本特点是:在强化国家集中管理的基础上,采取立法和经济刺激相结合的方法。

国外其他国家一般通过颁布环境保护法律、法令、条例等形成环境保护法律体系,旨在对企业的经济活动制定出严格的活动规范。据不完全统计,德国联邦和各州颁布的环境保护法律法规达 8000 多部,德国是世界上拥有最完备、最详细的环境保护体系的国家;美国联邦政府制定了上千部环境保护法律法规。这些法规都规定了控制环境污染、保护自然环境的重要原则和各种程序,并规定了违反这些原则和程序的惩罚办法。如开发建设的土地利用规划制度、环境影响评价制度和颁发企业生产经营许可证制度、对超标排放的惩罚制度和环境保护的执法体制等。

与法律控制同样重要的是经济刺激手段。经济刺激分两类:一是国家通过财政手段扶持有利于环境保护事业发展的行业和企业,限制严重污染环境的企业和行业;二是国家利用排污收费、罚款等经济手段,制约破坏环境的行为,以达到保护环境之目的。

近几年来,发达国家在环境保护方面取得的成就,是与它们这套完备的环境管理体制分不开的。这套体制之所以能够行之有效,是因为它符合市场经济的性质。在这些国家再也没有比严格的法制和有利的经济刺激更能规范私有者活动的方法了。

#### 3.1.1.1 美国的环境管理体制

20 世纪 70 年代以来,美国的环境立法发展迅速,不仅建立了国家环境行政管理体制,而且确立了国家环境管理战略。美国的环境管理注重在污染控制上将法律与技术手段相结合，将行政管理与公众参与相结合。

美国是一个联邦制国家，其环境管理机构包括联邦环境管理机构和各州环境管理机构。联邦环境管理机构属于联邦政府执行部门的独立机构，直接归总统负责；各州环境管理机构保持各自独立，不受联邦政府的领导和管理，并在相应的环保领域拥有立法权和执法权。

美国联邦政府环境保护机构有两个，即环境质量委员会和美国国家环境保护局（EPA），直属于总统办公厅，由总统亲自领导。环境质量委员会是总统关于国家环境问题的咨询机构，又称为环境咨询委员会；EPA是直属于总统办公厅的联邦政府机构，负责全国的环境管理事务，它是由联邦水质管理局、农业部的农业登记局、卫生教育福利部的空气污染控制局、固体废物管理局、环境控制局、农药研究所和标准制定局等15个机构合并组成。环境保护局下设五个专业室，分管环境规划与管理，水、气环境的保护。

美国国家环境保护局的主要职责包括：

① 实施和执行联邦环境保护法；

② 制定对内、对外环境保护政策，促进经济和环境保护协调发展；

③ 制定环境保护研究与开发计划；

④ 制定国家环境标准；

⑤ 制定农药、有毒有害物质、水资源、大气、固体废物管理的法规、条例；

⑥ 提供技术，帮助州、地方政府搞好环境保护工作，同时检查他们的工作，确保有效执行联邦环境保护法律、法规；

⑦ 企业公司排污许可证的发放；

⑧ 继续保持和加强美国在保护和改善全球环境中的领导作用，同其他国家和地区一起，共同解决污染物输送问题，向其他国家、地区提供技术资助，提供新技术和派遣专家。

美国国家环境保护局的机构设置见图3-1。

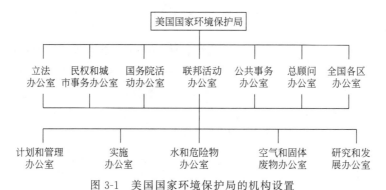

图 3-1 美国国家环境保护局的机构设置

#### 3.1.1.2 日本的环境管理体制

在日本，从中央到地方各级政府设有较完整的环境管理机构，机构之间相互制约、相互促进，强调地方长官在环境保护方面的责任，并注意与中央机构的配合，往往出现地方政府环境立法和制度的实施超前于中央政府的现象。

中央的环境保护机构分为公害对策部和环境省。公害对策部作为总理府的下属机构，部长由内阁总理兼任，委员由有关省、厅长官兼任，主要职责是审议有关防治公害的计划和综合措施；环境省直属首相领导，总管全国的环境保护工作，将原来的环境省环境管理局和富士山电视台水环境部整合为水和大气环境局，在地球环境局增加了应对气候变化的课室，并将自然保护事务所和地方环境对策调查官事务所合并重组，作为连接环境省和地方的核心。日本环境管理机构设置见图 3-2。

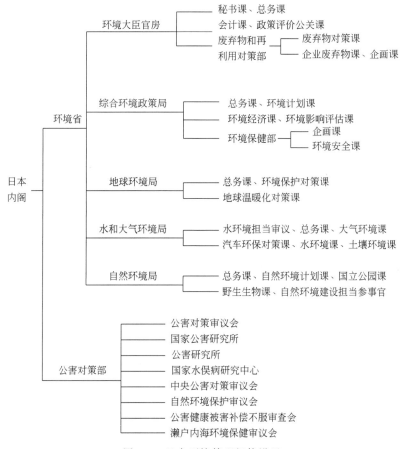

图 3-2  日本环境管理机构设置

工矿企业也有比较健全的环境管理机构。根据日本政府规定，凡是职工人数在 20 人以上的工厂，都要配备防治公害的环境专职管理人员；凡是排放烟尘达 40000m$^3$/h 或排放废水 10000m$^3$/h 的大型企业都必须设置主管公害的课室和配备管理公害的主任，负责解决企业的公害防治技术与管理问题。

日本采取"法律"加"科学"和"防"重于"治"的基本对策，以环境目标作为政策的目标和手段，环境状况得到很大改善，将昔日的"公害大国"改善成了"花园岛国"。

### 3.1.1.3 联合国环境规划署运行体制

1972 年底，第 27 届联合国大会审议了"人类环境会议关于在联合国体系内建立负责处理与人类环境有关事务的国际组织"的建议，决定于 1973 年 1 月成立联合国环境规划署（UNEP），负责处理联合国在环境方面的日常事务，其总部先设于瑞士日内瓦，同年 10 月迁至肯尼亚首都内罗毕。

UNEP 内设有环境规划理事会，每年举行一次会议，审查世界环境情况，促进各国政府在环境保护方面的国际合作等；理事会以执行主任为首的秘书处，为各种环境保护项目提供资金的环境基金，其资金来源主要是成员国的自愿认捐。其主要职责是：贯彻执行环境规划理事会的各项决定；根据理事会的政策指导提出联合国环境活动中、远期规划；制订、执行和协调各项环境方案的活动计划；向理事会提出审议的事项以及有关环境的报告；管理环境基金；就环境规划向联合国系统内的各政府机构提供咨询意见。其运行体制如图 3-3 所示。

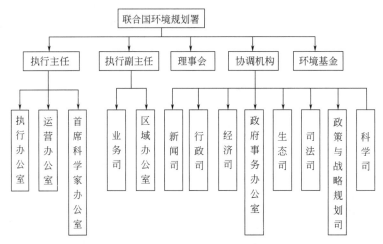

图 3-3 UNEP 运行体制

### 3.1.2 我国的环境管理体制模式

近几年我国经济高速发展，正处于由经济大国向经济强国转变的特殊时期，中央提出产业转型升级、实现高质量发展、建设生态文明的战略部署。因此我国的环境管理，既要从我国的国情出发，又要借鉴国外其他国家的环境管理体制的先进经验，形成我国独特的环境管理体制模式，即以统一监督机制、协调机制、综合决策机制、三元机制为运行机制，消除环境问题中的体制性障碍，使新型的环境管理体制能够正常地运转，实现新时期环境规划的目标。

统一监督机制意味着由环境保护部门代表国家监督执行环境政策和实施环境管理，可以保证监督工作在统一标准下的权威、严肃、公正、透明，保证环境保护政策的落实和环境管理的效果。

协调机制要求在国家层面上建立跨部门的协调机构，协调国家生态环境部与各省、直辖市以及其他部委之间在处理环境问题时的各种利益关系，协调国家级的重大项目的建设与设计的环境问题、重大的国家环境安全问题和国际环境事务等。

综合决策机制是指在面临各项重大经济发展和环境决策时，既要符合经济利益的要求，又要保证生态环境的质量，实现经济和生态环境的可持续发展。

三元机制指的是政府、企业和社会公众是环境保护的利益方和参与者，每一个利益方都应积极参与环境保护。

#### 3.1.2.1 我国的环境管理体制

我国的环境管理依靠政策、法规、制度、机构四大体系的不断完善，形成了一条具有新时期中国特色的环境管理道路。

随着经济社会的发展和环境保护的需要，我国的环境管理体制几经变迁，现在的机构和运行机制是由中央集中领导、环保部门统一协调、各职能机构各负其责的综合管理体制。

我国现行的环境管理体制见图 3-4。

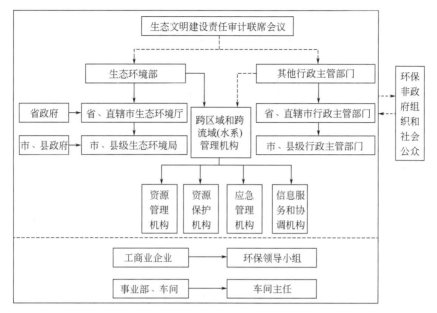

图 3-4 我国现行的环境管理体制
——→表示直接管理；----→表示间接管理

我国环境管理体制有以下特点：

(1) 从横向的关系来看

我国现行环境管理体制是一种类似于分散管理与统一监督相结合的模式。我国设立了相对独立、专门的生态环境监督管理机构，对整个环境保护工作进行规划、协调；依法提出环境法规草案和制定行政规章；依法监督管理环境法律、法规、规章、规划、标准和其他政策、规范性文件的实施。同时，各有关业务部门也有权依照法定的职责、权限对其相关的环境保护工作进行具体管理。

(2) 从纵向的关系来看

我国现行环境管理体制具有中央与地方的分级监督管理相结合的特点。生态环境问题具有全局性的特点，需要中央政府出面干预，发挥统一领导、宏观调控的作用。环境保护又具有区域性、流域性的特点，故也要充分发挥地方各级人民政府环境保护部门和其他具有环境保护职权部门的主动性和积极性。

(3) 在行使环境管理权上注重政府的作用

我国环境政策中的各种具体措施，特别是各种环境管理制度，大部分是由政府直接操作，并作为一种行政行为，通过政府体制实施，这就使我国环境管理具有很浓的政府行为色彩，执行力很强。

### 3.1.2.2 工业企业环境管理体制模式

不论是作为环境管理的主体，还是作为环境管理的对象，工业企业自身都必须在活动的全过程中贯彻经济与环境相协调的原则。具体来说，都必须设立专门的机构，指定专职人员，建立一系列配套的规章制度；必须在产品的制作、包装、运输、销售、售后服务以及生产过程中出现的废品处置和产品使用价值兑现后的处理、处置等全部环节上，从节约资源、减少投入、降低环境污染的角度进行严格的审查、监督,采取有效、有力的措施。

我国的工业企业环境管理体制的特点是:一人主管、分工负责;职能科室,各有专责;落实基层,监督考核。工业企业环境管理体制如图 3-5 所示。

我国的工业企业环境管理体制是:

① 厂长作为企业的领导者,环保副厂长为环保工作的领导者;

② 环保机构负责向各职能科室、环境监测机构和车间传达有关环境保护的基本任务;

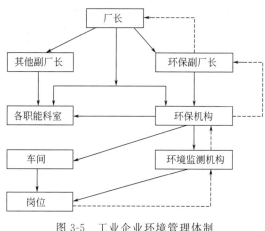

图 3-5 工业企业环境管理体制

③ 各职能科室按环保机构的要求明确和落实环保责任;

④ 车间建立健全环保岗位责任制,落实分解到人头。

### 3.1.3 我国环境管理体制的产生和演变

1972 年,中国派团参加斯德哥尔摩人类环境会议,中国环境管理工作由此开始起步。经过近半个世纪的发展,我国环境管理体制经历了以下几个阶段。

#### 3.1.3.1 起步阶段

这个阶段从 1972 年到 1978 年。

1972 年的斯德哥尔摩人类环境会议之后,为了开展我国的环境保护工作,由国家计划委员会牵头成立了国务院环境保护领导小组筹备办公室,标志着我国环境保护事业的开始。

1973 年 8 月,我国召开第一次全国环境保护会议。会议上,第一次承认中国存在环境问题,同时通过了中国环境保护的三十二字方针:"全面规划、合理布局、综合利用、化害为利、依靠群众、大家动手、保护环境、造福人民。"

1973 年 11 月,国务院批准了《关于保护和改善环境的若干规定(试行草案)》。同年 12 月颁发了《工业"三废"排放试行标准》,明确提出新建、改建、扩建项目的防治污染和其他公害的设施必须与主体工程同时设计、同时施工、同时投产的"三同时"要求,对污染严重的企业采取限期治理的措施。

1974 年 12 月,国务院环境保护领导小组正式成立。领导小组主要职责是制定环境保护的方针政策,审定国家环境保护规划,组织协调和监督检查各地区和各有关部门的环境保护工作。领导小组下设办公室,负责日常工作。随后,全国各地方政府也相继设置地方环保机构。国务院环境保护领导小组的成立,标志着我国环境保护机构建设的起步。

在这一阶段,当时的历史条件下,国家的法制建设很薄弱,暂时没有环境立法。

#### 3.1.3.2 创建阶段

这个阶段从 1979 年到 1988 年。

随着中国共产党的十一届三中全会的召开,国家进入了一个新的历史发展时期。全党的工作重点转移到以经济建设为中心的现代化建设,环境保护工作开始被列入党和国家的重要议事日程。

1978 年国家颁布了新宪法，新宪法规定："国家保护环境和自然资源，防治污染和其他公害。"首次将环境保护确定为政府的一项基本职能。在此基础上，1979 年国家颁布了《中华人民共和国环境保护法（试行）》(以下简称《环境保护法（试行）》)，明确规定了包括"三同时"制度、环境影响评价制度和征收排污费制度在内的"老三项制度"，同时规定了各级环保机构建设的原则及其职责，从而为我国环保机构的建设提供了法律依据。

1979 年 3 月，国务院环境保护领导小组在成都召开了全国环境保护工作会议。会议总结了环境保护工作的经验教训，提出了"加强全面环境管理，以管促治"的方针。随后，开展了一系列的环境保护工作，包括机构建设、法规、科研等方面。

1979 年 3 月，中国环境科学学会在成都成立，学会提出要发展有中国特色的环境科学。1980 年 2 月，中国环境管理、经济与法学学会成立大会在太原市召开，会议提出"要把环境管理放在环境保护工作首位"，会后出版了论文集《论环境管理》（于光远、李超伯等著）。

1980 年成立了中国环境科学研究院和中国环境监测总站。

1980 年 11 月召开了第一次全国环境监测工作会议，会议决定每年向政府提交环境质量报告。随后，大部分重点企业建立了监测站，部分工业部门建立了监测中心，并开展新建企业的环境影响评价工作。

1980 年开展了环境标准制定的一系列工作，包括环境质量标准、行业排放标准和部分地方排放标准等的制定。

1981 年 5 月，国家计划委员会、国家基本建设委员会、国家经济委员会、国务院环境保护领导小组联合颁发《基本建设项目环境保护管理办法》。

1982 年 2 月，国务院根据《环境保护法（试行）》发布《征收排污费暂行办法》。

1982 年 3 月，根据《关于国务院部委机构改革实施方案的决定》，新组建城乡建设环境保护部，内设环境保护局，正式纳入政府建制并开始有专门的人员编制。

1982 年 8 月，全国工业污染防治会议在北京召开。

1983 年 2 月，国务院发布了《关于结合技术改造防治工业污染的几项规定》。

至此，随着环保工作的不断深入和环境保护基本法的颁布实施，我国环境管理机构建设也初具规模。在中央政府一级，国务院环境保护领导小组办公室已经制定了一套比较完整的管理制度，并逐步成为我国环境管理的实体机构；在地方政府一级，大多数地方成立了一级局建制的环境保护局，或具有相对独立的并且进入政府行列的环保办公室。

1983 年 12 月，国务院召开第二次全国环境保护会议。这次会议标志着我国环境管理进入一个崭新的阶段，为开创环境保护工作的新局面奠定了思想和政策基础。会议上，党和政府明确宣布环境保护是我国的一项基本国策，提出了"经济建设、城乡建设和环境建设同步规划、同步实施、同步发展，实现经济效益、社会效益和环境效益相统一"的战略方针。这是我国第一次在战略高度上确定环保工作的指导方针，为处理环境与发展的关系指明了正确方向。基于对国情的认识，即环境问题普遍由管理不善引起，同时政府财力有限，无法为环境保护加大投入，会议明确提出把"强化环境管理"作为环保工作的中心环节。这是对基本国情深化认识和对以往十年环保实践进行反思和总结的结果，并由此实现了环境管理思想认识和工作方式上的重大转变。可以说，这次会议是环境管理认识上的一次重大飞跃。

1984 年 5 月，国务院成立环境保护委员会，进一步加强对环境保护的统一领导，同年，成立国家环境保护局，作为国务院环境保护委员会的办事机构。当年还发布了国务院《关于加强环境保护工作的决定》。

1984年10月,党的十二届三中全会通过了《关于经济体制改革的决定》。该文件明确指出:"城市政府应当集中力量做好城市的规划、建设和管理,加强各种公用设施的建设,进行环境的综合整治。"

1985年10月,国务院在河南省洛阳市召开"全国城市环境保护工作会议",会议原则通过了《关于加强城市环境综合整治的决定》,会议明确提出当前综合整治的重点是"除四害",即大气污染防治、水污染防治、固体废物处理与利用及噪声污染防治。以后,在各地政府的支持下,城市环境综合整治工作逐渐在各大中城市推广开来。

在本阶段,我国还陆续颁布了各种环境保护法律法规,包括:《中华人民共和国水污染防治法》(1984年11月颁布),《中华人民共和国大气污染防治法》(1987年5月通过),《中华人民共和国海洋环境保护法》(1982年8月颁布),等。环境立法工作所取得的进展,使环境管理逐步向法制管理方向发展。

### 3.1.3.3 发展阶段

这个阶段从1989年到1995年。

1988年国家环保局升格为国务院直属局。1989年4月召开了第三次全国环境保护会议。会议上正式推出新的五项环境管理制度,包括环境保护目标责任制度、城市环境综合整治定量考核制度、排污许可证制度、污染集中控制制度及污染限期治理制度。这五项制度概括了多年来全国各地的环境管理实践经验,是我国在实践中形成的环境管理战略总体构想的体现和深化,适应了强化环境管理的需要。

1989年12月,第七届全国人大常委会第十一次会议通过了《中华人民共和国环境保护法》的修正。新的环境保护法的实施,为强化环境管理提供了强有力的法律保障。

1990年12月,国务院出台《关于进一步加强环境保护工作的决定》(国发〔1990〕65号),指出:"当前,防治环境污染和生态破坏已成为十分紧迫的任务。为促使经济持续、稳定、协调发展,深入贯彻执行《中华人民共和国环境保护法》,在改革开放中进一步搞好环境保护工作",这个决定是进一步加强和发展我国环境管理的纲领性文件。

1992年6月,联合国环境与发展大会在巴西里约热内卢召开,会议通过了《里约环境与发展宣言》,国务院总理率团参加会议,并在会上作出了履行《21世纪议程》等文件的承诺。

1992年7月,党中央、国务院批准了《中国环境与发展十大对策》,这是我国最早明确提出可持续发展原则的重要文件。

1993年,全国人民代表大会设立了环境保护委员会。同年,国家环保局与国家经济贸易委员会联合召开了第二次全国工业污染防治工作会议,进一步明确了防治工业污染的基本方针。提出要转变传统的发展战略,积极推行清洁生产,走可持续发展的道路。要适应市场经济新形势,不断深化政府的环境管理职能。并且提出工业污染防治的指导思想实行"三个转变",即逐步变末端治理为工业生产全过程控制,污染物排放控制由浓度控制变为浓度与总量双轨控制,工业污染治理变分散治理为集中控制与分散治理相结合。

1994年3月,国务院发布了我国第一个可持续发展方面的综合性文件《中国21世纪议程——中国21世纪人口、环境与发展白皮书》,它针对可持续发展的各个领域提出了指导原则、具体措施和优先项目。

1995年12月,全国环境保护厅局长会议在江苏省张家港市召开,会议推出了两大举措——"实施污染物排放总量控制计划"和"中国跨世纪绿色工程计划"。

在这一阶段里,环境保护管理机构和队伍建设有了较快的发展,确立了可持续发展战略,并制定一系列纲领性文件。

#### 3.1.3.4 深化阶段

深化阶段从 1996 年至 2011 年。

1996 年 7 月,国务院召开第四次全国环境保护会议。会议对实现跨世纪的环境保护目标做了总体部署,提出了建立和完善环境与发展综合决策等四大机制。8 月,国务院出台《关于环境保护若干问题的决定》。9 月,国务院批准《国家环境保护"九五"计划和 2010 年远景目标》,其附件"九五"期间全国主要污染物排放总量控制计划》和《中国跨世纪绿色工程规划(第一期)》是实现"九五"环保目标采取的两项重大举措。

1997 年 3 月 8 日,中共中央召开了计划生育和环境保护工作座谈会。这标志着党中央对环境保护高度重视,环境管理已经进入了党和国家最高领导层的重要议事日程。

1998 年 6 月,根据第九届全国人民代表大会第一次会议批准的国务院机构改革方案和《国务院关于机构设置的通知》(国发〔1998〕5 号),经国务院批准,国务院办公厅发布《国家环境保护总局职能配置、内设机构和人员编制规定》,设置正部级的国家环境保护总局,同时撤销国务院环境保护委员会。

1998 年 11 月,国务院发布了《建设项目环境保护管理条例》。

2001 年 12 月 26 日,国务院批准了《国家环境保护"十五"计划》,确定了"十五"期间的环境保护目标:"到 2005 年,环境污染状况有所减轻,生态环境恶化趋势得到初步遏制,城乡环境质量特别是大中城市和重点地区的环境质量得到改善,健全适应社会主义市场经济体制的环境保护法律、政策和管理体系。"

2002 年 1 月 8 日,国务院召开第五次全国环境保护会议,强调走可持续发展的道路。同年 1 月,国务院颁布了《排污费征收使用管理条例》。6 月,全国人大常委会颁布了《中华人民共和国清洁生产促进法》(以下简称《清洁生产促进法》),自 2003 年 1 月 1 日起施行。

2002 年 10 月,全国人大常委会颁布了《中华人民共和国环境影响评价法》(以下简称《环境影响评价法》),2003 年 9 月实施。

2003 年 10 月,根据《关于环保总局调整机构编制的批复》(中央编办复字〔2003〕139 号)文件,国家环境保护总局调整了内部机构设置,撤销监督管理司,设置环境影响评价管理司、环境监察局。

2005 年国务院批准了《国家环境保护"十一五"规划》并确立了规划目标:"到 2010 年,二氧化硫和化学需氧量排放得到控制,重点地区和城市的环境质量有所改善,生态环境恶化趋势基本遏制,确保核辐射环境安全。"同年 12 月,国务院为全面落实科学发展观,加快构建社会主义和谐社会,实现全面建设小康社会的奋斗目标,发布了《国务院关于落实科学发展观加强环境保护的决定》,把环境保护摆在更加重要的战略位置。

2006 年 4 月,国务院召开了第六次全国环境保护大会,明确强调了保护环境关系到我国现代化建设的全局和长远发展,充分认识到加强环境保护的重要性和紧迫性,把环境保护摆在更加重要的位置,推动全面协调可持续发展。

2008 年 3 月 15 日,十一届全国人大一次会议上批准了《国务院关于机构设置的通知》(国发〔2008〕11 号),组建了新的环境保护部,标志着我国的环境保护行政主管部门正式纳入政府序列,更有利于环境保护的监督管理。新组建的环境保护部颁布了《建设项目环境影响评价分类管理名录》,并从 8 月起开始施行《国家危险废物名录》。

2009 年 8 月国务院通过了《规划环境影响评价条例》。加强了规划的环境影响评价工作,对从源头预防环境污染和生态破坏,促进经济、社会和环境的全面协调可持续发展起到了重要作用。

2011 年 12 月,国务院召开了第七次全国环境保护大会,会上强调了环境是重要的发展资源,坚持在发展中保护、在保护中发展,推动经济转型,提升生活质量。第七次全国环境保护大会的胜利召开意味着我国环境保护管理体制的基本形成,同时也为国家环境保护的发展提供了坚实的依据。

#### 3.1.3.5 完善阶段

完善阶段从 2012 年至今。

2012 年 2 月十一届全国人大修正了《关于修改〈中华人民共和国清洁生产促进法〉的决定》。同年国务院发布的《国家环境保护"十二五"规划》中明确表示:"到 2015 年,主要污染物排放总量显著减少、水质大幅提高、污染防治成效明显、基础设施水平提升、环境恶化趋势扭转、环境监管体系健全。"

2014 年对《中华人民共和国海洋环境保护法》进行了修改,并于 3 月 1 日施行,同年 4 月,十二届全国人大常务委员会八次会议上通过了对《中华人民共和国环境保护法》的修订。

2016 年十二届全国人大常委会第二十一次会议重新修订了《中华人民共和国环境影响评价法》,同年国务院批准的《国家环境保护"十三五"规划》中提出将生态文明建设写入五年规划,将经济结构优化、产业转型升级、提质增效作为现阶段主要任务,将生态建设与经济增长方式相协调作为重要目标。

2017 年 6 月,第十二届全国人民代表大会上对《关于修改〈中华人民共和国水污染防治法〉的决定》进行了第二次修正;7 月国务院颁布了《国务院关于修改〈建设项目环境保护管理条例〉的决定》,同年 11 月全国人大常务委员会对《中华人民共和国海洋环境保护法》进行了第二次修改。

2018 年党的十九届三中全会上修订了《深化党和国家机构改革方案》,同年 3 月国家环境保护部正式更名为生态环境部,调整了相关职能职责,加强了环境保护部门对生态环境保护的统一监督管理。同年开始实施《中华人民共和国环境保护税法实施条例》和《中华人民共和国环境保护税法》。十三届全国人大常委会七次会议对《中华人民共和国环境影响评价法》进行了二次修订,这一年是我国环境管理体制发展最重要的一年,我国的环境管理将实现从可持续发展向保卫蓝天、碧水、净土的方向上转变,并颁布《打赢蓝天保卫战三年行动计划》等多部政策文件。

2019 年 1 月,生态环境部召开了全国生态环境保护工作会议,部长发表重要讲话,会议的重点是打好污染防治攻坚战,促进经济高质量发展。并从 2019 年开始进行为期三年的第二轮中央生态环境保护例行督察。

"十三五"规划将生态文明建设摆在了与经济建设、文化建设等同等重要的位置,说明在经济发展的过程中生态环境将起到至关重要的作用,先发展经济后治理环境已经被国家所摒弃,推崇在发展经济的过程中保护环境。从改革开放以来,我国的环境管理体制经过了半个世纪的发展已经逐步完善,将为国家的生态环境保护事业发挥更大的作用。

## 3.2 环境管理部门的职责

### 3.2.1 基本职能

环境保护部门是政府的职能部门,就环境管理机构而言,环境管理的职能是要组织推动各地区、各部门、各行业做好自己管辖范围内的环境保护工作,其基本职能是:

(1) 规划

它是环境管理的目标和方向,在环境管理中起着指导作用。主要是制定环境保护规划、管理目标,通过规划来调整资源、人口与发展之间的关系,解决发展与环境的矛盾。

(2) 协调

它是将各地区、各方面的环境保护工作有机结合起来,通过相互沟通、分工合作、统一步调等协调活动,减少相互脱节、重复和矛盾,建立统一的监督管理与分工合作相结合的管理体制,共同实现环境保护目标规划要求。

(3) 监督

它是环境管理部门工作的核心,是健全有效的环境管理得以实现的必要保证。即通过环境法规、环境标准以及迅速、准确和完善的监测手段来保证环境规划、组织协调的切实实现。

(4) 指导

环境管理部门通过对各地区、各部门以及群众性环境保护活动的组织领导,对各地区、各部门、各单位的环境保护工作提出要求,协调各方面的工作关系,为其下级部门或其他部门提供科学技术以及其他方面的帮助,对群众性环境保护活动加以引导和支持。

### 3.2.2 环境监督管理的范围

#### 3.2.2.1 管理由生产和生活活动引起的环境问题

① 工业生产排放的"三废"、噪声、振动、恶臭、放射性及电磁污染等。
② 交通运输排放的污染物及噪声。
③ 农业生产产生的农药、化肥、畜禽粪便、农用地膜、秸秆及面源污染。
④ 工业生产和人民生活使用的有毒化学品。
⑤ 生活排放物如烟尘、污水、垃圾等。

#### 3.2.2.2 管理由建设和开发引起的环境问题

① 大型工程如高速公路、铁路、港口、机场、水利工程和大型工业建设项目引起的生态扰动、地形变化与水土流失等。
② 资源开发引起的环境破坏与影响,如矿产、森林开发及农垦等。
③ 区域开发建设引起的环境影响,如兴建城镇和新工业区的开发等。

#### 3.2.2.3 管理有特殊价值的自然环境

通过生态功能区和生态红线的划定,对特殊区域的自然环境进行管理,包括以下方面:
① 珍稀濒危动植物及其生境的保护和管理。
② 具有特殊生态功能区域的保护和管理,如自然保护区、饮用水源保护区、水土保持

区及防洪重点区域等。

③ 具有科学、文化、历史和美学价值的自然结构（地质剖面、古生物化石产地等）、自然景观（石林、溶洞、冰川遗迹等）的保护和管理。

#### 3.2.2.4　海洋污染防治

① 包括船舶污染、陆源污染物及海岸工程对海洋的污染与损害的管理和控制。

② 油田开发、生产和运输引起的海洋污染的管理和控制。

③ 海洋倾倒废物的管理和控制。

#### 3.2.2.5　环境质量管理

① 区域、流域、海域环境质量管理。

② 环境功能区划分，环境政策、标准的制定与监督实施。

③ 环保督察与巡视。

## 3.3　各级环保部门职责

### 3.3.1　生态环境部

生态环境部是由原环境保护部、国家发展和改革委员会、水利部、农业部等多个部门组合而成，是国务院的组成部门。它的任务是制定并负责组织实施生态环境政策、规划和标准，统一负责生态环境监测和执法工作，监督管理污染防治、核与辐射安全，组织开展中央环境保护督查等。其主要职责是：

① 负责建立健全生态环境基本制度。会同有关部门拟订国家生态环境政策、规划并组织实施，起草法律法规草案，制定部门规章。会同有关部门编制并监督实施重点区域、流域、海域、饮用水水源地生态环境规划和水功能区划，组织拟订生态环境标准，制定生态环境基准和技术规范。

② 负责重大生态环境问题的统筹协调和监督管理。牵头协调重特大环境污染事故和生态破坏事件的调查处理，指导协调地方政府对重特大突发生态环境事件的应急、预警工作，牵头指导实施生态环境损害赔偿制度，协调解决有关跨区域环境污染纠纷，统筹协调国家重点区域、流域、海域生态环境保护工作。

③ 负责监督管理国家减排目标的落实。组织制定陆地和海洋各类污染物排放总量控制、排污许可证制度并监督实施，确定大气、水、海洋等纳污能力，提出实施总量控制的污染物名称和控制指标，监督检查各地污染物减排任务完成情况，实施生态环境保护目标责任制。

④ 负责提出生态环境领域固定资产投资规模和方向、国家财政性资金安排的意见，按国务院规定权限审批、核准国家规划内和年度计划规模内固定资产投资项目，配合有关部门做好组织实施和监督工作。参与指导推动循环经济和生态环保产业发展。

⑤ 负责环境污染防治的监督管理。制定大气、水、海洋、土壤、噪声、光、恶臭、固体废物、化学品、机动车等的污染防治管理制度并监督实施。会同有关部门监督管理饮用水水源地生态环境保护工作，组织指导城乡生态环境综合整治工作，监督指导农业面源污染治理工作。监督指导区域大气环境保护工作，组织实施区域大气污染联防联控协作机制。

⑥ 指导协调和监督生态保护修复工作。组织编制生态保护规划，监督对生态环境有影

响的自然资源开发利用活动、重要生态环境建设和生态破坏恢复工作。组织制定各类自然保护地生态环境监管制度并监督执法。监督野生动植物保护、湿地生态环境保护、荒漠化防治等工作。指导协调和监督农村生态环境保护，监督生物技术环境安全，牵头生物物种（含遗传资源）工作，组织协调生物多样性保护工作，参与生态保护补偿工作。

⑦ 负责核与辐射安全的监督管理。拟订有关政策、规划、标准，牵头负责核安全工作协调机制有关工作，参与核事故应急处理，负责辐射环境事故应急处理工作。监督管理核设施和放射源安全，监督管理核设施、核技术应用、电磁辐射、伴有放射性矿产资源开发利用中的污染防治。对核材料管制和民用核安全设备设计、制造、安装及无损检验活动实施监督管理。

⑧ 负责生态环境准入的监督管理。受国务院委托对重大经济和技术政策、发展规划以及重大经济开发计划进行环境影响评价。按国家规定审批或审查重大开发建设区域、规划、项目环境影响评价文件。拟订并组织实施生态环境准入清单。

⑨ 负责生态环境监测工作。制定生态环境监测制度和规范、拟订相关标准并监督实施。会同有关部门统一规划生态环境质量监测站点设置，组织实施生态环境质量监测、污染源监督性监测、温室气体减排监测、应急监测。组织对生态环境质量状况进行调查评价、预警预测，组织建设和管理国家生态环境监测网和全国生态环境信息网。建立和实行生态环境质量公告制度，统一发布国家生态环境综合性报告和重大生态环境信息。

⑩ 负责应对气候变化工作。组织拟订应对气候变化及温室气体减排重大战略、规划和政策。与有关部门共同牵头组织参加气候变化国际谈判。负责国家履行《联合国气候变化框架公约》相关工作。

⑪ 组织开展中央生态环境保护督察。建立健全生态环境保护督察制度，组织协调中央生态环境保护督察工作，根据授权对各地区各有关部门贯彻落实中央生态环境保护决策部署情况进行督察问责。指导地方开展生态环境保护督察工作。

⑫ 统一负责生态环境监督执法。组织开展全国生态环境保护执法检查活动，查处重大生态环境违法问题，指导全国生态环境保护综合执法队伍建设和业务工作。

⑬ 组织指导和协调生态环境宣传教育工作。制定并组织实施生态环境保护宣传教育纲要，推动社会组织和公众参与生态环境保护。开展生态环境科技工作，组织生态环境重大科学研究和技术工程示范，推动生态环境技术管理体系建设。

⑭ 开展生态环境国际合作交流。研究提出国际生态环境合作中有关问题的建议，组织协调有关生态环境国际条约的履约工作，参与处理涉外生态环境事务，参与全球陆地和海洋生态环境治理相关工作。

⑮ 完成党中央、国务院交办的其他任务。

⑯ 职能转变。生态环境部要统一行使生态和城乡各类污染排放监管与行政执法职责，切实履行监管责任，全面落实大气、水、土壤污染防治行动计划，大幅减少进口固体废物种类和数量直至全面禁止洋垃圾入境。构建政府为主导、企业为主体、社会组织和公众共同参与的生态环境治理体系，实行最严格的生态环境保护制度，严守生态保护红线和环境质量底线，坚决打好污染防治攻坚战，保障国家生态安全，建设美丽中国。

## 3.3.2 省级环境管理机构

省级环境管理机构是区域性综合环境管理的指挥决策机构，其基本职能是对全省（直辖市、自治区)的环境保护工作进行规划、协调、监督、指导和服务,使全省的环境保护工作目标一致、步调一致,按照国家的环境保护方针和战略,结合本辖区的环境及环境问题的特点,对全省的环境实施统一的监督管理。

自2018年国家环境保护部更名为生态环境部后,省级环保部也更名为生态环境厅。从我国省级生态环境厅所处的地位来看,它们是环境管理系统中独立负责的"方面军",其功能发挥的水平、工作成效的好坏直接影响到整个国家环境保护系统的存亡,决定着整个国家环境管理的命运。在此意义上讲,省级生态环境厅既是区域综合性环境管理机构,属于国家生态环境部的基层单位,直接负责所辖地区的环境执法和管理,但对于一个省(直辖市、自治区)而言,它又属于上级管理机构,它的作用的发挥对全省环境管理有着举足轻重的影响。而大量具体的、实际的环境管理与治理工作任务都由市、县或其他基层环境管理部门承担。因此,省级生态环境厅的工作又具有间接性。

省级生态环境厅的主要职责是:①负责建立健全省级生态环境基本制度;②负责全省重大生态环境问题的统筹协调和监督管理;③负责监督管理全省减排目标的落实;④负责提出省级生态环境领域固定资产投资规模和方向、省级财政性资金安排的意见,按省政府规定权限审批、核准全省规划内和年度计划规模内固定资产投资项目,配合有关部门做好组织实施和监督工作;⑤负责全省环境污染防治的监督管理;⑥指导协调监督全省生态保护修复工作;⑦负责全省核与辐射安全的监督管理;⑧负责全省生态环境准入的监督管理;⑨负责全省生态环境监测和信息发布;⑩负责全省应对气候变化工作;⑪组织开展省委、省政府生态环境保护督察;⑫统一负责全省生态环境综合行政执法;⑬组织指导和协调全省生态环境宣传教育工作,制定并组织实施全省生态环境保护宣传教育纲要,推动社会组织和公众参与生态环境保护;⑭开展生态环境对外合作交流,研究提出全省参与国际生态环境合作中有关问题的建议,组织协调有关生态环境国际条约在全省的履约工作,参与处理涉外生态环境事务;⑮完成省委、省政府交办的其他任务;⑯职能转变。省生态环境厅要统一行使全省生态和城乡各类污染排放监管与行政执法职责,切实履行监管责任,全面落实大气、水、土壤污染防治行动计划。

### 3.3.3 其他地方各级环境管理机构

省、自治区、直辖市以外的各级地方人民政府的环境管理机构,它们作为各级人民政府的一个职能机构,在各级人民政府的直接领导下进行环境管理。省、自治区、直辖市以外的各级综合性环境管理部门的职责是很不相同的,其权限、职责范围有大有小。但总起来看,地方各级综合性环境管理部门是在国家生态环境部、省级生态环境厅的领导下的互相协调、互相配合、互相衔接、共同承担综合性环境管理和监督任务的整体。

在此意义上,地方各级综合性环境管理部门的职责为:①负责在所辖区域执行国家和地方环境法规,对所辖地区的各部门、各单位的环境保护工作进行组织、协调、检查、监督。②组织环境监测和调查,根据本地区的环境状况进行发展趋势的预测,并提出改善环境质量的对策和措施,并负责向同级人民代表大会汇报工作。③组织制定本地区的环境保护长期、中期及短期规划,并组织检查和监督实施。④依法征收排污费以及其他费用,并会同有关部门进行统一管理,合理使用。⑤依法运用行政手段,对不履行环境法律法规及行政命令的部门、单位和个人采取或建议采取行政强制措施;发布行政命令;决定行政制裁;处理环境纠纷；调查和处理环境污染和破坏事故。⑥组织并监督国家和地方各类环境标准在本地区的实施，组织指导区域环境综合整治。⑦依法实行对建设项目的监督管理，审批环境影响报告书（表）和其他有关环境保护的申报、申请；审查"三同时"执行情况；等等。⑧组织推广环境保护的先进经验和技术；组织协调本地区的环境科学研究和宣传教育；表彰和奖励在环境保护方面有重大贡献和污染治理成效显著的单位和个人。

### 3.3.4 企事业单位的环境管理机构

工业企业管理的对象是企业的生产、技术和经济活动。而工业企业环境管理内容的核心是要把环境保护工作融于企业经营管理的全过程，使环境保护成为工业企业的重要决策因素；就是要重视研究本企业的环境对策，采用新技术、新工艺，减少有害废弃物的排放，对废旧产品进行回收处理及循环利用，变普通产品为"绿色"产品，努力通过环境认证，积极参与社区环境整治，推动对员工和公众的环保宣传和引导，树立"绿色企业"的良好形象，等。

企事业单位的环境管理机构，其职能以监督为主，它同工业企业的计划管理、生产管理、技术管理、质量管理等各项专业管理一样，是工业企业管理的重要组成部分。企事业单位环境管理机构的强化及其职能的行使，是保证环境保护与经济发展相协调，将污染消灭在生产过程中的重要手段。

前面已经讲到，我国工业企业的环境管理体制是在企业厂长（经理）领导下，各级领导、各单位、各班组分工负责的企业环境管理体制。企业环境管理机构是企业管理工作的职能部门，其基本职能有三个方面：组织编制环境计划与规划、组织环境保护工作的协调、实施企业环境监测。主要职权、职责范围是：①贯彻国家环境保护的方针、政策、法规；组织制定本企业有关环境保护的规定、标准、目标和措施。②会同本企业相关部门汇总清除污染，保护环境的长远规划、年度计划，并检查计划的实施。③监督检查基建，技改项目防治污染设施与主体工程同时设计、同时施工、同时投产的执行情况。④深入基层，调查研究，总结交流工作经验，组织推广环境保护新技术、新设备、新工艺。⑤组织开展环境保护科学技术知识的宣传教育，努力提高人们的环境意识。⑥协调处理企业与地方的环境保护问题，协调有关部门及时处理有关环境保护方面的来信来访，调查处理本单位的环境污染与破坏事故。⑦履行法律法规赋予的其他职责。

## 3.4 我国环境管理体制存在的问题和对策

党的十八届五中全会通过的《中共中央关于制定国民经济和社会发展第十三个五年规划的建议》提出"实行省以下环保机构监测监察执法垂直管理制度"。对如何落实垂直管理制度提出了总体要求："省以下环保机构监测监察执法垂直管理，主要指省级环保部门直接管理市（地）县的监测监察机构，承担其人员和工作经费，市（地）级环保局实行以省级环保厅（局）为主的双重管理体制，县级环保局不再单设而是作为市（地）级环保局的派出机构。"实行省以下环保机构监测监察执法垂直管理制度是一项系统工程，改革中必将面临诸多难题需要破解。

### 3.4.1 我国现行环境管理体制存在的主要问题

#### 3.4.1.1 监督责任有时难落实

现行体制下,县级环保机构作为县级政府的组成部门,其履行环保监督职能是政府对地方环境质量负责的主要途径和抓手。依据我国的有关法律法规,县级以上地方人民政府环境保护主管部门,对本行政区域环境保护工作实施统一监督管理。作为地方政府的组成部门,环境保护部门的人、财、物受地方政府管理,难以真正独立开展对地方政府及相关部门的监督管理。垂直管理后,县环保局成为地市级环保局派出机构,县级党委政府失去了对环境质量负责的抓手,可能影响其履行环保职责的主动性和积极性,出现问题后有可能出现推诿、扯皮等现象。环境保护主管部门作为政府环境保护监督责任执行的主体,因手段有限、支撑不足,难以对党委政府及其有关部门实施统一监督管理,市县级环保部门监督职责更多地体现在对属地企业环保工作开展监督。

#### 3.4.1.2 监察执法有时难解决

垂直管理改革虽然能提高环境监察执法的统一性和有效性,但依然不能有效解决执法权威性弱的问题。现行以块为主的管理体制,容易导致环境监测监察执法越往基层其独立性越弱。受传统政绩观驱动,个别地方政府热衷于"招商引资",存在地方保护主义干预环境监测监察执法的问题。

#### 3.4.1.3 统筹解决有时难适应

由于近年我国环境污染形势的转变,跨行政区已成为显著特征之一,尤其是大气污染治理,更加强调区域联防联控,因而需要建立长期有效的跨区域协作机制。但现实是,存在区域性环境问题的城市之间有时会缺乏联动,不同城市执法标准、执法尺度不统一,易造成污染源流动到"执法洼地"。同时,为了追求各自利益的最大化,个别地方政府趋向于回避相对利他的区域分工和责任,协调难度大,"属地监管"模式不能有效解决跨区域性的污染问题。一旦适应统筹解决跨区域、跨流域环境问题的新要求,在垂直管理过程中,各区政府可以通过资源共享等方式有效提升环境监测所呈现的力度,即能够保障环境监察所体现的执法强度。

#### 3.4.1.4 队伍建设有待进一步规范

开展垂直管理之后,县级环境监测部门所承担的职能主要是执法监测,列入政府的执法部门中。在实行垂直管理之后,在执法体制改变之后,环境监察一共有两个大方面的职责。第一个职责是进行环境督察,第二个职责是进行执法工作。现行管理体制下,即面临两方面的队伍建设问题。垂直管理后,市(地)级环保机构领导干部由省级统一安排,与其他部门交流难度变大,出口收窄。此外,监测监察不再属于地级市环保机构主管,相互之间人员交流难度增大,影响人才队伍的充实和壮大,有时会造成队伍发展"体内循环",不利于这支队伍综合素质提高。一方面监测监察机构人员进出难以统一规范管理,人员构成参差不齐,大多数县级监测监察人员还是混岗混编,人员专业水平总体有待进一步提高、环境监测监察执法能力有待加强,以适应环境监督管理专业化需要。另一方面环保部门人员编制、经费保障、能力建设、业务用房等还需进一步加强保障。各地区之间水平差异大,有些县级监测监察机构人手和业务经费保障不足,监测监察机构的日常工作运转尚需进一步稳定维持。

#### 3.4.1.5 监管事权有待理清

在实施垂直管理改革之后,有些地方市县环保监测机构和环保部门存在衔接与责任分化的问题。虽然现行监管体制以块为主,各地环保机构履行对本地环境监管职责,但实际运行过程中,省级、市级以及县级环保机构及其环境监测监察机构仍存在职责产生交叉、多头执法、重复执法、监管缺位及越位等问题的风险。有些基层环保机构及其监测监察执法机构环境事权划分与现有能力不匹配。因此,需要重新明确监测监察机构与市(地)级环保机构权责关系,研究建立市(地)级环保机构环境监管职责落实机制。既保证地方环保机构履职到位、提升监管效率,又保持监测监察独立性。也可以说在实行垂直管理之后,必须要对如何强化横向之间的执法合作进行深度研究。

### 3.4.2 完善环境管理体制的建议

针对我国现行环境管理体制存在的主要问题,建议从以下几方面入手。

#### 3.4.2.1 减少地方保护主义的干预,建立相互支持的责任落实机制

想要减少地方保护主义的干预,就要从管理体制上进行解决,必须由省级环保部门对政府以及多个部门进行质量责任检查和考核,从而进行统一性管理和负责,保证监测数据的真实性,考察地区政府在进行环境保护中所承担的质量责任。当前县级的环境监测部门需要由省级环保部门进行直接管理,工作人员以及具体经费也需要由省级环保部门自行承担,领导成员也要由省环保厅进行任免,将以往的市县内部环境监测以及具体监察职能转化为当前由省级部门进行统一监测和监察。

垂直管理后,地方党委政府应继续在监管执法、统筹协调、工作经费、队伍发展等方面给予市级环保机构及其派出机构支持,促进其继续加强对地方环境监管的力度。同时,市级环保派出机构在人员管理、职能管理等方面从县级政府脱离,但不意味着要削弱环保派出机构对党委政府环保履责的支撑力度。市级环保派出机构不仅接受垂直领导,还应继续加强对地方党委政府的环保决策支持,主动融入地方政府生态文明建设,借助地方环保委员会(生态文明建设委员会)的作用,参与政府环境事务的统筹协调管理,为地方党委政府当好参谋和助手。

#### 3.4.2.2 明确各级党委政府环保责任,建立监测监察执法机制

实行垂直管理的市县两级环境监测机构为省级政府对市级政府、市级政府对县级政府的环境质量考核提供支撑。垂直管理后的市县两级监察机构职能,主要是受上级环保部门委托监督所在地党委政府和其他有环保监管职责的部门履行环保职责,同时对环保综合执法局进行工作督导。

将贯彻落实环保法律法规、基本制度,保护自然生态环境,改善环境质量,重大环境问题的统筹协调和应急,环保宣传和普及工作,提供本辖区环境公共产品和服务,污染减排指标落实等纳入县级党委政府环保主体责任。将机动车污染防治落实到公安与交通等相关部门,农业面源和畜禽养殖污染防治落实到农业部门,工业污染防治落实到工信部门,城镇生活污染防治与黑臭水体治理落实到住建部门,等。污染减排控制指标分解方案制定、环境执法及监督工作、环境影响评价、环境污染防治的监督管理、指导和监督生态保护工作、环境统计和信息工作以及辐射安全、放射性废物和危险废物等监督管理职能上收到市(地)级环保部门。

#### 3.4.2.3 以独立执法为平台，强化执法力度

针对当前一些市县环保监测机构和环保部门存在衔接与责任分化的问题，必须要以独立执法为平台，强化环境执法的总体力度。具体来说，市环保局需要收管县级的环境机构，将环境执法工作重心逐渐调整为进行执法监察，而环保人员和具体的工作经费需要由市级政府部门承担，形成一种由市级环保部门进行统一管理的环境执法格局，也能在行政区域内部实现统一的管理，以此增加环境执法所呈现的独立性，进而对区域内部企业出现违法排污的行为进行更强力度的打击。

生态环境要想实现更好的建设，就需要多个部门进行统筹协作，共同开展环境执法这一综合性的工程。加强环保部门和其他政府部门之间的工作衔接，让各部门能够明确进行环境保护的责任。只有努力提升环境执法的独立性，明确相关部门在环境保护过程中所需要承担的责任，并依照职责开展具体的环境管理和监察工作，以此形成"齐抓共管"环境保护的新格局，让区域政府更加重视环境保护以及对违法行为的查处，有效提升区域环境发展的质量。

此外，可以从建立绩效考核奖惩机制等制度角度入手，增强环保部门内部监督管理力度。充分利用环境信息公开、社会公众监督等手段，健全市场调节和社会参与监督体制，引入并强化公众问责机制，使新的环境监管体系可问责，增强环境监测监察垂直执法的独立性。

#### 3.4.2.4 健全适应发展需求的组织机构，科学进行人才编制的管理

建立健全组织机构主要有三方面，一是监测监察队伍实行垂直管理，人员上收后队伍庞大，人员众多。为加强管理，设立省级环境监测局和环境监察局，它们是隶属省环保厅领导的副厅级公益一类事业单位，作为实施全省环境监测监察行业管理职能机构，加强对环境监测监察执法队伍的监督管理。二是结合各地实际，加强区域资源共享，设立区域环保监测监察执法机构。三是保留现有乡镇环保所设置，灵活采取多种管理方式，继续加强乡镇一级环保监管能力。垂直管理后省市两级环保机构管理幅度、任务量和压力都将增大，应相应增加机构领导职数，拓宽干部升职途径，提高环保机构人员待遇，保持队伍稳定。

为完善组织机构的发展，科学地进行人才编制管理就显得十分必要。由省级环保机构统一归口管理垂管人员编制，制定编外人员分流安置办法，存在人员编制缺口的地区优先安置原有编外人员，稳定并配齐配足人员编制。加强各级财政对改革的支持力度，解决编外人员安置，增加改革过渡期经费投入。根据环境监管过程中所遇到的情况，科学地进行人才编制的管理，实施信息共享，让垂直管理该项试点工作得到更好的落实。通过进行信息共享，可以有效解决之前环境监测过程中存在的技术力量薄弱的问题，同时为政府开展高水准的环境监测提供更多的责任保障。此外，市级环保部门需要对环境监察人员进行培训，制定有效的执法工作策略，对企事业单位出现的违法排污行为进行有效打击，提升环境执法的有效性，开展更高层面的环境保护工作。

### 3.4.3 我国环境管理体制改革的趋向

我国环境管理体制改革趋向围绕"切实落实和强化地方各级党委政府对环境质量负责的主体责任和环保部门统一监督管理责任，实行最严格的环境保护制度"的中心目标，解决好现有基层环保工作的机构和编制，明确改革后各部门环保工作的具体职责，成立区域统一执

法机构；坚持落实十八届五中全会精神和《环境保护法》规定的法律责任，明确县级以上环境保护主管部门对本行政区域环境保护工作实施统一监督管理，明确县环保局作为市环保局派出机构具有行政主体资格，明确授权环境监察执法机关履行环境保护工作主管部门的行政处罚、行政强制等执法权；遵循三个基本原则以解决现行体制存在的突出问题、协调推进队伍稳定和各项改革、促进环保事业长远发展；统筹处理环境保护责任与监管责任之间的关系、地方党委政府与各层级环保机构之间的关系、地方环境保护主管部门与地方相关部门之间的关系、环保监管与社会监督之间的关系。

一是从环境保护法律的修改入手，加强环境保护部门对其他部门履行环境保护工作职责的监督权力，使其环境保护的监督在横向上具有统一性、权威性和有效性。从而处理好今后的环境保护和自然资源大部制改革与省以下环保监测监察执法垂直管理改革试点的关系，让横向体制改革和纵向体制改革有机地结合。

二是各试点省份在党委和政府的领导下，制定各级党委和政府的权力清单的同时，制定各级党委和政府有关部门的权力清单，使环境保护的党政同责和一岗双责制度化、规范化和程序化。由此处理好一个部门统一监管、其他部门配合的问题。

三是思考新的制度和机制，让地方人民政府有机构、有手段地对本行政区域的环境质量负责将是改革的切入点。在省级党委和政府制定地方党委和政府、地方党委和政府有关部门环境保护权力清单的基础上，全面恢复设立各级人民政府环境保护委员会，负责协调本行政区域各部门的环境保护工作，部署本行政区域的环境保护宏观调控和"打非治违"工作，指导乡镇开展环境保护巡查工作。由此处理好垂直监管与属地负责的问题，加强县级人民政府的环境保护宏观调控、监管制度和机制设计工作。

四是处理好管理和监督的治标与治本问题，加强与社会监督相匹配的社会治理制度建设。省以下环保机构监测监察执法的垂直管理，仍然是体制内的监督形式。

## 复习思考题

1. 简述我国环境管理的发展历程。
2. 国外发达国家和我国环境管理模式有何异同？
3. 当前我国环境管理体制的特点有哪些？
4. 简述我国环境管理的范围和职能。
5. 试述国家和地方生态环境管理机构的职责和关系。
6. 结合实际，谈谈怎样完善我国的环境管理体制。

# 第4章 环境管理政策与制度

## 4.1 环境管理的方针

环境管理方针是环境保护工作的基本指导思想,是一定时期内环境保护工作的重点、方向、方法的高度概括。

### 4.1.1 "三十二字方针"

1972年,在联合国人类环境会议上中国代表提出了"三十二字方针":"全面规划、合理布局、综合利用、化害为利、依靠群众、大家动手、保护环境、造福人民。"这一方针在1973年第一次全国环境保护会议上被确定为环境保护工作的指导方针,并在我国第一个环境保护文件——《关于保护和改善环境的若干规定》中得到了肯定。1979年9月,全国人大常委会颁布的《中华人民共和国环境保护法(试行)》中以法律的形式规定了这一环境保护工作的方针。

"三十二字方针"在20世纪70年代是符合我国国情的。但随着时代的发展,国情发生了变化,环境保护的特点、重点和要求均发生了变化。

### 4.1.2 "三同步、三统一"的方针

1983年,在第二次全国环境保护会议上,党和政府明确宣布环境保护是我国的一项基本国策。根据我国环境保护面临的问题和特点以及环境保护工作重点发生的变化,会议还提出了"在国家计划的统一指导下,环境保护与经济建设、城乡建设同步规划、同步实施、同步发展,实现经济效益、社会效益和环境效益的统一"即"三同步、三统一"的战略方针。这一方针是经济、社会发展和环境保护的共同要求,成为我国环境保护工作的基本方针。

### 4.1.3 可持续发展战略的方针

1992年联合国环境与发展大会之后,党中央、国务院批准了《中国环境与发展十大对策》,并率先制定了《中国21世纪议程》《中国环境保护行动计划》等纲领性文件,实施可持续发展战略成为我国环境管理的基本指导方针。

1996年7月,国务院召开第四次全国环境保护会议,国家把"三同步、三统一"与国家的发展战略紧密联系起来,并在同年9月国务院批准的《国家环境保护"九五"计划和2010年远景目标》中明确阐述了指导中国今后环境保护工作的根本性方针:"坚持环境保护基本国策,推行可持续发展战略,贯彻经济建设、城乡建设、环境建设同步规划、同步实施、同步发展的方针,积极促进经济体制和经济增长方式的转变,实现经济效益、社会效益和环境效益的统一。"

2005 年，国务院发布的《国务院关于落实科学发展观加强环境保护的决定》，提出"按照全面落实科学发展观、构建社会主义和谐社会的要求，坚持环境保护基本国策，在发展中解决环境问题。积极推进经济结构调整和经济增长方式的根本性转变，切实改变'先污染后治理、边治理边破坏'的状况，依靠科技进步，发展循环经济，倡导生态文明，强化环境法治，完善监管体制，建立长效机制，建设资源节约型和环境友好型社会"。

### 4.1.4 "五位一体、四个全面"的方针

2016 年 11 月，国务院发布的《"十三五"生态环境保护规划》提到了"五位一体、四个全面"，即经济建设、政治建设、文化建设、社会建设和生态文明建设；全面建成小康社会、全面深化改革、全面推进依法治国、全面从严治党。自党的十八大以来，党中央、国务院把生态文明建设摆在了更加重要的位置，总书记在各种会议上多次强调了"绿水青山就是金山银山""要坚持节约资源和环境保护的基本国策"。

2019 年 1 月召开的全国生态环境保护工作会议提出"五个坚持"，坚持党的政治建设为统领，坚决扛起生态保护政治责任；坚持发展新理念，协同推进经济高质量发展和生态环境高水平保护；坚持以人民为中心，打好污染防治攻坚战；坚持全面深化改革，推动生态环境治理体系和治理能力现代化；坚持不断改进工作作风，加快打造生态环境保护铁军。这一年是新中国成立 70 周年，是全面建成小康社会决胜的一年，生态文明建设则起着至关重要的作用。

全国生态环境保护工作会议的胜利召开意味着我国环境保护政策体系基本建成，而环境保护也进入到另一个重要时期。我国将生态文明建设放到了与经济、政治、文化、社会建设同等重要的位置上去，标志着我国将把建设美丽中国的蓝图变为美好的现实，让人民生活在天更蓝、山更绿、水更清的优美环境之中。

## 4.2 环境管理政策

所谓政策，是指一个国家或地区为实现一定历史时期的路线和任务而规定的行动准则。制定我国的环境保护政策，就是要以当前环境问题的特点和解决环境问题的一般规律为基础，以我国基本国情，尤其是我国多年来环境保护工作的经验和教训为条件，走具有中国特色的环境保护道路。有人认为，我国环境管理的历史，就是推行环境政策的历史。

### 4.2.1 环境管理的基本政策

1973 年的第一次全国环境保护会议正式揭开了中国环境保护工作的序幕。1983 年召开的第二次全国环境保护会议，明确提出了环境保护是现代化建设中的一项战略任务，并将其确立为我国的一项基本国策，并确定了"三同步、三统一"的环境保护方针，以及基本环境政策——"预防为主，防治结合""谁污染、谁治理"和"强化环境管理"。其中，"强化环境管理"是环境政策的中心和主体，"预防为主，防治结合"和"谁污染、谁治理"是环境政策的两翼，这三大政策具有总体性、基础性和方向性。实践证明，这些环境政策在控制环境污染和保护自然生态方面发挥了积极的作用，而且仍然是我国现行环境管理政策的主体结构，将继续发挥基础性作用。

#### 4.2.1.1 "预防为主,防治结合"

"预防为主,防治结合"的基本思想是,在经济开发和建设过程中采取消除环境破坏的行为和措施,实行全过程控制,从源头解决环境问题,避免或减少末端的污染治理和生态保护需要付出的沉重代价。

中国作为发展中的大国,经济发展需要的大量资源限制了对环境保护的投入,而且在提高经济发展质量水平,包括产业结构、生产布局和技术水平等各方面有很大的潜力。这样的具体国情决定了采取预防为主的政策是明智的选择。

"预防为主,防治结合"政策的主要内容包括以下两点。

① 在宏观层次上,把环境保护纳入国民经济和社会发展计划之中,进行综合平衡。这是从宏观层次上贯彻预防为主环境政策的先决条件。这一工作最早从"六五"计划开始,到现在,从国家层次到地方政府,环境保护被纳入国民经济和社会发展计划中,包括中长期计划和年度计划,内容包括指标的纳入、技术政策的纳入、资金平衡和项目的纳入。把环境保护与调整产业结构和工业布局、优化资源配置相结合,促进经济增长方式的转变。在城市环境综合整治中,把环境保护规划纳入城市总体发展规划,调整城市产业结构和工业布局,优化资源配置并提高资源利用率,从源头减少污染排放等,并实行"三废"综合利用和能源环保等政策。

② 在微观层次上,加强建设项目的管理,严格控制新污染的产生,实行环境影响评价制度和"三同时"制度,大力推行清洁生产。

#### 4.2.1.2 "谁污染、谁治理"

实行"谁污染、谁治理"政策,是要明确经济行为主体的环境责任,解决环境保护的资金问题。广义的"经济行为主体",既包括生产企业,也包括消费者。污染者必须承担和补偿由污染产生的损害以及治理污染所需要的费用,从而使"外部不经济性"内部化。

1996 年第四次全国环境保护会议后,为适应新的环境保护形势,满足实施可持续发展战略的需要,国家对环境保护工作中心进行重大调整,由过去的以工业污染防治为中心转变为污染防治与生态保护并重,这大大丰富了"谁污染、谁治理"的环境政策内涵,包括"污染者付费、开发者保护、利用者补偿、破坏者恢复"四个方面的内容。

这一政策的具体措施包括:

① 结合技术改造防治工业污染,国家规定在技术改造中要把控制污染作为一项重要目标,并规定防治污染的费用要占总费用的 7% 以上。

② 对污染严重的企业实行限期治理,根据企业对环境污染的轻重和经济支持能力,规定出分期分批治理任务,限期治理资金主要由企业和政府筹措。

③ 征收排污费和生态破坏补偿费,中国已经在废水、废气、固体废物、噪声、放射性废物等领域普遍实施了排污收费制度等。

#### 4.2.1.3 "强化环境管理"

"强化环境管理"是三大政策的核心。"强化环境管理"的核心地位是由我国国情决定的。中国作为发展中国家,一方面受到资金和技术水平的限制,无法依靠高投入治理污染来改善和保护环境;另一方面中国的许多环境问题还有管理方面的原因。在这种情况之下,可以利用有限的资金通过改善和强化环境管理有效地解决很多环境问题。强化环境管理政策的主要目的是通过强化政府和企业的环境治理责任,控制和减少因企业管理不善带来的环境污染和破坏。同时，强化环境管理有利于引导环境投资有效地发挥作用，提高投资效率。

"强化环境管理"的主要措施有以下内容。

① 逐步建立和完善环境保护法规与标准体系，加大执法力度，做到有法可依、有法必依、执法必严。自1979年颁布了《环境保护法（试行）》之后，我国先后出台了各单项环境保护法律以及一些与环境保护密切相关的资源法规。到2018年底为止，据不完全统计共出台了21部环境保护法律、24部自然资源法、280部环境保护行政法规、600多件环境保护部门规章和规范性文件以及3200余件地方性环境法规和地方政府规章，基本形成了以《环境保护法》为核心的比较完善的环境保护法律法规体系。作为环境法律法规的重要组成部分，环境标准的制定和修改工作在"十三五"以后趋于完善，并已形成比较完备的环境标准体系。以国家的环境法律法规和标准为依据，加强环境执法，解决有法不依、执法不严的问题。

② 加强和完善各级政府的环境保护机构及完整的国家和地方环境监测网络。自1983年第二次全国环境保护会议以来，中国的各级环境管理机构建设得到加强，形成了国家、省、市、县、乡镇五级环境管理体系，同时，在国家、省、市三级还建立了科学研究、监测和宣传教育等配套机构。

③ 建立健全的环境管理制度，实行地方各级政府环境保护目标责任制，对重要城市实行城市环境综合整治定量考核制度，实行排污许可制度，污染物排放总量控制等。这些制度的实行使环境保护工作落到实处，收到了显著成效。

## 4.2.2 环境管理的单项政策

在环境保护基本政策的指导下，我国还确立了各个环境保护和生态建设相关领域的单项环境保护政策，使我国环境管理的基本思想、方针和政策得以补充和具体化，这些政策可概括为以下四个方面。

### 4.2.2.1 环境技术政策

环境技术政策指的是为了解决一定历史时期的环境问题，落实环境保护战略方针使之达到预期目标，由国家机关制定并以特定方式发布的环境保护的技术原则、途径、方向、手段和要求。环境技术政策的主体思想是重点发展高质量、低消耗、高效率的实用生产技术，重点开发技术含量高、附加值高、满足环境保护要求的产品，重点发展投入成本低、去除率高的污染治理实用技术。

到目前为止，中国已经制定了若干个环境保护技术政策。如在1986年5月，国务院颁发了《环境保护技术政策要点》，并从解决特定环境问题的角度出发制定了《关于防治水污染技术政策的规定》《关于防治煤烟型污染技术政策的规定》等。1990年以后，为了强化行业环境管理，提出了由环境问题分类过渡到以行业分类的各种技术政策。原国家环境保护局制定了《防治汽车摩托车排气污染的技术政策》，原化工部制定了《化工环境保护41项技术政策》。1997年8月由原中国轻工总会和国家经济贸易委员会从行业管理角度出发联合发布了关于制浆造纸工业、皮革工业、酿酒工业等多个行业环境保护技术政策。21世纪以来，国家环境保护机关联合多部委先后发布了《危险废物污染防治技术政策》《燃煤二氧化硫排放污染防治技术政策》《柴油车排放污染防治技术政策》《湖库富营养化防治技术政策》《制革、毛皮工业污染防治技术政策》《废弃家用电器与电子产品污染防治技术政策》《农村生活污染防治技术政策》《禽畜养殖业污染防治技术政策》和《钢铁工业污染防治技术政策》等。

2018 年由生态环境部发布了《污染源源强核算技术指南　火电》《污染源源强核算技术指南　电镀》等行业技术标准，在行业的环境保护技术政策中对应采用的生产技术和污染防治技术均提出了具体规定和要求，明确规定了限制和淘汰的生产技术，适宜推广的生产技术，适宜推广应用的综合利用技术，适宜推广的污染治理技术，优先发展的生产技术等。

#### 4.2.2.2　环境经济政策

环境经济政策是指按照市场经济规律的要求，运用价格、税收、信贷、财政、收费、保险等经济手段，调节或影响市场主体的行为，以实现经济建设和环境保护协调发展的政策手段。它以内化环境成本为原则，对各类市场主体进行基于环境资源利益的调整，从而建立保护和可持续利用资源环境的激励和约束机制。按照内容环境经济政策可以分为三大类：

（1）污染防治的经济优惠政策

经济政策的主要功能是要引导和激励企业及一切经济行为主体积极、主动地开展环境保护工作以促进经济的持续增长。自 20 世纪 70 年代以来中国政府先后制定了一些预防生态破坏和污染防治的经济优惠政策和环境法规，并将资金补助、政府贴息及税费减免等政策优惠内容以法律的形式写进了《中华人民共和国防沙治沙法》《中华人民共和国水污染防治法》《中华人民共和国大气污染防治法》等法律法规中。我国的环境污染防治的经济政策发展了近半个世纪，已经基本形成，同时也在环境保护工作中发挥着重要的作用。

（2）资源与生态补偿政策

中国有关资源、生态补偿政策主要包括以下几方面：矿产资源补偿、土地损失补偿、水资源补偿、森林资源补偿和生态农业补偿等。中国从生态环境补偿费的征收入手，在生态环境补偿机制的建立方面做了初步的工作。1996 年 8 月发布的《国务院关于环境保护若干问题的决定》中指出："要建立并完善有偿使用自然资源和恢复生态环境的经济补偿机制。"建立一个完善的资源和生态补偿制度将是中国"十一五"期间的重要工作。

（3）环境保护税收政策

《中华人民共和国环境保护税法》和《中华人民共和国环境保护税法实施条例》于 2018 年 1 月 1 日起施行。环境保护税的征税对象是大气污染物、水污染物、固体废物和噪声 4 类应税污染物。环境保护税是我国首个以环境保护为目标的绿色税种，排污收费变为收税，是我国的排污收费制度的升级和完善。

#### 4.2.2.3　环境保护产业政策

所谓环境保护的产业政策是指有利于产业结构调整和发展的专项环境政策。环境保护产业政策包括两个方面：一是环境保护产业发展政策；二是产业结构调整的环境政策。

（1）环境保护产业发展政策

环境保护产业是国民经济结构中以防治环境污染、改善生态环境、保护自然资源为目的而进行的技术开发、产品生产、商业流通、资源利用、信息服务、技术咨询、工程承包等活动的总称，主要包括环境保护机械设备制造、生态工程技术推广、环境工程建设和服务等方面。发展环境保护产业，既是国民经济发展的需要，也是保护环境的需要。制定符合中国国情的环境保护产业政策，对加快发展中国的环境保护产业具有十分重要的战略意义。

在第三次全国环境保护会议之后，国家相继制定并颁布了一系列关于环境保护产业发展的法规和政策。如 1990 年国务院办公厅转发了国务院环境保护委员会《关于积极发展环境保护产业的若干意见》的通知，1992 年国家环境保护局发布了《关于促进环境保护产业发展的若干措施》的 24 号文件，1994 年出台了《环境工程设计证书管理办法》和《关于环境保护产业科技开发贷款有关事项的通知》的 234 号文件，1997 年发布了《关于环境科学技术和环保产业若干问题的决定》，2000 年 2 月由国家经济贸易委员会和国家税务总局联合发布了《当前国家鼓励发展的环保产业设备（产品）目录》（第一批）的 159 号文件，2001 年国家经济贸易委员会等八部委联合发布了《关于加快发展环境保护产业的意见》，2009 年 11 月环保部颁布了《中国环境保护产业协会章程》，2012 年国务院颁发了《"十二五"节能环保产业发展规划》。

这些文件和规定是中国关于环境保护产业发展的若干指导性政策，通过税收、信贷等方面的政策支持，鼓励引进先进技术、装备，提高环境咨询、环境工程与施工等技术服务的能力和水平，积极促进跨地区、跨行业的大型环境保护产业集团的组建。这些政策的制定与实施对中国环境保护产业的发展起到了促进作用。

（2）产业结构调整政策

当前，世界产业结构的调整正在向资源利用合理化、废物产生最小化、生产过程无害化的方向发展，这是一个符合可持续发展要求的总趋势。

中国作为最大的发展中国家，存在个别产业结构不合理、低水平重复建设等问题，为了解决这些问题，进入"九五"以来，特别是"十五"期间，国家坚持把结构调整作为主线，把进一步优化产业结构作为国民经济和社会发展的重要目标，先后出台了《国家高新技术产品目录》（1997 年）、《国家产业技术政策》（2002 年）、《促进产业结构调整暂行规定》（2005 年）、《产业结构调整指导目录（2005 年本）》等。特别是在"十一五""十二五"期间，我国经济体制改革转变为深化市场取向的改革，先后出台了《产业结构调整指导目录（2011 年本）》《环境保护主管部门实施限制生产、停产整治办法》等。"十三五"期间，为优化经济结构、推动产业转型升级、提质增效，国家出台了《国家产业结构调整指导目录（2016 年本）》，并新修订和发布了《产业结构调整指导目录（2019 年本）》等一系列产业结构调整优化政策。

在行业发展政策上，2006 年 3 月 12 日，国务院发布《关于加快推进产能过剩行业结构调整的通知》。此后国家发展和改革委员会、财政部、国土资源部、国家环境保护总局等部委局先后发布《关于推进铁合金行业加快结构调整的通知》《加快煤炭行业结构调整、应对产能过剩的指导意见》《关于加快铝工业结构调整指导意见的通知》《关于加快水泥工业结构调整的若干意见》《关于加快电力工业结构调整促进健康有序发展有关工作的通知》《关于加快电石行业结构调整有关意见的通知》《关于加快纺织行业结构调整促进产业升级若干意见的通知》等文件，中国环境保护的产业结构调整步伐明显加快，力度进一步加大。

2015 年《中华人民共和国国民经济和社会发展第十三个五年规划纲要》中提出将在"十三五"时期对产业结构升级思路进行重大调整：摒弃以往追求产业间数量比例关系优化的指导思想，产业结构调整的主线是提高生产率；推进产业政策由选择性主导转变为功能性主导，产业政策的重心从扶持企业、选择产业转为激励创新、培育市场。

这些产业结构调整政策，鼓励发展具有较高技术含量、有利于保护和改善生态环境、有利于资源节约和综合利用、有利于新能源和可再生能源开发利用的生产能力、工艺技术、装备及产品，淘汰严重污染破坏生态环境，严重浪费资源、能源的生产能力、工艺技术、装备及产品，反映出中国环境与发展的综合决策能力正在逐步加强。

#### 4.2.2.4 环境能源政策

环境能源政策是指在基本满足国民经济和社会发展需求的情况下，利用社会主义市场经济、法律法规等对能源进行监管、制约，提高能源的利用效率，节约能源，使能源与社会、经济、环境协调发展。节约能源是我国缓解资源约束和实现双碳目标的必然选择，推进能源节约是经济社会发展长期而艰巨的任务。

20世纪80年代初我国提出了"开发与节约并举，把节约放在首位"的方针，此后又进一步提出把节约资源作为基本国策，发布了《国务院关于加强节能工作的决定》，始终将节约能源作为宏观调控的主要内容，作为转变发展方式、优化结构的突破口和抓手。我国先后又颁布了《中华人民共和国煤炭法》《中华人民共和国电力法》《中华人民共和国矿产资源法》等，2005年十届全国人大常委会第十四次会议通过了《中华人民共和国可再生能源法》，2007年国务院新闻办公室发表了《中国的能源状况与政策》(白皮书)，第十届全国人大常委会修订通过了《中华人民共和国节约能源法》，2010年十一届全国人大常委会通过了《中华人民共和国石油天然气管道保护法》，2012年国务院新闻办公室发布了《中国的能源政策（2012）》(白皮书)，2016年国家能源局发布了《2016年能源工作指导意见》，2018年电力规划设计总院发布了《中国能源发展报告2018》，2020年12月16日至18日召开的中央经济工作会议，首次将碳达峰、碳中和列入新一年的重点任务。现在我们正处在能源产业和时代发展的拐点上，尤其是在碳中和的目标之下，未来的能源生产、储备和消费将会发生重要的变化。

## 4.3 环境管理制度

环境管理制度是环境保护发展的产物。在中国，环境管理制度的产生与环境保护具有相同的历史，均产生于20世纪70年代。目前为止，环境管理制度经历了三个发展时期，下面按照管理制度存在的基本要件根据各种管理制度产生的历史线索和时间顺序进行介绍。

### 4.3.1 20世纪70年代的"老三项"管理制度

#### 4.3.1.1 环境影响评价制度

环境影响评价是指对规划和建设项目实施后可能造成的环境影响进行分析、预测和评估，提出预防或者减轻不良环境影响的对策和措施，进行跟踪监测的方法与制度。

环境影响评价制度是指对可能影响环境的工程建设、开发活动和各种规划，预先进行调查、预测和评价，提出环境影响及防治方案的报告，经主管部门批准才能进行建设的制度。它是一项决定项目能否进行的具有强制性的法律制度。

(1) 环境影响评价制度的意义

环境影响评价制度是环境影响评价在法律上的表现。中国这方面的法规有：1998年颁布的《建设项目环境保护管理条例》、2009年国务院颁布的《规划环境影响评价条例》、2017年国务院发布的《国务院关于修改〈建设项目环境保护管理条例〉的决定》等。

实行环境影响评价制度对我国实施可持续发展战略有着深远的影响和重要的意义。

① 把经济建设与环境保护相协调。传统建设项目的决策，考虑的主要因素是经济效益和经济增长速度，着眼于分析影响上述因素的外部条件，很少考虑对周围环境的影响，结果导致经济发展和环境保护尖锐对立。

② 真正把各种建设开发活动的经济效益和环境效益统一起来，把经济发展和环境保护

协调起来。环境影响评价制度是贯彻"预防为主"原则和"合理布局"的重要法律制度。从实质上来说,环境影响评价过程也是认识生态环境和人类经济活动相互制约、相互影响的过程,从而在符合生态规律的基础上,合理布局工农业生产、城市和人口结构。这样可以把人类经济活动对环境的影响降到最低,通过评价还可以预先知道项目的选址是否合适,对环境有无重大不利影响,避免造成危害后无法补救。

③ 促进产业合理布局和优化选址。通过环境影响评价,优化了项目的选址,否决了一些与国家产业政策、环境保护规划、区域环境质量目标不符的建设项目。

④ 控制新污染源产生和促进老污染源治理。在环境影响评价工作中,切实贯彻达标排放、以新带老、区域削减等原则,有效地控制了新建项目污染物排放总量。

⑤ 促进企业技术进步和清洁生产的推行。建设项目环境影响评价从要求污染物达标排放开始,逐渐上升到生产工艺的改革和清洁生产技术的采用上。

⑥ 促进各界人士环境意识的提高。许多人通过接触环境影响评价更加深刻地认识了环境问题,增强了环境意识,树立了环境保护和可持续发展观念。

⑦ 体现公众参与原则。通过环境影响评价报告书(表)可以真正保证公众的环境知情权,减少那些具有潜在性和积累性的环境污染和破坏项目对公民造成的侵害。

(2) 环境影响评价的形式

根据建设项目所作环境影响评价分类管理的要求,建设项目环境影响评价文件可以分为环境影响报告书、环境影响报告表和环境影响登记表。

① 环境影响报告书。环境影响报告书是对可能造成重大环境影响的建设项目产生的环境影响进行深入全面评价的一种环境影响评价文件。其适用对象是大中型基本建设项目,产排污较大的新建和技术改造项目。其目的是为了弄清建设项目的基本情况及其环境影响情况,以便有针对性地采取环境保护措施。

报告书的内容主要包括概述、总则、建设项目工程分析、环境现状调查与评价、环境影响预测与评价、环境保护措施及其可行性论证、环境影响经济损益分析、环境管理与监测计划、环境影响评价结论、附录和附件共10个方面。报告应结合环境质量目标要求,明确给出建设项目的环境影响可行性结论。

② 环境影响报告表。环境影响报告表是环境影响评价结果的表格表现形式,是对可能造成较轻微环境影响的建设项目产生的环境影响进行分析评价的一种环境影响评价文件。其适用对象是小型建设项目、国家规定的污染较轻的技术改造项目,以及经省环境保护行政主管部门确认为对环境影响较小的大中型基本建设项目和限额以上技术改造项目。

报告表的主要内容包括:建设项目的基本情况、所在地自然环境简况、环境保护目标、环境质量状况、评价适用标准、工程分析、项目主要污染物产生及预计排放情况、环境影响分析、拟采用的防治措施及预期治理效果、结论与建议。环境影响报告表的填写单位必须是受建设单位委托的持有环境影响评价证书的单位。

③ 环境影响登记表。环境影响登记表是建设单位在建设项目建成并投入生产运营前,登录网上备案系统,注册真实信息,在线填报并提交建设项目的表格。其适用范围是对环境影响很小、不需要进行环境影响评价的建设项目。环境影响登记表的主要内容包括:项目名称、建设地点、建设单位、项目投资、项目性质、备案依据、建设内容及规模、主要环境影响等。

(3) 环境影响评价及审批的程序和要求

首先,由建设单位负责或主管部门采取招标的方式签订合同,委托评价单位进行调查和评价工作。其次,评价单位通过调查和评价,编制环境影响报告书(表)。评价工作要在项目的可行性研究阶段完成和报批。再次,建设项目的主管部门负责对建设项目的环境影响报告书(表)进行预审。最后,报告书经由有审批权的生态环境主管部门审查批准后,提交设计和施工。

有下列情形的报国家生态环境部审批:①跨省、自治区、直辖市界区的项目;②特殊性质的建设项目,如核设施、绝密工程;③国务院审批的或国务院授权有关部门审批的建设项目。对环境问题有争议的项目,其报告书(表)提交上一级生态环境主管部门审批。

凡是从事对环境有不利影响的开发建设活动的单位,都必须执行环境影响评价制度。违反这一制度的规定,就要承担相应的法律后果。对环境影响报告书(表)未经批准的建设项目,计划部门不办理设计任务书的审批手续,土地管理部门不办理征地手续,银行不予贷款;未经批准擅自施工的,除责令停止施工、补办审批手续外,对建设单位及其有关单位负责人处以罚款;未重新报批或者重新审核环境影响报告书(表),擅自开工建设的,由县级以上生态环境主管部门责令停止建设,对建设单位直接负责的主管人员和其他直接责任人员,依法给予行政处分;建设单位未依法备案建设项目环境影响登记表的,由县级以上生态环境主管部门责令备案并处以罚款。

环境影响评价工作必须按照相关导则的技术要求,由国家认可的环境影响评价工程师主持编制,并对环境影响评价报告质量负责。对报告质量差、弄虚作假的,生态环境机关有权中止或吊销其工程师证书,对其违法行为,也可依法予以惩治。

#### 4.3.1.2 "三同时"制度

"三同时"制度,是指一切新建、改建和扩建的基本建设项目(包括小型建设项目)、技术改造项目、自然开发项目,以及可能对环境造成影响的其他工程项目,其中防治污染和其他公害的设施、其他环境保护设施,必须与主体工程同时设计、同时施工、同时投产。它是中国环境管理的基本制度之一,也是中国所独创的一项环境法律制度;与环境影响评价制度相辅相成,是防治新污染和破坏的两大"法宝",是我国"预防为主"方针的具体化、制度化;也是建设项目环境管理的主要依据,是防止中国环境质量继续恶化的有效手段。

1973年6月,国务院颁发的《关于保护和改善环境的若干规定》标志着"三同时"制度成为中国环境管理制度;1976年《关于加强环境保护工作的报告》中重申了这一制度,并进一步明确了不执行"三同时"制度的项目不准建设、不准投产;后来,在1979年的《中华人民共和国环境保护法(试行)》中做出了进一步规定。此后的一系列环境法律、法规也都重申了"三同时"的规定,如《基本建设项目环境管理办法》《中华人民共和国环境保护法》,从而以法律的形式确立了这项环境管理的基本制度。2017年国务院通过了《国务院关于修改〈建设项目环境保护管理条例〉的决定》,并于10月1日开始实行,标志着我国"三同时"制度的完善。

(1)"三同时"制度的适用范围

"三同时"制度可适用于以下几个方面的开发建设项目。

① 新建、扩建、改建项目。新建项目是指原来没有任何基础,从无到有,开始建设的项目;扩建项目是指为扩大产品生产能力或提高经济效益,在原有建设的基础上又建设的项目;改建项目是指不增加建筑物或建设项目体量,在原有基础上,为了提高生产效率,改进产品质量或改变产品方向,或改善建筑物使用功能、改变使用目的,对原有工程进行改造的建设项目。

② 技术改造项目。它是指利用更新改造资金进行挖潜、革新、改造的建设项目。

③ 一切可能对环境造成污染和破坏的工程建设项目。这方面的项目包括的范围特别广，几乎不分建设项目的大小、类别，也不管是新建、扩建或改建，只要可能对环境造成污染和破坏，就要执行"三同时"制度。

④ 确有经济效益的综合利用项目。1985 年国家经济委员会《关于开展资源综合利用若干问题的暂行规定》中规定："对于确有经济效益的综合利用项目，应当同治理环境污染一样，与主体工程同时设计、同时施工、同时投产。"这是对原有"三同时"制度的一大发展。

(2) "三同时"制度的作用

① 把环境问题解决在建设之前或建设过程之中，避免二次施工浪费人力、物力、财力。

② 加强了资源有偿使用制度、排污收费制度、企业环境保护责任制度以及限期治理制度等。

③ 从源头和过程减少新项目带来的污染问题。

(3) 违反"三同时"制度的法律后果

建设单位必须严格按照"三同时"制度的要求，在建设活动的各个阶段，履行相应的环境保护义务。如果违反了"三同时"制度的要求，就要承担相应的法律后果。

2017 年修订的《建设项目环境管理条例》中具体规定了违反"三同时"制度的下列法律责任："需要配套建设的环保设施未建成、未验收或验收不合格，建设项目即投入生产或者使用，或者在环境保护设施验收中弄虚作假的，由县级以上环境保护行政主管部门责令限期改正，处 20 万元以上 100 万元以下的罚款；逾期不改正的，处 100 万元以上 200 万元以下的罚款；对直接负责的主管人员和其他责任人员，处 5 万元以上 20 万元以下的罚款；造成重大环境污染或者生态破坏的，责令停止生产或者使用，或者报经有批准权的人民政府批准，责令关闭。"因违反"三同时"制度而造成环境污染破坏和其他公害的，除承担赔偿责任外，生态环境主管部门还可以对其给予行政处罚。

#### 4.3.1.3 排污收费制度

排污收费制度又叫征收排污费制度，是对于向环境排放污染物或超过国家排放标准排放污染物的排污者，按照污染物的种类、数量和浓度，依照国家法律和有关规定按标准缴纳费用的制度。这项制度是运用经济手段有效地促进污染治理和新技术的发展，使污染者承担一定污染防治费用的法律制度。

中国最早的排污收费制度是 1982 年国务院发布的《征收排污费暂行办法》。2003 年 7 月 1 日施行的《排污费征收使用管理条例》，将原来的超标收费改为排污即收费和超标收费并行，明确排污费必须纳入财政预算，列入环境保护专项资金进行管理，规定排污费必须用于重点污染源防治、区域性污染防治、污染防治新技术新工艺的开发示范和应用。2018 年 1 月 1 日，《中华人民共和国环境保护税法实施条例》和《中华人民共和国环境保护税法》颁布实施，标志着这一制度的升级和完善。

排污收费制度的建立对防治环境污染、改善环境质量，节约和综合利用资源、能源起到了重要作用。主要内容如下：

(1) 征收排污费的对象

直接向环境排放污染物的单位和个体工商户（以下简称排污者），应当依照国家有关规定缴纳排污费。

(2) 征收排污费的范围和标准

① 依照《中华人民共和国大气污染防治法》《中华人民共和国海洋环境保护法》的规定，向大气、海洋排放污染物的，按照排放污染物的种类、数量缴纳排污费。

② 依照《中华人民共和国水污染防治法》的规定，向水体排放污染物的，按照排放污染物的种类、数量缴纳排污费；向水体排放污染物超过国家或者地方规定的排放标准的，按照排放污染物的种类、数量加倍缴纳排污费。

③ 依照《中华人民共和国固体废物污染环境防治法》的规定，没有建设工业固体废物贮存或者处置的设施、场所，工业固体废物贮存或者处置的设施、场所不符合环境保护标准的，按照排放污染物的种类、数量缴纳排污费；以填埋方式处置危险废物不符合国家有关规定的，按照排放污染物的种类、数量缴纳危险废物排污费。

④ 依照《中华人民共和国环境噪声污染防治法》的规定，产生环境噪声污染超过国家环境噪声标准的，按照排放噪声的超标声级缴纳排污费。

⑤ 负责污染物排放核定工作的环境保护行政主管部门，应当根据排污费征收标准和排污者排放的污染物种类、数量，确定排污者应当缴纳的排污费数额，并予以公告。

⑥ 排污费数额确定后，由负责污染物排放核定工作的环境保护行政主管部门向排污者送达排污费缴纳通知单。排污者应当自接到排污费缴纳通知单之日起7日内，到指定的商业银行缴纳排污费。商业银行应当按照规定的比例将收到的排污费分别解缴中央国库和地方国库。具体办法由国务院财政部门会同国务院环境保护行政主管部门制定。

(3) 排污费的减缴、免缴、缓缴的条件

① 排污者缴纳排污费，不免除其防治污染、赔偿污染损害的责任和法律、行政法规定的其他责任。

② 排污者因不可抗力遭受重大经济损失的，可以申请减半缴纳排污费或者免缴排污费。

③ 排污者因未及时采取有效措施，造成环境污染的，不得申请减半缴纳排污费或者免缴排污费。

④ 排污费减缴、免缴的具体办法由国务院财政部门、国务院价格主管部门会同国务院环境保护行政主管部门制定。

⑤ 排污者因有特殊困难不能按期缴纳排污费的，自接到排污费缴纳通知单之日起7日内，可以向发出缴费通知单的环境保护行政主管部门申请缓缴排污费。环境保护行政主管部门应当自接到申请之日起7日内，做出书面决定，期满未做出决定的，视为同意。排污费的缓缴期限最长不超过3个月。

批准减缴、免缴、缓缴排污费的排污者名单由受理申请的环境保护行政主管部门会同同级财政部门、价格主管部门予以公告，公告应当注明批准减缴、免缴、缓缴排污费的主要理由。

(4) 排污费的管理和使用

排污费必须纳入财政预算，列入环境保护专项资金进行管理，主要用于下列项目的拨款补助或者贷款贴息：

① 重点污染源防治和区域性污染防治。

② 污染防治新技术、新工艺的开发、示范和应用。

③ 国务院规定的其他污染防治项目。

④ 使用环境保护专项资金的单位和个人，必须按照批准的用途使用。

⑤ 县级以上地方人民政府财政部门和环境保护行政主管部门每季度向本级人民政府、上级财政部门和环境保护行政主管部门报告本行政区域内环境保护专项资金的使用和管理情况。

(5) 排污收费制度的意义

① 影响企业决策。当企业存在减少产量、缴纳排污费和削减污染三种选择的时候，收取排污费可以促使企业减少产量，削减污染。

② 促进污染减排技术的采用和创新。因为根据企业的排污量来征收排污费，所以企业必须减少排污量，这将促使企业不断开发新技术，减少污染物的排放。

③ 筹集环保资金。排污收费作为环境保护部门的资金来源，可为公共环境保护设计提供部分资金，以及返还污染企业作为治理污染的专项基金。

#### 4.3.1.4 "老三项"制度的局限性

"老三项"制度建立以来，形成了以污染源为控制对象，以单项治理为主体，以控制污染源排放浓度和防止污染事故为目标的直接行政控制体系。实践证明，这三项制度为有效地治理污染，控制新建项目可能带来的环境损害，推动企业开展环境管理和治理工作，已发挥出了巨大的作用，被称为中国环境管理"三大法宝"。在管理实践中，"老三项"制度还远远不能解决日益发展的环境污染和破坏问题。从健全中国环境管理制度体系来看，"老三项"制度还存在着如下局限性：

一是强调了预防新污染源，而强调控制老污染源不够；

二是强调了浓度标准，而强调控制总量不够；

三是强调了单项、点源、分散控制，而强调综合、区域、集中控制不够；

四是强调了定性管理，而强调定量管理不够；

五是强调了全国一个标准，而强调因排污及环境实际情况制宜不够；

六是强调了环境保护部门的积极性，而强调各个部门的积极性不够，尤其是强调各级政府首长的环境保护职责不够。

### 4.3.2  20世纪80年代后的"新五项"管理制度

1989年5月召开的第三次全国环境保护会议推出新的管理制度，弥补了原有三项制度的不足，明确了地方政府和企业的环境责任，确立了城市环境保护工作的发展方向，加大了污染治理的力度。

"新五项"管理制度的提出，在理论上实现了由浓度和末端控制向总量和全过程控制的转变，在思想上实现了由注重微观环境管理向重视宏观调控、实施宏观调控与微观管理相结合的方向转变，在实践中实现了由过去的定性管理向定量管理、由点源防治向区域综合治理的转变。

#### 4.3.2.1  环境保护目标责任制

(1) 环境保护目标责任制的概念

环境保护目标责任制就是通过签订责任书的形式，具体落实地方各级人民政府和有污染的单位对环境质量责任的行政管理制度。这一制度明确了一个区域、一个部门乃至一个单位环境保护的主要责任者和责任范围，理顺了各级政府和各个部门在环境保护方面的关系，从而使改善环境质量的任务能够得到层层落实，也是我国环保体制的一项重大改革。

环境保护目标责任制经过不断充实和完善，逐步形成了下列特点：

① 有明确的时间和空间界限，一般以一届政府的任期为时间界限，以行政单位所辖地域为空间界限。

② 有明确的环境质量目标、定量要求和可分解的质量目标。

③ 有明确的年度工作指标。

④ 有配套的措施、支持保证系统和考核奖惩办法。

⑤ 有定量化的监测和控制手段。

这些特点归结起来，说明这项制度具有明显的可操作性，便于发挥功能，能够起到改善环境质量的重大作用。

(2) 实施环境保护目标责任制的功能

实施环境保护目标责任制的具体功能是：

① 加强了各级政府和单位对环境保护的重视和领导，使环境保护真正纳入各级政府的议事日程，把环境保护纳入国民经济和社会发展计划，疏通了环保资金渠道。

② 有利于协调环保部门和政府各部门共同抓好环保工作，有利于把环保工作从过去的软任务变成硬指标，把过去单项分散治理变成区域综合防治。

环境保护目标责任制明确了保护环境的主要责任者、责任目标和责任范围，解决了"谁对环境质量负责"这一首要问题。责任制的容量很大，各地可以根据本地区的实际情况，确定责任制的指标体系和考核办法，既可以有质量指标，也可以有为达到质量所要完成的工作指标。责任的各项指标层层分解、落实，各级政府和有关部门都按责任书项目的分工承担了相应的任务，使环境保护由过去环境部门一家抓，逐步发展为各个部门各司其职，各管其责，齐抓共管，既可以将"老三项"制度的执行纳入责任制，也可以将其他四项新制度的实施包容进来。

(3) 实施环境保护目标责任制的程序

实施环境保护目标责任制，是一项复杂的系统工程，涉及面广，政策性和技术性强，任务十分繁重。其工作程序包括4个阶段，即责任书的制定、责任书的下达、责任书的实施、责任书的考核。

(4) 责任书的制定

目标责任书的制定原则，主要是责任目标的确定；责任指标与具体指标结合，长期计划与短期安排相结合；明确地方政府和排污单位领导者对本地区、本企业应负的责任。这个目标既要有一定的难度，又要科学合理，实事求是，要根据国家要求和本地区、本行业的实际情况，抓住重点，兼顾一般。责任书的指标体系，一般分为两部分：一是本届政府的环境目标；二是分年度的工作目标。

(5) 环境保护目标责任制的优点

① 有利于加强各级政府对环境保护的重视和领导。

② 有利于把环境保护纳入国民经济和社会发展计划及年度工作计划。

③ 有利于协调政府各部门的环境保护工作，调动各方面的积极性。

④ 有利于区域综合防治，实现大环境的改善。

⑤ 有利于环保管理工作的科学化、定量化和规范化。

⑥ 有利于加强环保机构建设，强化环保部门的监督管理。

### 4.3.2.2 城市环境综合整治定量考核制度

(1) 考核的目的和意义

城市环境综合整治定量考核制度是把城市环境作为一个系统、一个整体，运用系统工程的理论和方法，采用多功能、多目标、多层次的综合战略、手段和措施，对城市环境进行综合规划、综合管理、综合控制，以最小投入换取城市环境质量优化，做到经济建设、城乡建设、环境建设同步规划、同步实施、同步发展，解决城市环境问题的制度。

它是一项主要的环境管理制度，1996 年《国务院关于环境保护若干问题的决定》中明确规定："地方各级人民政府对本辖区环境质量负责，实行环境质量行政领导负责制。"省、自治区、直辖市人民政府负责对本辖区的城市环境综合整治工作进行定期考核，公布结果。直辖市、省会城市和重点风景旅游城市的环境综合整治定量考核结果，由国家环境保护主管部门核定后公布。城市环境综合整治定量考核的结果作为各城市政府进行城市发展决策，制定环境保护规划的重要依据，对不断改善城市的投资环境，促进城市的可持续发展，具有重要的意义。这项制度的实施，对于不断深化城市环境综合整治，健全和完善城市环境综合整治的管理体制，调动各部门参与城市环境保护的积极性，提高广大群众的环境意识具有重要作用。

(2) 考核的对象和范围

根据市长应对城市的环境质量负责这一原则，城市环境综合整治定量考核的主要对象是城市政府。因此，考核的范围和内容都是把城市作为一个总体来考虑的。

考核范围：

① 全市域，包括城区、郊区和市辖县、县级市。

② 市辖区，包括城区、郊区，不包括市辖县、县级市。

③ 建成区，按原建设部《城市建设统计指标解释》的解释。"十三五"期间"城市环境综合整治定量考核"的建成区范围是指市辖区建成区。

(3) 考核的内容、形式及计分

城市环境综合整治定量考核制度在"十三五"期间的考核内容分为两部分：指标定量考核内容和工作定性考核内容。

考核形式：指标定量考核——数据；工作定性考核——城市上报自评结果；省级环保部门和环境保护部按照"工作考核计分表"开展现场核查，现场核查对象包括现场点位、下发的相关文件、有关部门正式发布的统计表、工作总结、成果通报等。

考核计分：指标定量考核为得分制，得分按计分方法计算；工作定性考核为扣分制，完成不得分，未完成即扣分。指标总得分为指标定量考核得分与工作定性考核扣分之和。

(4) 考核的原则

① 生态环境部下发"城考"考核点位确定规则，城市环保部门根据规则上报"城考"考核点位，经省级环保部门和环境保护部确认后对其开展考核。

② 考核指标中涉及的有关监测内容，如果国家标准、《环境监测技术规范》（以下简称《规范》）和年度监测计划中已有明确规定的，以国家标准、《规范》和年度监测计划为准，未规定的按《"十二五"城市环境综合整治定量考核指标实施细则》执行。

③ 涉及生态环境部、住房和城乡建设部等管理部门有关文件的，以最新要求为准。

④ 注明县级市不考核的指标，县级市可不开展此项考核，但其中国家环境保护模范城市和创模城市需按指标要求开展考核。

(5) 考核的指标

城市环境综合整治定量考核指标体系共有16项。其中，考核城市环境质量的指标有5项，包括：环境空气质量、集中式饮用水水源地水质达标率、城市水环境功能区水质达标率、区域环境噪声平均值、交通干线噪声平均值。

考核城市污染控制的指标有6项，包括：清洁能源使用率、机动车环保定期检查率、工业固体废物处置利用率、危险废物处置率、工业企业排放稳定达标率、万元工业增加值主要工业污染物排放强度。

考核城市环境建设的指标有3项，包括：城市生活污水集中处理达标率、生活垃圾无害化处理率、城市绿化覆盖率。

考核城市环境管理的指标有2项，包括：环境保护机构和能力建设、公众对城市环境保护满意率。

#### 4.3.2.3 排污许可制度

排污许可制度是指凡是需要向环境排放各种污染物的单位或个人，都必须事先向环境保护部门申请办理排污许可证，经环境保护部门批准获得排污许可证后，方能向环境排放污染物的制度。它以改善环境质量为目标，以污染物总量控制为基础，规定排污单位许可排放污染物种类，许可污染物排放量，许可污染物排放去向等，是一项具有法律含义的行政管理制度。

(1) 排污许可制度的基本特点

① 申请的普遍性与强制性。传统的许可证通常是自愿申请，并有强烈的职业、行业限制。而排污许可证则不分行业与职业，均需强制某些甚至是全部排污单位对排污行为程度进行申请，并规定时限。有些排污单位必须同时对排污行为进行申请，否则污染物排放总量控制政策将无法贯彻执行。

② 排污许可制度的可操作性。实施排污许可制度最基础也最重要的工作就是制定出合理的、可行的污染源排污限值。在制定过程中要充分考虑多方面的因素，如技术上的可行性、经济上的合理性、方法上的科学性、政策上的配套性、监督管理上的可操作性和环境质量要求的强制性等。

③ 行为程度许可的阶段性。许可证通常是对行为权利的阶段性许可或长期许可，相对人只要在履行义务中没有过错，并没有放弃权利的表示，则其权利享受就不会中断。排污许可证注重于排污行为程度的许可。随着环境保护工作的深入，环境质量目标要求的提高，对排污行为程度的限制也越来越严格。

④ 排污许可制度限制污染物排放行为程度。由于单位的排污活动是目前企业经济生产活动中不可缺少的一种行为活动，不论是否"许可"均会有污染物排放，并不因为没有许可制度而不排污。因此排污许可制度并不注重排污行为的许可，而是注重于对排污行为程度的许可，这是它与其他许可证制度的根本区别。

⑤ 排污许可制度具有经济属性。由于排污许可制度规定了排污者在一定时间内和允许的范围内最大允许排污量，代表了对资源使用的合理分配，因而使它具有了经济价值，可以在一定条件下进入市场进行交易，也就是像其他商品一样进行买卖。

⑥ 排污许可制度以污染物排放总量限制为前提。排污许可制度的行为规范是以限制排放总量为前提，其任务是为实现总量控制目标服务。

⑦ 排污许可证管理以行为程度为核心。排污单位申请排污许可证与其他许可证制度的

区别在于其既是对排污权利的申请,更关键的是对排污行为程度即污染物排放量的申请。因此,排污许可证的管理主要是对行为程度的承认、限制或予以制裁。

⑧ 容量总量控制和目标总量控制并举。中国的排污许可制度,是以总量控制为基础的,而总量控制则是以实现环境质量标准的区域治理投资最小为决策目标。它有两类约束条件,即以环境质量目标为约束条件和以排污总量为约束条件。

⑨ 突出重点区域、重点污染源和重点污染物。中国的排污许可制度与其他许可制度的区别在于其不是一项普遍实行的制度,而是有选择地在重点区域对重点污染源的重点污染物实施的特殊管理制度。

⑩ 环境目标和污染源削减的统一。中国的排污许可制度的最重要的特点之一,就是通过排污许可制度的实施,将环境目标和污染源的削减联系起来了。

总之,排污许可制度已经渗透到环境管理的各个方面,使环境管理从定性管理走向定量管理的轨道。只要结合实际,积极探索实践,加强组织领导,采取相应配套管理措施并坚持下去,一定能取得更大的成效,促使环境管理工作走上新台阶。

(2) 排污许可制度的内容和管理的要求

总量控制和许可证制度是较高层次的环境管理方法和制度,必然要求较高的环境管理措施和技术。它以环境容量和污染物允许排放量及其分配为基础,将排污量具体分配到污染源,作为环境监督管理的依据。总量控制的计算与分配方法可参见本书第 6 章区域环境规划部分。排污许可制度的主要内容和具体流程包括:①排污申报;②排污指标的规划分配;③许可证的申请、审批和颁发;④排污许可证的监督管理。

排污许可制度以及排污权交易制度,都是建立在总量控制的计算、分配、优化、管理、转让等一系列有关的技术基础之上的,充分体现了科学技术直接为管理服务,实现管理的科学化、规范化。管理向科学靠近,科研、技术向管理靠近,这两方面的结合,是环境保护管理工作发展的趋势。

作为一种基于科学技术分析的管理制度,排污许可制度的实施必须满足如下几个条件,这就对环境管理和污染控制提出了新的要求。这些条件包括:

① 实施总量控制和许可证制度要以科研为基础。
② 管理人员要求做到技术业务素质和行政管理素质方面双提高。
③ 制定相应的配套政策。
④ 建立相应的管理机构。
⑤ 具有地方的管理规定。
⑥ 具有先进的技术措施。
⑦ 需要更完善的监测力量。

#### 4.3.2.4 污染集中控制制度

(1) 污染集中控制制度的概念

污染集中控制是要求在一定区域,建立集中的污染处理设施,对多个项目的污染源进行集中控制和处理,是强化环境管理的重要手段。

集中处理要以分散治理为基础。各单位分散防治若达不到要求,集中处理便难以正常运行,只有集中与分散相结合,合理分担,使各单位的分散防治经济合理,才能把环境效益和经济效益统一起来。

污染集中处理的资金,仍然按照"谁污染、谁治理"的原则,主要由排污单位和受益单位以及城市建设费用解决。

对一些危害严重、不易集中治理的污染源，以及一些大型企业或远离城镇的企业，仍应进行分散的点源治理。

(2) 废水污染的集中控制

对废水污染的集中控制，目前有四种主要形式。

① 以大企业为骨干，实行企业联合集中处理。

② 同等类型工厂互相联合对废水进行集中控制。

③ 对特殊污染物污染的废水实行集中控制。

④ 工厂对废水进行预处理以后送到城市综合污水处理厂进行进一步处理。

(3) 废气污染的集中控制

废气污染的集中控制是从城市生态系统整体出发，合理规划，科学地调整产业结构和布局，特别注重改善能源利用形式。对废气污染的集中控制，目前有七种主要形式。

① 城市民用燃料向气体化方向发展。

② 回收企业放空的可燃性气体，集中起来供居民使用。

③ 实行集中供热取代分散供热。

④ 改变供暖制度，将间歇供暖改为连续供暖。

⑤ 合理分配煤炭，把低硫分、低挥发分的煤优先供应居民使用，积极推广和发展民用型煤。

⑥ 加速"烟尘控制区"建设，对烟尘加强管理和治理。

⑦ 扩大绿化覆盖率，铺装路面，对垃圾坑、废渣山覆土造林，合理洒水，防止二次扬尘。

(4) 有害固体废物的集中控制

对有害固体废物的集中控制，目前有六种主要形式。

① 回收利用有用物质。

② 将废物转变成其他有用物质。

③ 将废物转变成能源。

④ 建设生物工程处理厂处理生活垃圾。

⑤ 建设集中填埋场。

⑥ 建设固体废物处理厂。

(5) 噪声污染的集中控制

采取噪声达标区的办法推进噪声的集中控制。

(6) 污染集中控制的意义

从第三次全国环境保护会议上提出了"污染集中控制制度"发展了几十年的时间里，此制度在我国环境管理上具有方向性的战略意义：

① 有利于集中人力、物力、财力解决重点污染问题。

② 有利于采取新技术，提高污染治理效果。

③ 有利于提高资源利用率，加速有害废物资源化。

④ 有利于节省防治污染的总投入。

⑤ 有利于改善和提高环境质量。

#### 4.3.2.5 限期治理制度

限期治理制度是对造成环境严重污染的企事业单位，人民政府决定限期治理，被限期治理的企事业单位必须如期完成的制度。

限期治理制度是中国环境管理中的一项具有直接强制性的有效措施，它要求排污单位在特定的"期限"对污染物进行治理，并且达到规定的指标，否则排污单位就要承担更严重的责任。它是减轻或消除现有污染源的污染，改善环境质量状况的一项环境法律制度，也是中国环境管理中所普遍采用的一项管理制度。

限期治理包括污染严重的排放源（设施、单位）的限期治理、行业性污染严重的某一区域的限期治理等，具有法律强制性、明确的时间要求和具体的治理任务。可以推动污染单位积极治理污染以及有关行业、地域的污染状况的迅速改善，有利于集中有限的资金解决突出的环境污染问题以及历史上的环境疑难问题。目前中国有关环境限期治理制度的法律主要有《中华人民共和国环境保护法》及其他单行污染防治法律，已初步形成了比较完善的环境限期治理法律体系。

(1) 限期治理的对象

① 排放污染物造成环境严重污染的企业、事业单位。对于"严重污染"，目前法律法规中无具体明确的规定。实践中通常是根据污染物的排放是否对人体健康产生严重影响和危害、是否严重扰民、经济效益是否远小于环境危害所造成的损失、是否属于有条件治理而不治理等情况，来考虑是否属于严重污染。

② 位于特别区域内的超标排污的污染源。在国务院、国务院有关主管部门和省、自治区、直辖市人民政府划定的风景名胜区、自然保护区和其他需要特别保护的区域内，按规定不得建设污染环境的工业生产设施；建设其他设施，其污染物排放不得超过规定的排放标准；已经建成的设施，其污染物排放超过规定的排放标准的，要限期治理。

(2) 限期治理的重点

① 污染危害程度和扰民程度严重的项目。
② 环境敏感区的超标排放企业。
③ 区域或流域环境质量恶劣，可能影响到居民健康的经济发展。
④ 污染范围较广、污染危害较大的行业污染项目。
⑤ 其他必须限期治理的污染企业。

(3) 限期治理的决定权

限期治理的决定权不在环境保护行政主管部门，而在有关的人民政府。按照法律规定，市、县或者市、县以下人民政府管辖的企业事业单位的限期治理，由市、县人民政府决定；中央或者省、自治区、直辖市人民政府直接管辖的企业事业单位的限期治理，由中央、省、自治区、直辖市人民政府决定。《环境噪声污染防治法》对于限期治理的决定权作出了变通规定，即小型企业、事业单位的限期治理，可以由县级以上人民政府在国务院规定的权限内授权其生态环境主管部门决定。

(4) 限期治理的目标和期限

限期治理的目标，即通过限期治理使污染源排放的污染物达到排放标准。但是，对于实行总量控制的地区，除浓度目标外，还有总量目标，也就是要求污染源排放的污染物总量不超过其总量指标。限期治理的期限由决定限期治理的机关根据污染源的具体情况、治理的难度、治理能力等因素来合理确定。其最长不得超过 3 年。

(5) 违反限期治理制度的法律后果

对经限期治理逾期未完成治理任务的，可以根据所造成的危害后果处以罚款，或者责令停业、关闭。经限期治理逾期未完成治理任务的,首先要求其集中资金尽快完成治理任务,在完成治理任务前,不得建设扩大生产规模的项目;其次由县级以上地方人民政府环境保护行政主管部门责令限量排污,可以处 10 万元以下的罚款;情节严重的,由有关县级以上人民政府责令关闭或者停业。

#### 4.3.2.6 "新五项"制度的特点

① "新五项"制度为各级政府管理环境找到了系统的工作方式,确立了各级政府主要领导人和各个部门、企事业单位负责人的环境保护目标责任,从总体上解决了环保工作无人负责、无法负责、无权负责的体制上的弊端。

② "新五项"制度的推行,一是找到了多方进行污染治理的社会动力;二是找到了实现经济效益、社会效益和环境效益三统一的具体措施。

③ 从污染治理的导向分析,"新五项"制度有个明显的转机,要推进集中控制。集中控制不仅可节约投资,而且能为改善环境质量提供直接的、可靠的保证。

④ "新五项"制度为动员社会力量参与环保工作提供了可行的途径。

⑤ "新五项"制度的推行为实现政府的环保目标提供了保证,因为五项制度的一些具体指标就是根据政府的环保目标分解出来的。

"新五项"制度的推行,为建立和开拓有中国特色的环境管理模式和道路,提供了新的框架和基础。

#### 4.3.2.7 "老三项"和"新五项"制度的内在联系

环境管理的"老三项"制度和"新五项"制度并不是相互孤立的,而是彼此存在千丝万缕的联系的,是一个统一的有机整体。"新五项"制度是在"老三项"制度的基础上发展起来的,是相互配套的统一管理体系。环境保护目标责任制是八项制度之首,是整个管理制度的核心;城市环境综合整治定量考核制度、环境保护税收、限期治理制度、污染集中控制制度是新时期环境管理的主体战略;环境影响评价制度、"三同时"制度和环境保护税收是构成我国环境管理的根基。

### 4.3.3 环境管理制度的改革与发展

中国的环境保护经历了近半个世纪的发展过程,环境管理制度经历了 3 个发展阶段。从历史的角度看,这些管理制度是中国环境保护不断成熟的标志,基本涵盖了各个不同历史时期的管理思想和措施;但从发展的角度看,这些管理制度有待进一步完善。

#### 4.3.3.1 现有制度的分析

① 管理制度与形式发展尚需更加适应。我国现有的制度以污染防治为中心,尚需进一步完善生态保护方面的管理制度。

② 管理制度之间尚需进一步协调和统一。这种情况主要表现在环境管理制度之间。

③ 管理制度本身尚需完善。作为独立的管理制度,各项制度本身都存在着一个不断完善的过程。

#### 4.3.3.2 协调好"四种情况"

由于历史背景的差异,如"三同时"是 20 世纪 70 年代初确定的制度,而其他大部分制度都是 20 世纪 80 年代以后建立的,在推行制度的过程中必然会出现新、老制度间的交叉与衔接问题,需要加以研究解决。其中应主要协调好"四种情况"。

① 协调法规上的不协调情况。出现这种情况应本着子法服从母法，小法服从大法，平级之间旧法服从新法原则。

② 协调标准上的不协调情况。一般来说，浓度标准应服从总量标准，低标准应服从高标准，行业标准应服从地区标准，但环境问题复杂，情况千差万别，以上只能是原则，还必须切合实际。

③ 协调技术经济上的不协调情况。即使合法又达标，但不符合技术经济，可行合理也是不妥的，还必须坚持技术可行、经济合理的原则。

④ 协调经济、社会、环境三者效益不协调情况。当环境效益跟不上经济、社会效益时，环境政策与制度就需要强化；当经济、社会效益不如环境效益时，在一定程度和范围内应采取适当的让步政策与策略。

#### 4.3.3.3 完善制度体系的运行机制

① 进一步发掘和调动环保工作的动力。除了继续深入发掘和调动行政负责人的动力外，还应进一步发掘和依靠人大、政协、人民团体等机构的权威作用和巨大的推动力，深入发掘和释放广大人民群众直接参与监督的巨大潜能。

② 进一步探索已建立的各项制度的科学内涵、运行规律、机制和程序，使之科学化、规范化。

③ 进一步完善制度之间的协调配合，保证新老各项制度的顺利运行。

#### 4.3.3.4 完善制度体系的配套基础工作

① 有针对性地制定环境管理制度、标准和技术规范，使环境管理具有规范性和可操作性，将政策和措施落到实处，加强执法力度。

② 加强对环境管理的监管力度，加大政府机构对环境保护的资金投入，保证治理环境污染的成果。

③ 扩大环境保护的人员队伍，规范其工作内容，对其进行系统全方位的培训，加强公众参与，使环境保护面向大众。

④ 加强科学决策、管理、支持系统的建设，建立健全环境决策信息库、数据库、模型库、方法库、专家库及咨询网络。

综上所述，环境管理是环境保护工作的中心环节，而环境管理制度的建立与实施使环境保护面向全社会，发动全社会共同参与环境保护，从而能更加有效地实施环境管理制度，是控制新的污染产生和治理老污染源的有效措施。

## 复习思考题

1. 试述我国环境管理方针及其演变过程。
2. 我国环境管理的基本政策有哪些？在实际工作中怎样落实这些政策？
3. 简述环境技术政策、经济政策和产业政策的主要内容。
4. 简述我国环境管理八项制度及其内容。
5. "新五项"环境管理制度有何特点？对完善我国环境管理有何作用？
6. 谈谈你对完善我国环境管理制度的看法和建议。

# 第 5 章　环境管理的法律法规

## 5.1　环境保护法原则和体系

### 5.1.1　环境保护法的基本原则

环境保护法的基本原则具有宏观的指导性、适用的广泛性和发展的稳定性等特征，是对环境运行规律的科学总结，是正确处理人与自然关系的价值尺度，是环境保护法内在精神的概括和本质的集中体现。它不仅可以指导立法，还具体指导环境法律的适用，制约环境法律的解释，补充法律本身的不足与漏洞，化解不同效力法律之间的冲突。

中国环境保护法的基本原则在《中华人民共和国环境保护法》第五条中明确指出："环境保护坚持保护优先、预防为主、综合治理、公众参与、损害担责的原则。"这五条原则既相互联系，又相互补充，贯穿于中国环境保护法的各个方面，为中国的环境保护和环境管理提供了最基本的准则。

#### 5.1.1.1　保护优先原则

我国 2005 年发布了《国务院关于落实科学发展观加强环境保护的决定》，第一次在国务院规范性文件中提出了"经济社会发展必须与环境保护相协调"，明确了经济社会发展与环境保护之间的关系是以环境保护为优先。2006 年 3 月 14 日十届人大四次会议批准的《国民经济和社会发展第十一个五年规划纲要》将国土空间划分为四类主体功能区，即优化开发区域、重点开发区域、限制开发区域和禁止开发区域，同时规定在限制开发区域坚持保护优先原则。2015 年 1 月 1 日开始施行的最新版《中华人民共和国环境保护法》中第五条正式确立了保护优先原则。

贯彻保护优先原则主要有以下几个途径。

(1) 恢复质量的保护

该保护行为是针对在特定区域范围内，污染物的排放超过环境容量，导致该区域的环境质量低于相应标准，或者过度利用生态功能致使生态遭到破坏使其失去平衡，或者对可再生资源的利用破坏了其再生能力，而采取的保护行为，以使相应区域范围内的环境质量恢复、生态回归平衡、可再生资源恢复其再生能力。

(2) 维持质量的保护

该保护行为是指在经济发展过程中，在污染物排放标准及污染物总量控制的范围内排放污染物，使污染物的排放符合特定区域环境的自净能力，或者在生态红线要求的范围内利用生态功能，以保持生态平衡，或者在不破坏可再生资源再生能力的范围内开发利用可再生资源，即在维持质量的情况下进行发展，其实质便是对环境资源进行维持质量的保护。

(3) 提升质量的保护

该保护行为是指在利用环境容量、资源及生态功能时，应当合理利用，高效利用，从总体上减少资源利用量，以提高生态环境质量。比如通过优化产业结构及空间开发结构，合理利用国土空间，减少国土空间的开发强度，从而增加生态空间；另外，通过实施循环经济计划，使废弃物资源化，增加其再利用的可能性。

(4) 合理利用的保护

合理利用的保护行为其实是贯穿于所有保护行为当中的，这里仅指对不可再生资源进行的合理利用的保护，通过合理利用，提高不可再生资源的利用率。

(5) 禁止利用的保护

该保护行为通常是为了恢复特定环境的自净功能，保持资源存量，或通过休养生息恢复生态功能，或因保护特定区域的特定价值或特定功能，以禁止利用的方式对特定区域内的环境资源进行保护。

#### 5.1.1.2 预防为主原则、综合治理原则

预防为主原则是针对环境问题的特点，在总结国内外环境管理的主要经验和教训的基础上提出的。环境问题的产生和发展具有缓发性和潜在性，再加上科学技术发展的局限性，人类对损坏环境的活动造成的长远影响和最终后果，往往难以及时发现和认识。但环境问题一旦出现往往为时已晚，有时甚至无法救治。这种情况要求人类活动必须审慎地注意长远的、全局的影响，注意"防患于未然"。

综合治理原则包括了四个层次的涵义：一是水、气、声、渣等环境要素的治理要统筹考虑，如治理土壤污染，要同时考虑地下水、地表水、大气的环境保护；二是综合运用政治、经济、技术等多种手段治理环境；三是形成环保部门统一监督管理，各部门分工负责，企业承担社会责任，公民提升环保意识，社会积极参与的齐抓共管的环境治理格局；四是加强跨行政区域的环境污染和生态破坏的防治，由点上的管理扩展到面上的联防联治。

贯彻预防为主、综合治理的原则可通过以下几个途径。

① 全面规划与合理布局。全面规划就是对工业和农业、城市和乡村、生产和生活、经济发展和环境保护各个方面的关系统筹考虑，进而制定国土利用规划、区域规划、城市规划与环境规划，使各项事业得以协调发展。

合理的布局就是适当利用自然环境的自净力，注重资源和环境的综合利用。为了做到合理布局，《环境保护法》规定，各级政府的发展规划必须包含环境保护内容，新建项目的选址应该预先进行环境影响评价。

② 制定和实施具有预防性的环境管理制度。预防为主原则作为《环境保护法》的一项基本原则也体现在环境立法的各个方面，在《环境保护法》中制定了一系列能够贯彻这一原则的环境管理制度。例如土地利用规划制度、环境影响评价制度、"三同时"制度、限期治理制度、排污申报登记制度及许可证制度等。

③ 由末端控制向源头控制转变。对一切可能干扰环境、危害人体健康的行为进行事前的防范，对已经产生的环境问题和由于条件的限制未能认识、预测和防治的环境问题，在正确把握单项治理与区域治理、单项手段与综合手段的基础上进行积极治理，目的是将环境污染与破坏控制在保障经济、社会持续发展的限度之内。事前的防范和综合的治理投入小、效果好，能够实现社会效益和环境效益的统一。

#### 5.1.1.3 损害担责原则

损害担责原则是针对环境污染造成的经济损失应该由谁承担的问题而制定的，最初称为环境责任原则，来自经济合作与发展组织（OECD）理事会在1972年提出的"污染者付费原则"（也有的称为"污染者负担原则"）。这一原则提出后很快得到国际社会的广泛承认，并被当今世界各国确定为环境与资源保护的一项基本原则。

我国1979年的《环境保护法（试行）》第6条规定了"谁污染谁治理的原则"并建立了排污收费制度。而后1989年环境保护立法全面贯彻了"污染者负担原则"，原则明确了承担治理污染的主体，同时也体现了社会公平和正义。但是污染者付费原则中对环境的损害责任仅限于单一的经济上的"给付"，这并不能使现存损害得到完善的解决，也无法避免将来可能造成的损害，而且付费的主体——"污染者"的范围并不明确，因此该原则内涵显得太过狭窄，具有局限性。

2015年开始施行的新《环境保护法》提出了损害担责原则，是对污染者付费原则的发展。在此原则规范下，行为人必须尽可能采取措施来避免对环境的破坏，如若无法避免，则要求行为人负担为排除此毁损或破坏所应支付的费用。这个过程中，社会主体就必须积极避免环境损害的发生，因为即便在不作为的情况下，只要有了导致环境损害产生的可能，行为人就要对其负责，避免损害发生。在此，损害环境资源所负的责任就并不局限于金钱上的"付费"了，致损者甚至有可能承担环境法上的其他责任。在行政法领域里，国家会在政策上倾向对污染者收取较之其避免环境污染发生之成本更大的一笔费用，便会实行征收污染费用或环境税等措施，典型的如收取排污费。致损者则倾向于通过承担责任来降低甚至避免自身对环境损害的可能。

损害担责原则的贯彻途径主要有以下几个方面。

(1) 实行环境保护目标责任制

环境保护目标责任制是一种环境保护的目标定量化、指标化，并层层落实的管理措施。《环境保护法》第28条规定："地方各级人民政府应当根据环境保护目标和治理任务，采取有效措施，改善环境质量。未达到国家环境质量标准的重点区域、流域的有关地方人民政府，应当制定限期达标规划，并采取措施按期达标。"

(2) 加大处罚力度

《环境保护法》第63条规定，企业事业单位和其他生产经营者有下列行为之一，尚不构成犯罪的，除依照有关法律法规规定予以处罚外，由县级以上人民政府环境保护主管部门或者其他有关部门将案件移送公安机关，对其直接负责的主管人员和其他直接责任人员，处十日以上十五日以下拘留；情节较轻的，处五日以上十日以下拘留：

① 建设项目未依法进行环境影响评价，被责令停止建设，拒不执行的；

② 违反法律规定，未取得排污许可证排放污染物，被责令停止排污，拒不执行的；

③ 通过暗管、渗井、渗坑、灌注或者篡改、伪造监测数据，或者不正常运行防治污染设施等逃避监管的方式违法排放污染物的；

④ 生产、使用国家明令禁止生产、使用的农药，被责令改正，拒不改正的。

#### 5.1.1.4 公众参与原则

公众参与原则是指在环境保护中，任何公民都享有保护环境的权利，同时也负有保护环境的责任，全民族都应积极自觉地参与环境保护事业。公众参与原则主要强调的是公民和社会组织的环境保护的权利。

公众参与原则是目前国际普遍采用的一项原则。公民应当增强环境保护意识，采取低碳、节俭的生活方式，自觉履行保护环境的义务。1992年的《里约宣言》明确指出："环境问题最好是在全体有关市民的参与下进行。"中国的环境法律法规中有很多公众参与原则的具体细节的体现。《环境保护法》第57条规定："公民、法人和其他组织发现任何单位和个人有污染环境和破坏生态行为的，有权向环境保护主管部门或者其他负有环境保护监督管理职责的部门举报。公民、法人和其他组织发现地方各级人民政府、县级以上人民政府环境保护主管部门和其他负有环境保护监督管理职责的部门不依法履行职责的，有权向其上级机关或者监察机关举报。接受举报的机关应当对举报人的相关信息予以保密，保护举报人的合法权益。"

要保证公众参与原则很好地贯彻必须做到以下几点：

① 保证公众的知情权即获得各种环境资料的权利。包括公众所在国家、地区、区域环境状况的资料，公众所关心的每一项开发建设活动、生产经营活动可能造成的环境影响及其防治对策的资料，国家和地方关于环境保护的法律法规资料，等。

② 保证公众对所有环境活动的决策参与权。也就是要能够使公众有机会和正常的途径向有关决策机构充分表达其所关心的环境问题的意见，并确保其合理意见能够被决策机构采纳。

③ 当环境或公众的环境权益受到侵害时，人人都可以通过有效的司法或行政程序，使环境得到保护，使受侵害的环境权益得到赔偿或补偿。

## 5.1.2 我国的环境法体系

环境法体系是指由国家制定的开发利用自然资源、保护改善环境的各种法律规范所组成的相互联系、相互补充、内部协调一致的统一整体。

从《环境保护法》的调整对象上看，《环境保护法》是对现代社会中的生态环境保护关系和污染防治关系进行调控的法律，因而《环境保护法》应当包含生态环境保护和污染防治这两个方面的法律规范，并由一个综合性的基本法加以全面规定。

综观我国现行环境与资源保护立法，环境与资源保护法体系由下列各部分构成：宪法关于环境与资源保护的规定；环境与资源保护基本法；环境与资源保护单行法规；环境标准；其他部门法中的环境与资源保护法律规范；环境保护部门规章；地方性环境法规和地方政府规章。

### 5.1.2.1 宪法关于环境与资源保护的规定

宪法关于环境与资源保护的规定，是环境与资源保护法的基础，是各种环境与资源保护法律、法规和规章的立法依据。把环境保护作为一项国家职责和基本国策在宪法中予以确认，把环境与资源保护的指导原则和主要任务在宪法中作出规定，就为国家和社会的环境活动奠定了宪法基础，赋予了最高的法律效力和立法依据。

《宪法》第26条规定："国家保护和改善生活环境和生态环境，防治污染和其他公害。"这一规定是国家对于环境保护的总政策，说明了环境保护是国家的一项基本职责。

《宪法》第9条第2款还规定："国家保障自然资源的合理利用，保护珍贵的动物和植物。禁止任何组织或者个人用任何手段侵占或者破坏自然资源。"这些规定强调了对自然资源的严格保护和合理利用，以防止因自然资源的不合理开发导致环境破坏。

《宪法》第51条还规定："中华人民共和国公民在行使自由和权利的时候，不得损害国家的、社会的、集体的利益和其他公民的合法的自由和权利。"该规定是对公民行使个人权利不得损害公共利益的原则规定,其中当然也包括防止个人滥用权利而造成对环境的污染与破坏。

#### 5.1.2.2 环境与资源保护基本法

环境与资源保护基本法除宪法之外占有核心的最高地位。它是一种综合性的实体法,即对环境与资源保护方面的重大问题加以全面综合调整的立法,一般是对环境与资源保护的目的、范围、方针政策、基本原则、重要措施、管理制度、组织机构、法律责任等作出原则规定。这种立法常常成为一个国家的其他环境与资源保护单行法规的立法依据,因此它是一个国家在环境与资源保护方面的基本法、一级法。

2015年1月1日开始施行的《中华人民共和国环境保护法》是我国的环境与资源保护基本法。该法是1989年《中华人民共和国环境保护法》经修订后重新颁布的。作为一部综合性的基本法,它对环境与资源保护的重要问题作了全面的规定。其主要内容如下:

① 规定了环境法的目的和任务是保护和改善生活环境和生态环境,防治污染与其他公害,保障人体健康,促进社会主义现代化的发展。

② 规定环境保护的对象是指大气、水、海洋、土地、矿藏、森林、草原、野生生物、自然遗迹、人文遗迹、自然保护区、风景名胜区、城市和乡村等影响人类生存和发展的各种环境要素。

③ 规定一切单位和个人都有保护环境的义务,并有权对污染和破坏环境的单位和个人进行检举和控告。

④ 规定了中央和地方环境管理机关的环境监督管理权限及任务。

⑤ 规定环境保护应当遵循的五项基本原则和环境监督管理中应实行环境影响评价制度、"三同时"制度、征收排污费制度、排污申报登记制度、限期治理制度、现场检查制度、强制性应急措施制度等法律制度。

⑥ 规定了防治环境污染、保护自然环境的基本要求及相应的法律义务。

#### 5.1.2.3 环境与资源保护单行法规

环境与资源保护单行法规是针对特定的保护对象如某种环境要素或特定的环境社会关系而进行专门调整的立法。它以宪法和环境与资源保护基本法为依据,又是宪法和环境与资源保护基本法的具体化。大体包括如下几类:

(1) 土地利用规划法

土地利用规划法通过国土利用规划实现工业、农业、城镇和人口的合理布局与配置,是控制环境污染与破坏的根本途径,也是贯彻防重于治原则的有效措施。实现这一目的的土地利用规划法,主要包括土地管理、农业区域规划、城市规划、村镇规划等法规。

(2) 环境污染防治法

污染控制是环境管理的重点,在环境与资源保护法体系中占有重要地位,在国家环境与资源保护法律体系中一直占有核心地位,本书后面会重点介绍。污染防治的法规包括《中华人民共和国大气污染防治法》《中华人民共和国水污染防治法》《中华人民共和国固体废物污染环境防治法》《中华人民共和国环境噪声污染防治法》《中华人民共和国海洋环境保护法》《中华人民共和国放射性污染防治法》及有关条例。

(3) 自然保护法

近几年,我国加快了自然保护法的制定与修订步伐,重要的自然环境要素和资源保护立法已基本完备，如《中华人民共和国水法》《中华人民共和国森林法》《中华人民共和国草原法》《中华人民共和国土地管理法》《中华人民共和国矿产资源法》《中华人民共和国渔业法》《中华人民共和国野生动物保护法》《中华人民共和国水土保持法》《中华人民共和国防沙治沙法》等。此外，在最新的《中华人民共和国环境保护法》里也制定了一些综合性的自然保护原则。

为了促进可再生能源的开发利用、增加能源供应、改善能源结构、保障能源安全、保护环境、实现经济社会的可持续发展，我国于2005年制定实施了《中华人民共和国可再生能源法》（2009年重新修订），于2018年修正了《中华人民共和国循环经济促进法》。

5.1.2.4　环境标准

中国加紧进行基础标准和方法标准的制定工作，已经制定的监测方法标准和基础标准有200多项，是环境标准中数量最多的。截止到"十二五"末期，我国累计发布的国家环境保护标准1941项，其中废止标准244项，现行标准1697项，现行标准包括环境质量标准16项，污染物排放标准161项，环境监测类标准1001项，管理规范类标准481项，环境基础类标准38项。

5.1.2.5　其他部门法中关于环境与资源保护的法律规范

由于环境与资源保护的广泛性，专门的环境与资源保护立法尽管数量十分庞大，仍然不能把涉及环境与资源保护的社会关系全部加以调整，在其他的部门法如民法、刑法、经济法、劳动法、行政法中，也包含不少关于环境与资源保护的法律规范，这些法律规范也是环境与资源保护法体系的组成部分。

(1)《民法通则》中的有关规定

作为调整平等主体之间的财产关系和人身关系的《中华人民共和国民法通则》（以下简称《民法通则》），其中不少涉及环境与资源保护规范。

如在《民法通则》第83条规定，不动产的相邻各方，应当按照有利生产、方便生活、团结互助、公平合理的精神，正确处理截水、排水、通行、通风、采光等方面的相邻关系。给相邻方造成妨碍或者损失的，应当停止侵害，排除妨碍，赔偿损失。

对公民人身权利的保护方面，第98条规定，公民享有生命健康权。由于污染环境而危害公民生命和健康的行为，应该属于民事侵权行为。

(2)《刑法》中的有关规定

2015年修订的《环境保护法》第6章第64条也明确规定了因污染环境和破坏生态造成损害的，应当按照《中华人民共和国侵权责任法》的有关规定承担侵权责任。2017年重新修订的《中华人民共和国刑法》（以下简称《刑法》）在第六章中，专门设立了"破坏环境资源保护罪"，对各种严重污染环境和破坏自然资源的犯罪行为规定了相应的刑事责任。

(3)《治安管理处罚法》中的有关规定

2013年1月1日起施行的《中华人民共和国治安管理处罚法》（以下简称《治安管理处罚法》）中，对与环境与资源保护有关的扰乱公共秩序，妨害公共安全，侵犯人身权利、财产权利，妨害社会管理等具有社会危害性但尚不够刑事处罚的行为也规定了治安管理处罚措施。

(4) 经济法规中的有关规定

在各种经济法规中，如工业企业法、农业法、交通运输法、涉外经济法、基本建设法中都或多或少包含环境与资源保护的法律规范。

如《中华人民共和国全民所有制工业企业法》第40条规定："企业必须贯彻安全生产制度，改善劳动条件，做好劳动保护和环境保护工作，做到安全生产和文明生产。"《中华人民共和国对外合作开采海洋石油资源条例》第22条规定，作业者和承包者在实施石油作业中，应当遵守中华人民共和国有关环境保护和安全方面的法律规定，并参照国际惯例进行作业，保护渔业资源和其他自然资源，防止对大气、海洋、河流、湖泊和陆地等环境的污染和损害。

#### 5.1.2.6 环境保护部门规章

环境保护部门规章是由环境保护行政主管部门或有关部门发布的环境保护规范性文件，它们有的由环境保护行政管理部门单独发布，有的由几个有关部门联合发布，是以有关的环境法律和行政法规为依据而制定的。如原国家环保局发布的《排放污染物申报登记管理规定》《放射环境管理办法》，原国家环保局、海关总署联合发布的《关于严格控制境外有害废物转移到我国的通知》等。

#### 5.1.2.7 地方性环境法规和地方政府规章

地方性环境法规和地方政府规章是各省、自治区、直辖市、省人民政府所在地的城市以及国务院批准的较大城市的人民代表大会或其常委会制定的有关环境保护的规范性文件。这些地方性法规和地方政府规章都是以实施国家环境法律、行政法规为宗旨，以解决本地区某一特殊环境问题为目标，因地制宜而制定的，如《北京市2013—2017年清洁空气行动计划》《河南省大气污染防治条例》《山东省海洋环境保护条例》《辽宁省环境保护条例》等。

## 5.2 环境法律责任

环境法律责任主要包括行政责任、民事赔偿责任及刑事责任三种。

### 5.2.1 违反环境法律的行政责任

#### 5.2.1.1 环境行政责任的含义

环境行政责任是指环境法律关系的主体（包括环境行政管理主体、环境行政管理机构的工作人员和环境行政管理相对人即任何组织和个人）出现违反环境行政法律规范或者不履行环境行政法律义务时应依法承担的法律后果。通俗地讲也就是指环境行政法律关系的主体违反国家行政所规定的行政义务或法律禁止事项时而应承担的法律责任。

环境行政责任与环境行政违法行为之间有一定的因果关系，环境行政责任是环境行政违法行为所引起的法律后果。

#### 5.2.1.2 环境行政责任的特征

① 环境行政责任是环境行政法律关系的主体的责任，它包括环境行政管理主体和环境行政管理相对人的责任。

② 环境行政责任是一种法律责任，具有强制性，由有权的国家机关来追究。

③ 环境行政责任是环境违法行为的必然法律后果。环境行政法律责任必须以环境违法行为为前提，没有违法行为也就无所谓法律责任。

根据环境行政责任的作用，可将环境行政责任分为惩罚性的责任和补救性的责任。惩罚性的环境行政责任是指为了达到一般预防和特殊预防的效果而对违反环境行政法律规范者所设定的惩罚措施。补救性的环境行政法律责任是指为弥补环境违法行为所造成的危害后果而对违反环境行政法律规范者或者不履行环境行政法律义务者而设定的责任。

根据环境行政责任承担主体的不同，可以把其分为环境行政管理主体所承担的责任和环境行政相对人所承担的责任。环境行政管理主体的环境行政责任，是指具有一定环境行政管理职权的机构及其工作人员因违反环境法或其他有关法律规定而应承担的法律责任。环境行政相对人的环境行政责任，是指因相对人违反环境法律规范，实施危害环境但尚未构成犯罪的行为而应承担的法律责任。

5.2.1.3 环境行政责任的承担形式

这里的环境行政法律责任是指环境行政相对人的环境责任，在我国又可以分为两类，即行政处分和行政处罚。

① 行政处分又称纪律处分，是指国家行政机关、企业、事业单位，根据行政隶属关系，依照有关法规或内部规章对犯有违法失职和违纪行为的下属人员给予的一种行政裁。实施行政处分的单位，必须是具有隶属关系和行政处分权的国家行政机关或者企业、事业单位。

根据《国务院关于国家行政机关工作人员的奖惩暂行规定》第 6 条的规定，对国家工作人员的行政处分分为如下 8 种：警告、记过、记大过、降级、降职、撤职、开除留用察看、开除。受处分人如对处分决定不服，可在 10 日内（职工）或 1 个月内（国家行政机关工作人员）向做出处分的机关要求复议或向上级领导机关提出申诉。

② 行政处罚，是由特定的国家行政机关对违反环境与资源保护法或国家行政法规尚不构成犯罪的公民、法人或其他组织给予的法律制裁。我国各环境保护法律所规定的行政处罚各不相同，大致有以下几种：警告、罚款、没收财物、取消某种权利、责令停止侵害并恢复原状、责令支付整治费用或者消除污染费用、责令赔偿国家损失、责令限期治理、责令停止和关闭。

当事人对行政处罚不服的，可以依法申请行政复议或者提起行政诉讼。若相关工作人员有违法行为，则其上级部门或者环境主管部门有权对其进行行政处罚。

## 5.2.2 环境污染损害的民事赔偿责任

5.2.2.1 环境污染损害的民事赔偿责任的含义及其特征

环境污染损害的民事赔偿责任是指环境法律关系主体因不履行环境保护义务而侵害了他人的环境权益所应承担的否定性法律后果。它是民事法律责任的一种，也是侵权民事责任的一个组成部分，它与普通的民事责任不同，有如下特征：

① 环境污染损害的民事赔偿责任是一种侵权行为责任。民事责任有合同违约责任、侵权行为责任和不履行其他民事义务责任，而环境民事赔偿责任只是其中的侵权行为责任。也就是，只有在环境法律关系主体侵害了他人的环境权益时才构成环境污染损害民事赔偿责任，离开环境侵权，便不构成环境民事责任。

② 环境污染损害的民事赔偿责任是一种特殊的侵权行为责任。侵权行为责任分为普通的侵权行为责任和特殊的侵权行为责任，而环境污染损害民事赔偿责任则属于特殊的侵权行为责任。也就是，在侵权行为人本身无过错而给他人造成损害的情况下，也要承担责任。

③ 环境污染损害的民事赔偿法律责任是平等主体之间的责任。由于环境污染损害的民事赔偿责任主要是解决平等主体之间的侵权责任问题，所以，当环境法律关系主体中的一方

当事人不履行环境保护义务而侵害了他人的环境权益时，法律就要求环境侵权行为人向被侵权的一方当事人承担责任，以保护、恢复或补偿被侵害的权利。这也是环境污染损害的民事赔偿责任区别于环境行政责任和破坏环境犯罪的刑事责任以及环境民事制裁的主要特点，因为环境行政责任、破坏环境犯罪的刑事责任和环境民事制裁均是行为人向国家承担的责任，而不是向另一方当事人承担的责任。

#### 5.2.2.2 环境污染损害的民事赔偿责任的构成

环境污染损害的民事赔偿责任的构成与普通的民事责任有许多不同。首先，承担环境污染损害的民事赔偿责任的环境侵权行为不一定是违法的，合法的行为造成环境危害后果也要承担环境污染损害的民事责任。其次，承担环境污染损害的民事赔偿责任不要求侵权行为人主观上有过错，对于无过失行为也要求承担责任。因此，环境污染损害的民事赔偿责任的构成有以下三个方面。

① 须有危害环境的行为存在。即行为人的行为必须是能对环境造成污染或破坏的行为。

② 须有环境损害事实存在。损害事实既是侵权行为产生的危害后果，又是构成一般民事责任和环境民事责任都必须具有的要件。

③ 危害环境的行为须与环境损害事实有因果关系。只有在侵害行为与损害事实之间存在因果关系的情况下，才能使行为人承担法律责任。

#### 5.2.2.3 环境污染损害的民事赔偿责任中归责原则和免责条件

归责，即责任的归属，是指当侵权人行为致他人损害的事实发生后，应依何种标准或根据使其负责。在中国现行的《环境保护法》中的民事责任是以无过失责任作为基本的归责原则。这种归责原则在于既不考虑加害人的过失也不考虑受害人的过失，其目的在于补偿受害人的损失。采用无过失责任原则不仅有利于保护受害者的合法权益，而且有利于督促排污单位积极防治环境污染危害。

虽然具备环境污染损害的民事赔偿责任的构成条件就应承担环境民事责任，但并不是在所有具备该责任构成条件的情况下都承担责任，法律规定了一些免除承担环境污染损害的民事赔偿责任的情况。

① 不可抗力。《中华人民共和国水污染防治法》（以下简称《水污染防治法》）第96条规定："由于不可抗力造成水污染损害的，排污方不承担赔偿责任；法律另有规定的除外。"在适用这一规定时，在不可抗力发生时或发生后，如果排污者没有及时采取措施，或者采取的措施不合理，都不能完全免除其环境污染损害的民事赔偿责任。

② 受害人自身责任和第三人过错。《水污染防治法》第九十六条第3、4款规定："水污染损害是由受害人故意造成的，排污方不承担赔偿责任。水污染损害是由受害人重大过失造成的，可以减轻排污方的赔偿责任。水污染损害是由第三人造成的，排污方承担赔偿责任后，有权向第三方追偿。"

③ 战争行为。根据《中华人民共和国海洋环境保护法》（以下简称《海洋环境保护法》）的规定，因战争、不可抗拒的自然灾害、负责灯塔或其他助航设备的主管部门在执行职责时的疏忽，或者其他过失行为经过及时采取合理措施，仍然不能避免对海洋环境造成污染损害的，造成污染损害的有关责任者免予承担责任。

#### 5.2.2.4 环境污染损害的民事责任的承担方式

《民法通则》中规定，承担民事责任的方式共有十种。但这些责任方式并非全部适用于环境污染损害的民事责任。根据《民法通则》和环境保护有关法律、法规的规定，总结出承担环境污染损害的民事责任最经常采用的方式有以下五种：

① 停止侵害是要求环境侵权行为人结束侵权状态的法律责任形式。它发生在侵权行为正在进行，通过停止侵权活动就可使受害人的权利得以恢复的情况下。环境侵权行为在许多情况下都具有持续性，只有行为人停止其环境污染和破坏活动，受害人的环境权益才能得到恢复。

② 排除危害是要求环境侵权行为人消除因环境侵权行为的发生而对受害人造成的各种有害影响的责任形式。它通常发生在环境侵权行为发生或停止后，对他人的环境权益仍然存在妨碍、损害或危险的情况下。中国现有的污染防治法律、法规，基本上都规定了排除危害的环境民事责任，从而为实施这一责任形式提供了法律根据。排除危害的费用应由造成危害的人承担。

③ 消除危险是要求行为人消除对他人环境权益侵害可能性的一种责任形式。它发生在行为人的行为尚未对他人环境权益造成现实的侵害，但已构成对他人环境权益侵害的危险或确有可能造成环境侵权的情况下。中国环境法中尚未明确规定消除危险的民事责任形式，如果要求环境侵权行为人承担此种责任，只能以《民法通则》作依据。

④ 恢复原状是要求环境侵权行为人将侵害的环境权益恢复到侵害前原有状态的责任形式。它发生在环境被污染、被破坏后，在现有的经济技术条件下能够恢复到原有状态的情况下。如果环境的污染、破坏在现有的技术条件下难以恢复，或者恢复原状经济代价太高，明显地不合理，则可以用其他责任形式代替恢复原状。

⑤ 赔偿损失是要求环境侵权行为人对其造成的环境危害及其损失用其财产加以补救的责任形式。它发生在环境侵权行为造成的环境危害及其损失不能通过恢复原状的方式加以补救或不能完全补救的情况下，是环境污染损害的民事责任形式中应用最广泛和最经常的一种责任形式。它既适用于环境污染侵权损害，又适用于环境破坏侵权损害。赔偿损失的范围包括人身和财产损害赔偿，直接、间接损失。

以上的几种环境污染损害的民事责任形式，既可以单独适用，也可以合并适用。具体实施时，应当根据保护受害人环境权益的需要和侵权行为的具体情况加以选择。

## 5.2.3 破坏环境犯罪的刑事责任

### 5.2.3.1 破坏环境犯罪的刑事责任的含义和特征

破坏环境犯罪的刑事责任是行为人故意或过失实施了严重危害环境的行为，并造成了人身伤亡或公私财产的严重损失，已经构成犯罪要承担刑事制裁的法律责任。追究破坏环境犯罪的刑事责任是对环境违法行为的最严厉制裁。

破坏环境犯罪的刑事责任具有以下特征：

① 破坏环境犯罪的刑事责任是一种违法责任。其责任形式是以行为的违法行为为前提，也是它与环境民事责任的不同之处。

② 破坏环境犯罪的刑事责任是污染和破坏环境的责任。构成破坏环境犯罪的刑事责任的犯罪行为，必须是以环境为直接侵害对象、造成或可能造成环境污染或破坏的行为。这是破坏环境犯罪的刑事责任与其他刑事责任的主要区别。

③ 破坏环境犯罪的刑事责任是以刑罚为处罚方式的责任。与其他环境法律责任的主要区别在于追究破坏环境犯罪的刑事责任必须经过刑事审判程序，责任形式是自由刑和财产

刑，只能由审判机关决定刑罚。

#### 5.2.3.2 承担破坏环境犯罪的刑事责任的必要要件

构成环境犯罪是承担破坏环境犯罪的刑事责任的前提条件。环境犯罪的构成条件同一般犯罪构成，没有本质的区别，但也有一些特点，主要包括四个方面：

① 环境犯罪的主体必须是具有刑事责任能力的自然人或法人。
② 环境犯罪的行为人的行为必须具有严重的社会危害性。
③ 环境犯罪的行为人的行为必须构成了环境犯罪，并应受到刑事处罚。
④ 环境犯罪的主体（行为人）主观上必须具有犯罪的故意或过失。

在认定是否构成环境犯罪时不仅要看社会危害性，还要关注其行为是故意还是过失。

#### 5.2.3.3 破坏环境犯罪的刑事责任的承担方式

破坏环境犯罪的刑事责任的承担方式，实际上就是环境犯罪人所受到的不同种类的刑事处罚。中国《刑法》中规定的刑罚种类有：生命刑，即死刑；自由刑，包括管制、拘役、有期徒刑、无期徒刑；财产刑，包括罚金和没收财产；资格刑，包括剥夺政治权利和驱逐出境。对于环境犯罪人，这些刑罚种类基本上都适用。

#### 5.2.3.4 承担破坏环境犯罪的刑事责任的具体罪名

《刑法》在第6章妨害社会管理秩序罪中设立了专门一节为破坏环境资源保护罪，从第338条至346条，共9条16款，专门设立了污染环境罪；非法处置进口的固体废物罪；非法捕捞水产品罪；非法捕猎、杀害珍贵、濒危野生动物罪，非法收购、运输、出售珍贵濒危野生动物、珍贵、濒危野生动物制品罪，非法狩猎罪；非法占用农用地罪；非法采矿罪；非法采伐、毁坏国家重点保护植物罪；盗伐林木罪等。

① 污染环境罪。新《刑法》第338条规定违反国家规定，排放、倾倒或者处置有放射性的废物、含传染病病原体的废物、有毒物质或者其他有害物质，严重污染环境的，处三年以下有期徒刑或者拘役，并处或者单处罚金；后果特别严重的，处3年以上7年以下有期徒刑，并处罚金。

② 非法处置和擅自进口固体废物罪。该罪是针对发达国家近年来为转嫁污染向不具备处置能力的发展中国家出口固体废物而又屡禁不止的状况制定的。《刑法》第339条规定，凡是违法将境外的固体废物进境倾倒、堆放、处置的，处5年以下有期徒刑或者拘役，并处罚金；造成重大环境污染事故，致使公私财产遭受重大损失或者严重危害人体健康的行为，处5年以上10年以下有期徒刑，并处罚金；如果后果特别严重，就作为该罪的特别结果加重犯，处10年以上有期徒刑并处罚金。

③ 破坏自然资源罪。《刑法》第340条至第345条分别规定了破坏水产资源、野生动物、土地、矿产和森林资源的刑事责任。

为保护水资源，《刑法》第340条规定违法在禁渔区、禁渔期或者使用禁用的工具、方法捕捞水产品，情节严重的，处3年以下有期徒刑、拘役、管制或者罚金。

《刑法》第341条规定，非法猎捕、杀害国家重点保护的珍贵、濒危野生动物的，或者非法收购、运输、出售上述野生动物及其制品的，处5年以下有期徒刑或者拘役，并处罚金；情节严重的，处5年以上10年以下有期徒刑，并处罚金；情节特别严重的，处10年以上有期徒刑，并处罚金或者没收财产。

为保护土地特别是耕地资源，《刑法》第342条规定，违反土地管理法规，非法占用耕地、林地等农用地，改变被占用土地用途，数量较大，造成耕地、林地等农用地大量毁坏的，处 5 年以下有期徒刑或者拘役，并处或者单处罚金。

《刑法》第 343 条规定，破坏矿产资源追究刑事责任的，分两种情况：第一种是未取得采矿许可证擅自采矿的，擅自进入国家规划矿区、对国民经济具有重要价值的矿区范围内采矿，擅自开采国家规定的实行保护性开采的特种矿种，情节严重的，处 3 年以下有期徒刑、拘役或者管制，并处或者单处罚金；情节特别严重的，处 3 年以上 7 年以下有期徒刑，并处罚金。第二种是违反矿产资源法的规定，采取破坏性的开采方法开采矿产资源，造成矿产资源严重破坏的，处 5 年以下有期徒刑或者拘役，并处罚金。

《刑法》第 344、345 条规定，破坏森林资源的犯罪区别两种情况：一是非法采伐、毁坏珍贵树木或者国家重点保护的其他植物的，或者非法收购、运输、加工、出售珍贵树木，或者国家重点保护的其他植物及其制品的，处 3 年以下有期徒刑、拘役或者管制，并处罚金；情节严重的，处 3 年以上 7 年以下有期徒刑，并处罚金。二是盗伐、滥伐森林或者其他林木，数量较大的，处 3 年以下有期徒刑、拘役或者管制，并处或者单处罚金；数量巨大的处 3 年以上 7 年以下有期徒刑并处罚金；盗伐数量特别巨大的，处 7 年以上有期徒刑，并处罚金。盗伐、滥伐国家级自然保护区内的森林或者其他林木的，从重处罚。

### 5.2.4 环境纠纷的处理和处置

#### 5.2.4.1 环境纠纷的含义

所谓环境纠纷是指环境法律关系主体在环境与资源的保护、开发、利用和管理等活动中基于其环境权利义务而产生的争议，又可称为环境争执。环境纠纷必须是在环境保护法的主体之间产生的争议，必须是由环境保护法主体依据《环境保护法》的规定提出的权利主张，包括要求他人履行义务的主张构成的争执。一般说来，环境纠纷可以分为如下两种：

① 要求确认环境保护法主体权利的纠纷。由自认为拥有某种权利的环境保护法主体为确认自己的权利而提出的，包括：环境管理机构提出的确认自己的权力的争执，公民提出的确认自己拥有环境权、财产权等权利的争执。

② 要求确认他人对他负有某种义务的争执。由环境保护法主体提出的、目的在于确认他人负有某种义务的纠纷。如：公民为确认环境管理机构负有某项管理职责而提出的争执，环境管理机构为确认被管理者负有某种义务而提出的争执，公民与公民之间、法人与法人之间、公民与法人之间为确认对方权利义务提出的争执。

#### 5.2.4.2 国外环境纠纷的处理办法

在国外，许多国家都可以通过行政的方法解决环境侵害纠纷，如企业与地方政府事前签订环境协议就是一种非常普及的预防和处理可能的环境纠纷的方式。

在公害纠纷一度最为严重的日本，还建立了一套完整的公害纠纷行政处理制度，1970 年制定了《公害纠纷处理法》，规定在国家设立中央公害审查委员会，在地方设立都道府县公害审查会，实行有关公害纠纷的斡旋、调解及仲裁制度，并通过职权调查事实的方式来确认当事人之间因社会、经济地位的差异所致实质的不平等，以严格的程序来缓解纠纷、用较低的手续费以减轻负担的费用等，最终达到迅速、公正地解决公害纠纷的目的。其包括斡旋、调解、仲裁和裁定四种程序。日本的公害纠纷处理制度后来被许多亚洲国家或地区所效仿。

美国依照 1996 年《行政争议处理法》的规定，环境纠纷解决机制既可以选择自行协商解决的谈判等方式，也可以选择将争端交由中立的第三方仲裁等解决方式。中立的第三方只是居中促进和解并就争议的问题提出客观意见，而不对争议的解决方案做出任何决议，最终的协议结果依旧由当事人双方自行做出。由于上述方式具有程序简单、公众参与面广而且处理方式灵活的优点，因此无论企业还是公众都愿意选择这种处理方式。

#### 5.2.4.3 中国环境纠纷的处理方式

(1) 双方经协商达成解决争执的协议

环境纠纷的双方，经友好协调，在分清是非的基础上，签订解决该民事争执的协议，从而解决该争执。此种办法适用于平等主体之间所产生的环境民事争执。在采用这种办法解决纠纷时，应注意如下几个问题：

① 必须坚持双方自愿，一方不得欺骗或强迫另一方达成协议。
② 协议条款必须不违反法律，因为违反法律的协议是无效的。
③ 协议达成后，应当经过公证机关公证，从而确保协议合法以及在出现新的争执时，可以请求法院执行，即可寻求司法保护。

(2) 请律师主持达成解决纠纷的协议

根据《中华人民共和国律师暂行条例》的规定，律师可以接受非诉讼事件当事人的委托，担任代理人，参加调解、仲裁活动。因此，环境纠纷当事人可以委托律师主持达成解决纠纷协议。

① 此种解决办法也仅适用于平等主体之间所产生的环境民事争执。
② 由律师参加协商，易分清是非，达成合法的协议。其中的注意事项同前所述。

(3) 由国家环境保护行政机关主持达成解决纠纷的协议

环境民事争执当事人也可请求有关人民政府的环境保护机构主持达成解决纠纷的协议，有以下几个好处：

① 环境保护机构负有实施环境法的责任，对环境法的了解较深刻，易于依法解决。
② 环境保护机构拥有各种环境保护资料，便于分清是非。
③ 环境保护机构主持达成协议，也有利于一旦协议的一方不执行，另一方提出行政处理的要求。
④ 环境保护机构主持达成解决纠纷的协议，有利于环境保护机构了解、掌握环保工作的情况。

以上三种解决办法，可称为自愿解决办法。

(4) 请求环境保护行政机关处理

《环境保护法》第 57 条规定：公民、法人和其他组织发现任何单位和个人有污染环境和破坏生态行为的，有权向环境保护主管部门或者其他负有环境保护监督管理职责的部门举报。由环境污染引起的赔偿纠纷（民事纠纷的一种），当事人可以要求行政机关处理。行政处理省时、省钱、权威性强、证据要求不严，因此正迅速发展。要求行政处理已成为当今世界各国解决环境纠纷的一种主要办法，且正在日益发展，一些国家还专门为此颁布了法律，主要有以下几个原因：

① 很多国家的环境法都规定，环境行政管理机构负责实施环境法，因而环境行政管理机构负有处理环境纠纷的责任。
② 环境行政管理机构对环境纠纷进行处理，则既可使它及时地了解情况，又有利于取

得公民的信任，以加强环境行政管理机构与公民间的联络。

③ 环境行政管理机构拥有大量的关于污染源、污染源排污、环境破坏和环境污染等方面的情报资料，因而易查清事实，可大大地减轻污染被害人的举证责任。且很多数据又是排污者自己所申报的，因此，争议较少。

④ 环境行政管理部门拥有一大批专门人才，他们对环境破坏和环境污染原因的判断比法官更具有权威性。

⑤ 行政处理所需证据不像司法处理那么严，这特别有利于污染受害者，不会使他因证据不足而处于不利地位。

⑥ 行政处理时间较短，便于迅速解决纠纷。

⑦ 行政处理可以节省诉讼费、律师费、证人费等费用，减轻当事人的经济负担。

在请求环境行政管理部门等对有关环境纠纷进行处理时，应当注意以下几个问题：

① 只能向有权进行处理的环境行政管理机构或者其他环境保护监督部门提起。例如，因船舶污染引起的纠纷可向国家海事行政主管部门提起。

② 应当按照法律的要求提交必要的证据。

③ 对行政处理不服，不能向人民法院对环境行政管理部门提起诉讼，只能向人民法院对对方当事人提起诉讼。

请求环境保护行政机关做出环境纠纷行政处理的主要程序为：

① 受理：包括填写请求书、呈交证据。

② 调解：由有关行政部门进行调解。如调解成功，则应制订调解协议书，并应当公证，以使调解协议易于实施。

受理、调解应当尽快进行，不能久调不决。如在规定的期限内达不成调解协议，或者纠纷一方不愿调解，则应作出处理，以分清责任及提出其他处理意见。

（5）司法诉讼或司法解决

环境纠纷当事人，在不能通过协商达成协议，或者不能通过行政处理解决环境纠纷时，可以通过提起司法诉讼来解决环境纠纷。同时，环境纠纷当事人也可选择不经协商或者不经行政处理，直接提起司法诉讼的办法来解决该纠纷。这种制度可以称为环境纠纷解决的双轨制，且以司法解决为最终解决办法。

除了采用上述五种解决环境纠纷的办法之外，对于因紧急的或者严重的环境污染和环境破坏引起的纠纷，受害方还可通过正当防卫等办法来解决，即通过自我救济的办法来解决纠纷，保护自己的合法权益。除此之外，还可增加行政斡旋和行政指导的途径，处理解决纠纷。所谓行政斡旋，即当事人进行协商，由行政机关提供意见，帮助协商达成和解的处理方式，适用于解决小额的环境纠纷。该方式特点为在不介入谈判的前提下，为当事人的协商提供条件和服务。

## 5.3 资源与环境保护的法律规定

### 5.3.1 污染和公害防治的法律规定

目前我国环境污染防治法的体系主要是由大气污染防治、水污染防治、固体废物污染环境防治、环境噪声污染防治、海洋环境保护以及土壤污染防治六方面的法律、行政法规、部门规章以及地方性环境与资源保护法规或规章所组成。

#### 5.3.1.1 大气污染防治法

我国现行颁布的《中华人民共和国大气污染防治法》(以下简称《大气污染防治法》)自2016年1月1日起施行，2018年10月26日由第十三届全国人大常委会第二次修正。修订后的版本以强化政府责任、坚持源头治理、完善标准制度、解决主要矛盾为目标，进行区域联防联治、加大处罚力度、回应社会关切、衔接上位法律，从而解决燃煤、工业、机动车、扬尘、农业等与空气质量的主要矛盾。

《大气污染防治法》主要对大气污染防治的基本制度以及对防治燃煤污染，机动车船排放污染，废气、粉尘和恶臭污染等作出了专门的规定，现分述如下。

（1）大气污染防治的基本制度

① 重点大气污染物排放总量控制制度。

② 大气环境标准制度。

③ 大气污染防治重点城市划定制度。

④ 大气环境质量公报制度。

⑤ 大气环境质量限期达标制度。

⑥ 大气环境污染淘汰制度。

⑦ 大气污染损害评估制度。

（2）防治燃煤和其他能源污染

① 国家推行煤炭洗选加工，限制高硫分、高灰分煤炭的开采。新建煤矿应当同步建设配套的煤炭洗选设施，使煤炭的硫分、灰分含量达到规定标准；已建成的煤矿除所采煤炭属于低硫分、低灰分或者根据已达标排放的燃煤电厂要求不需要洗选的以外，应当限期建成配套的煤炭洗选设施。禁止开采含放射性和砷等有毒有害物质超过规定标准的煤炭。国家禁止进口、销售和燃用不符合质量标准的煤炭，鼓励燃用优质煤炭。

② 在城市能源结构方面，各级人民政府应当采取措施，调整能源结构，推广清洁能源的生产和使用；优化煤炭使用方式，推广煤炭清洁高效利用，逐步降低煤炭在一次能源消费中的比重，减少煤炭生产、使用、转化过程中的大气污染物排放。

③ 在燃煤锅炉的管制方面，县级以上人民政府市场监督管理部门应当会同生态环境主管部门对锅炉生产、进口、销售和使用环节执行环境保护标准或者要求的情况进行监督检查；不符合环境保护标准或者要求的，不得生产、进口、销售和使用。

④ 城市建设应当统筹规划，在燃煤供热地区，推进热电联产和集中供热。在集中供热管网覆盖地区，禁止新建、扩建分散燃煤供热锅炉；已建成的不能达标排放的燃煤供热锅炉，应当在城市人民政府规定的期限内拆除。

⑤ 城市人民政府可以划定并公布高污染燃料禁燃区，并根据大气环境质量改善要求，逐步扩大高污染燃料禁燃区范围。高污染燃料的目录由国务院生态环境主管部门确定。

在禁燃区内，禁止销售、燃用高污染燃料；禁止新建、扩建燃用高污染燃料的设施，已建成的，应当在城市人民政府规定的期限内改用天然气、页岩气、液化石油气、电或者其他清洁能源。

（3）防治工业污染

钢铁、建材、有色金属、石油、化工等企业生产过程中排放粉尘、硫化物和氮氧化物的，应当采用清洁生产工艺，配套建设除尘、脱硫、脱硝等装置，或者采取技术改造等其他控制大气污染物排放的措施。石油、化工以及其他生产和使用有机溶剂的企业，应当采取措施对管道和设备进行日常维护、维修，减少物料泄漏，对泄漏的物料应当及时收集处理。工业生产、垃圾填埋或者其他活动产生的可燃性气体应当回收利用，不具备回收利用条件的，应当进行污染防治处理。

(4) 防治机动车船排放污染

在源头控制方面，国家明确倡导低碳、环保出行，根据城市规划合理控制燃油机动车保有量，大力发展城市公共交通，通过经济政策推广应用节能环保型和新能源机动车的发展，加强新车排放检验信息、污染控制技术信息和有关维修技术信息的管理，其中包括排放检验和监督抽样检测。

在燃料控制方面，国家采取财政、税收、政府采购等措施推广应用节能环保型和新能源机动车船、非道路移动机械，限制高油耗、高排放机动车船、非道路移动机械的发展，减少化石能源的消耗。国家倡导环保驾驶，鼓励燃油机动车驾驶人在不影响道路通行且需停车三分钟以上的情况下熄灭发动机，减少大气污染物的排放。

在尾气控制方面，依照法律规定，机动车船、非道路移动机械不得超过标准排放大气污染物，禁止生产、进口或者销售大气污染物排放超过标准的机动车船、非道路移动机械。在用机动车排放大气污染物超过标准的，应当进行维修；经维修或者采用污染控制技术后大气污染物排放仍不符合国家在用机动车排放标准的，应当强制报废。

(5) 防治扬尘污染

在市政基础设施建设方面，施工单位应当在施工工地设置硬质围挡，并采取覆盖、分段作业、择时施工、洒水抑尘、冲洗地面和车辆等有效防尘降尘措施。建筑土方、工程渣土、建筑垃圾应当及时清运；在场地内堆存的，应当采用密闭式防尘网遮盖。工程渣土、建筑垃圾应当进行资源化处理。暂时不能开工的建设用地，建设单位应当对裸露地面进行覆盖；超过三个月的，应当进行绿化、铺装或者遮盖。

在河道整治方面，市政河道以及河道沿线、公共用地的裸露地面以及其他城镇裸露地面，有关部门应当按照规划组织实施绿化或者透水铺装。

贮存煤炭、煤矸石、煤渣、煤灰、水泥、石灰、石膏、砂土等易产生扬尘的物料应当密闭；不能密闭的，应当设置不低于堆放物高度的严密围挡，并采取有效覆盖措施防治扬尘污染，如建设施工、物料运输、裸露地面、堆场存放等。

(6) 防治农业和其他污染

在农业发展方面，转变农业发展方式，发展废弃物综合处理，减缓农业活动的大气污染，鼓励秸秆综合利用，建立秸秆收集、贮存、运输和综合利用服务体系，划定禁烧区。

在农业生产方面，农业生产经营者应当改进施肥方式，科学合理施用化肥并按照国家有关规定使用农药，减少氨、挥发性有机物等大气污染物的排放。禁止在人口集中地区对树木、花草喷洒剧毒、高毒农药。畜禽养殖场、养殖小区应当及时对污水、畜禽粪便和尸体等进行收集、贮存、清运和无害化处理，防止排放恶臭气体。

排放油烟的餐饮服务业经营者应当安装油烟净化设施并保持正常使用，或者采取其他油烟净化措施，使油烟达标排放，并防止对附近居民的正常生活环境造成污染。禁止在人口集中地区和其他依法需要特殊保护的区域内焚烧沥青、油毡、橡胶、塑料、皮革、垃圾以及其他产生有毒有害烟尘和恶臭气体的物质。

(7) 相关法律规定及案例

除了对各领域的标准进行了规范,加大处罚力度也是新修订的重点。除倡导性的规定外,有违法行为就有处罚,法律责任 30 条,涉及违法行为种类 90 多种。罚款的上限提高至 100 万。在新环保法的基础上增加了新行为,规定了按日计罚,丰富处罚种类,如停工整治、没收、取消检验资格。

在生态环境部环境执法的通报中,某机动车检测有限公司由于存在车辆尾气检测时操作不规范,检测数据不实,并为此出具排放检验合格的虚假检验报告的行为,已违反了《中华人民共和国大气污染防治法》关于"机动车排放检验机构应当依法通过计量认证,使用经依法检定合格的机动车排放检验设备,按照国务院生态环境主管部门制定的规范,对机动车进行排放检验,并与生态环境主管部门联网,实现检验数据实时共享。机动车排放检验机构及其负责人对检验数据的真实性和准确性负责"的规定,当地生态环境局根据《大气污染防治法》112 条,对企业作出 43.6 万元的行政处罚决定。

某钢铁有限公司未采取有效措施防治扬尘污染,违反了《中华人民共和国大气污染防治法》第 72 条第 1 款"贮存煤炭、煤矸石、煤渣、煤灰、水泥、石灰、石膏、砂土等易产生扬尘的物料应当密闭;不能密闭的,应当设置不低于堆放物高度的严密围挡,并采取有效覆盖措施防治扬尘污染"的规定。10 月 25 日,当地环保局立即对该单位下达了责令改正违法行为决定书,责令其立即改正违法行为。同时,依据《大气污染防治法》115 条的规定,"对不能密闭的易产生扬尘的物料,未设置不低于堆放物高度的严密围挡,或者未采取有效覆盖措施防治扬尘污染的,处一万元以上十万元以下的罚款"的规定,11 月 24 日,市环保局对其下达了行政处罚决定书,处罚款 10 万元。市环保局执法人员对其进行复查,发现该单位厂区内的煤堆仍未采取苫盖措施,拒不改正违法行为。依据《中华人民共和国大气污染防治法》"建筑施工或者贮存易产生扬尘的物料未采取有效措施防治扬尘污染,被责令改正,拒不改正的,按照原处罚数额按日连续处罚"的规定,市环保局对其下达按日连续处罚决定书,共计 28 天,每日处罚 10 万元,共计罚款 280 万元。

#### 5.3.1.2 水污染防治法

2008 年 6 月 1 日起施行的《中华人民共和国水污染防治法》(以下简称《水污染防治法》),于 2017 年 6 月 27 日第十二届全国人民代表大会常务委员会第二十八次会议第二次修正。

《水污染防治法》主要对水污染防治的流域管理、城市污水的集中治理、对饮用水水源保护的强化等方面作出了规定,并实行重点区域水污染物排放的总量核定制度。

(1) 水污染防治的基本制度

① 水污染防治规划制度。
② 水环境标准制度。
③ 重点污染物排放的总量控制制度。
④ 生活饮用水地表水源保护区制度。
⑤ 跨行政区水污染纠纷协商解决制度。
⑥ 河长制监督管理制度。

(2) 防治水污染的措施

① 防治水污染的一般规定包括以下两种情形。

a. 防治水体污染的措施。存放可溶性剧毒废渣的场所,必须采取防水、防渗漏、防流失的措施;向水体排放含低放射性物质的废水,必须符合国家有关放射性污染防治的规定和标准；向水体排放含热废水，应当采取措施，保证水体的水温符合水环境质量标准，防止热污染危害；排放含病原体的污水，应当经过消毒处理，符合国家有关标准后，方准排放。

禁止向水体排放油类、酸液、碱液或者剧毒废液；禁止在水体清洗装贮过油类或者有毒污染物的车辆和容器；禁止将含有汞、镉、砷、铬、铅、氰化物、黄磷等的可溶性剧毒废渣向水体排放、倾倒或者直接埋入地下；禁止向水体排放、倾倒工业废渣、城市垃圾和其他废弃物；禁止在江河、湖泊、运河、渠道、水库最高水位线以下的滩地和岸坡堆放、存贮固体废物和其他污染物；禁止向水体排放、倾倒放射性固体废物或者含有高放射性和中放射性物质的废水。

b. 防治地下水污染的措施。化学品生产企业以及工业聚集区、矿山开采区、尾矿库、危险废物处置场、垃圾填埋场等的运营、管理单位，应当采取防渗漏等措施，并建设地下水水质监测井进行检测；加油站等的地下油罐应当使用双层罐或者采用建造防渗池等其他有效措施，并进行防渗漏监测；在开采多层地下水的时候，如果各含水层的水质差异大，应当分层开采；对已受污染的潜水和承压水，不得混合开采；兴建地下工程设施或者地下勘探、采矿等活动，应当采取保护性措施，防止地下水污染；报废矿井、钻井或者取水井等，应当实施封井或者回填；人工回灌补给地下水，不得恶化地下水质。

② 防治工业水污染。排放工业废水的企业应当采取有效措施，收集和处理产生的全部废水，防治污染环境；含有毒有害水污染物的工业废水应当分类收集和处理，不得释放排放；向污水集中处理设施排放工业废水的，应当按照国家规定进行预处理，达到集中处理设施处理工艺要求后方可排放；工业集聚区应当配套建设相应的污水集中处理设施，安装自动监测设备，与环境保护主管部门的监控设备联网，并保证监测设备正常运行；企业应当采用原材料利用效率高、污染物排放量少的清洁工艺，并加强管理，减少水污染物的产生。

③ 防治城镇水污染。城镇污水应当集中处理；城镇污水集中处理设施的运营单位按照国家规定向排污者提供污水处理的有偿服务，收取污水处理费用，保证污水集中处理设施的正常运行。城镇污水集中处理设施排放水污染物，应当符合国家或者地方规定的水污染物排放标准。城镇污水集中处理设施的运营单位，应当对城镇污水集中处理设施的出水水质负责。环境保护主管部门应当对城镇污水集中处理设施的出水水质和水量进行监督检查。

④ 防治农业和农村水污染。国家支持农村污水、垃圾处理设施的建设，推进农村污水、垃圾集中处理。地方各级人民政府应当统筹规划建设农村污水、垃圾处理设施，并保障其正常运行；使用农药应当符合国家有关农药安全使用的规定和标准，适应水环境保护要求；加强农业主管部门指导农业生产者科学、合理地施用化肥，要推广测土配方施肥技术和高效低毒低残留农药；运输、存贮农药和处置过期失效农药，应当加强管理，防止造成水污染；畜禽养殖场、养殖小区应当保证其畜禽粪便、废水的综合利用或者无害化处理设施正常运转，保证污水达标排放，防止污染水环境；农田灌溉用水应当符合相应的水质标准，防止污染土壤、地下水和农产品；明确在畜禽散养密集区所在地的县、乡级政府应当组织对畜禽粪便污水进行分户收集、集中处理利用；禁止向农田灌溉渠道排放工业废水或者医疗污水；向农田灌溉渠道排放城镇污水以及未综合利用的畜禽养殖废水、农产品加工废水的，应当保证其下游最近的灌溉取水点的水质符合农田灌溉水质标准。

⑤ 防治船舶水污染。港口、码头、装卸站和船舶修造厂所在地市、县级人民政府应当统筹规划建设船舶污染物、废弃物的接收、转运及处理处置设施；船舶排放含油污水、生活污水，应当符合船舶污染物排放标准；从事海洋航运的船舶进入内河和港口的，应当遵守内河的船舶污染物排放标准；船舶的残油、废油应当回收，禁止排入水体；禁止向水体倾倒船

⑥ **防治饮用水水源污染。** 国家建立饮用水水源保护区制度。饮用水水源保护区的划定，由有关市、县人民政府提出划定方案，报省、自治区、直辖市人民政府批准。饮用水水源保护区分为一级保护区和二级保护区；必要时，可以划定一定的区域作为准保护区。

在饮用水水源保护区内，禁止设置排污口。

禁止在饮用水水源一级保护区内新建、改建、扩建与供水设施和保护水源无关的建设项目；禁止在饮用水水源二级保护区内新建、改建、扩建排放污染物的建设项目；禁止在饮用水水源准保护区内新建、扩建对水体污染严重的建设项目，改建建设项目，不得增加排污量。

⑦ **水污染事故处置。** 各级人民政府及其有关部门，可能发生水污染事故的企业事业单位，应当依照《中华人民共和国突发事件应对法》的规定，做好突发水污染事故的应急准备、应急处置和事后恢复等工作。

企业事业单位发生事故或者其他突发性事件，造成或者可能造成水污染事故的，应当立即启动本单位的应急方案，采取应急措施，并向事故发生地的县级以上地方人民政府或者环境保护主管部门报告。

（3）相关法律规定及案例

饮用水供水单位供水水质不符合国家规定标准的，由所在地市、县级人民政府供水主管部门责令改正，处 2 万元以上 20 万元以下的罚款；情节严重的，报经有批准权的人民政府批准，可以责令停业整顿；对直接负责的主管人员和其他直接责任人员依法给予处分。直接或者间接向水体排放工业废水和医疗污水以及其他按照规定应当取得排污许可证方可排放的废水、污水的企业事业单位和其他生产经营者，应当取得排污许可证；未依法取得排污许可证排放水污染物的，由县级以上人民政府环境保护主管部门责令改正或者责令限制生产、停产整治，并处 10 万元以上 100 万元以下的罚款，情节严重的，报经有批准权的人民政府批准，责令停业、关闭。实行排污许可管理的企业事业单位和其他生产经营者应当对监测数据的真实性和准确性负责。未按照规定对所排放的水污染物自行监测，或者未保存原始监测记录的，未按照规定安装水污染物排放自动监测设备，未按照规定与环境保护主管部门的监控设备联网，或者未保证监测设备正常运行的，由县级以上人民政府环境保护主管部门责令限期改正，处 2 万元以上 20 万元以下的罚款；逾期不改正的，责令停产整治。

在生态环境部环境执法的通报中，某食品有限公司伪造自动监测氨氮数据，当地环保局对企业上述违法行为立案处罚，已下达行政处罚听证告知书，认为企业存在"不按照技术规范的要求，对设施采样口装置进行变动操作"的违法行为，将依据《水污染防治法》82 条的规定，处以人民币 5 万元的罚款，并同步将涉嫌伪造监测数据的行为人移送公安机关。

某印染有限公司通过阀门控制，将未经处理的废水通过暗管直接排放，依据《水污染防治法》第 83 条，当地环保局对该印染公司私设暗管、不正常运行污染物治理设施、超标排放污染物的违法行为进行立案调查，同时责令企业停产整治。在作出罚款 30.22 万元的行政处罚后，当地环保局依法将案件移送公安机关，当地公安局对涉案人员（共 1 名）依法作出行政拘留 5 天的处理决定。

#### 5.3.1.3　环境噪声污染防治法

1996 年 10 月 29 日第八届全国人民代表大会常务委员会第二十二次会议通过了《中华人民共和国环境噪声污染防治法》（以下简称《环境噪声污染防治法》），于 2018 年 12 月 29 日第十三届全国人民代表大会常务委员会第七次会议修正。

(1) 防治噪声污染的综合性法律制度

防治噪声污染的综合性法律制度主要包括对编制城市规划的总体要求，声环境质量标准制度及对排放偶发性强烈噪声的特别规定。

(2) 工业噪声污染防治

《环境噪声污染防治法》规定，在城市范围内向周围生活环境排放工业噪声的，应当符合国家规定的工业企业厂界环境噪声排放标准。

(3) 建筑施工噪声污染防治

《环境噪声污染防治法》规定，在城市市区范围内向周围生活环境排放建筑施工噪声的，应当符合国家规定的建筑施工场界环境噪声排放标准。

法律还规定，在城市市区噪声敏感建筑物集中区域内，禁止夜间进行产生环境噪声污染的建筑施工作业，但抢修、抢险作业和因生产工艺上要求或者特殊需要必须连续作业的除外。因特殊需要必须连续作业的，必须有县级以上人民政府或者其有关主管部门的证明。对于夜间作业的，还必须公告附近居民。

(4) 交通运输噪声污染防治

城市人民政府公安机关可以根据本地城市市区区域声环境保护的需要，划定禁止机动车辆行驶和禁止其使用声响装置的路段和时间，并向社会公告。

对于建设经过已有噪声敏感建筑物集中区域的高速公路、城市高架或轻轨道路，有可能造成环境噪声污染的，规定应当设置声屏障或者采取其他有效的控制环境噪声污染的措施。另外，对于在已有的城市交通干线的两侧建设噪声敏感建筑物的，建设单位应当按照国家规定间隔一定距离，并采取减轻、避免交通噪声影响的措施。

除起飞、降落或者依法规定的情形以外，民用航空器不得飞越城市市区上空。城市人民政府应当在航空器起飞、降落的净空周围划定限制建设噪声敏感建筑物的区域；在该区域内建设噪声敏感建筑物的，建设单位应当采取减轻、避免航空器运行时产生的噪声影响的措施。民航部门也应当采取有效措施，减轻环境噪声污染。

(5) 社会生活噪声污染防治

在城市市区噪声敏感建筑物集中区域方面，法律规定因商业经营活动中使用固定设备造成环境噪声污染的商业企业，必须按照国务院生态环境主管部门的规定，向所在地的县级以上地方人民政府生态环境主管部门申报拥有的造成环境噪声污染的设备的状况和防治环境噪声污染的设施的情况。

新建营业性文化娱乐场所的边界噪声，必须符合国家规定的环境噪声排放标准；对于不符合国家规定的环境噪声排放标准的，文化行政主管部门不得核发文化经营许可证，市场监督管理主管部门不得核发营业执照。

在居民楼内，不得兴办产生噪声污染的娱乐场点、机动车修配厂及其他超标准排放噪声的加工厂。在城镇人口集中区内兴办娱乐场点和排放噪声的加工厂，必须采取相应的隔声措施，并限制夜间经营时间，达到规定的噪声标准。宾馆、饭店和商业等经营场所安装的空调器产生噪声和热污染的，经营单位应采取措施进行防治。对离居民点较近的空调装置，应采取降噪、隔声措施，达到当地环境噪声标准。不得在商业区步行街和主要街道旁直接朝向人行便道或在居民窗户附近设置空调散热装置。

禁止在城市市区噪声敏感建筑物集中区域使用高音广播喇叭，并禁止在商业经营活动中使用高音广播喇叭或者采用其他发出高噪声的方法来招揽顾客。

(6) 相关法律规定及案例

有关噪声污染防治的法律责任以行政处罚为主。如建筑施工单位在城市市区噪声敏感建筑物集中区域内，夜间进行禁止进行的产生环境噪声污染作业的，由生态环境主管部门责令改正，可以并处罚款。在城市市区噪声敏感建筑物集中区域内使用高音广播喇叭，在城市市区街道、广场、公园等公共场所组织娱乐、集会等活动，使用音响器材，从家庭室内发出严重干扰周围居民生活的环境噪声的，由公安机关给予警告，可以并处罚款。

某大酒店是一家四星级酒店，未按建设项目环境管理的有关规定履行环境影响评价和环保设施验收手续。该酒店试开业半年来，每天24小时噪声不断，附近居民的睡眠无法保证，有些居民向市环保部门投诉。环保部门对该酒店的噪声进行实测，测得噪声白天为61dB（A），晚间为57dB（A），均超过Ⅱ类混合区标准。于是环保部门对该酒店下达了停业整顿、补办环境影响报告的处理决定，并处以20万元的罚款。

#### 5.3.1.4　固体废物污染环境防治法

2005年4月1日起施行《中华人民共和国固体废物污染环境防治法》（以下简称《固体废物污染环境防治法》），于2016年11月7日主席令第57号修正。2019年6月25日，十三届全国人大常委会第十一次会议分组审议了《固体废物污染环境防治法（修订草案）》。人大常委会组成人员围绕生活垃圾分类制度、危险废物处置等问题提出意见建议。2020年4月29日第十三届全国人民代表大会常务委员会第十七次会议进行了第二次修订，并于2020年9月1日实施。

《固体废物污染环境防治法》中分别规定了产生固体废物者及收集、贮存、运输、处置固体废物者的义务；并对固体废物污染环境防治实行分类管理。

(1) 产生固体废物者的义务

第一，规定产生固体废物的单位和个人应当采取措施，防止或者减少固体废物对环境的污染。第二，对收集、贮存、运输、利用、处置固体废物者，规定必须采取防扬散、防流失、防渗漏或者其他防止污染环境的措施，并不得擅自倾倒、堆放、丢弃、遗撒固体废物，禁止向河流及其附近环境倾倒、堆放固体废物。第三，对产品和包装物的设计、制造，规定应当遵守国家有关清洁生产的规定，并防止过度包装。第四，鼓励研究、生产易回收利用、易处置或者在环境中可降解的薄膜覆盖物和商品包装物；对生产、销售、进口依法被列入强制回收目录的产品和包装物的企业，必须按照国家有关规定对该产品和包装物进行回收。第五，在农业生产活动中产生的固体废物处理方面，规定使用农用薄膜的单位和个人，应当采取回收利用等措施；从事畜禽规模养殖应当按照国家有关规定收集、贮存、利用或者处置养殖过程中产生的畜禽粪便；禁止在人口集中地区、机场周围、交通干线附近以及当地人民政府划定的区域露天焚烧秸秆。

(2) 收集、贮存、运输、处置固体废物者的义务

第一，规定要求加强对收集、贮存、运输、处置固体废物的设施、设备和场所的管理和维护。第二，规定在自然保护区、风景名胜区、饮用水水源保护区、基本农田保护区和其他需要特别保护的区域内，禁止建设工业固体废物集中贮存、处置的设施、场所和生活垃圾填埋场。第三，转移固体废物出省、自治区、直辖市行政区域贮存、处置的，应当向固体废物移出地的省、自治区、直辖市人民政府环境保护行政主管部门提出申请。移出地的省、自治区、直辖市人民政府环境保护行政主管部门应当经接受地的省、自治区、直辖市人民政府环境保护行政主管部门同意后，方可批准转移该固体废物出省、自治区、直辖市行政区域。未经批准的，不得转移。第四，规定对可以用作原料的固体废物实行限制进口和非限制进口分类管理，要求进口的固体废物必须符合国家环境保护标准；禁止中华人民共和国境外的固体废物进

境倾倒、堆放、处置；禁止进口不能用作原料或者不能以无害化方式利用的固体废物。

（3）对固体废物污染环境防治实行分类管理

由于固体废物来源广泛，因此对固体废物的管理涉及许多行政主管部门。这样就必须在管理上分情况采取分别、分类管理的方法，针对不同的固体废物制定不同的对策或措施。

《固体废物污染环境防治法》将固体废物分为工业固体废物、生活垃圾、建筑垃圾与农业固体废物、危险废物四类。其中对工业固体废物、生活垃圾、建筑垃圾与农业固体废物采取一般管理措施，实行垃圾分类，对危险废物则采取严格管理措施。

（4）相关法律规定及案例

由人民政府环境卫生行政主管部门担任关闭、闲置或者拆除垃圾处置设施的审批部门。

某乐器销售有限公司在生产过程中产生的废机油和废液压油（危险废物），暂存于危险废物贮存间，该场所未设置危险废物识别标志。上述行为违反了《固体废物污染环境防治法》112条"对危险废物的容器和包装物以及收集、贮存、运输、处置危险废物的设施、场所，必须设置危险废物识别标志"的规定。依据"不设置危险废物识别标志的由县级以上人民政府环境保护行政主管部门责令停止违法行为，限期改正，处一万元以上十万元以下的罚款"的规定，2018年2月2日，当地环保局对该单位下达了行政处罚决定书，责令该单位立即改正违法行为，并处罚款1万元。

某汽车修理有限公司在生产经营过程中产生废机油、废机油滤芯、废汽油滤芯（均属危险废物），在转移的过程中未按照国家规定填写危险废物转移联单。上述行为违反了《中华人民共和国固体废物污染环境防治法》"转移危险废物的，必须按照国家有关规定填写危险废物转移联单"的规定。依据"不按照国家规定填写危险废物转移联单或者未经批准擅自转移危险废物的由县级以上人民政府环境保护行政主管部门责令停止违法行为，限期改正，并处二十万元以上一百万元以下的罚款"的规定，当地环保局对该单位下达了行政处罚决定书，责令该单位立即改正违法行为，并处罚款20万元。

#### 5.3.1.5　海洋环境保护法

全国人大常委会于2017年11月4日主席令第81号第三次修正了《海洋环境保护法》。《海洋环境保护法》将海洋环境作为一个整体，从防治海洋污染的立场出发，从防治陆源污染物对海洋环境的污染损害、防治海岸工程建设项目对海洋环境的污染损害、防治海洋工程建设项目对海洋环境的污染损害、防治倾倒废弃物对海洋环境的污染损害、防治船舶及有关作业活动对海洋环境的污染损害等五个方面作了规定。

（1）防治海洋污染的基本制度

① 重点海域排污总量控制制度。

② 海洋功能区划制度。

③ 跨区域的海洋环境保护工作政府协商制度。

④ 海洋环境质量标准与水污染物排放标准。

⑤ 海洋环境监测、监视信息管理制度。

⑥ 重大海上污染事故应急计划制度。

⑦ 联合执法措施。

⑧ 落后生产工艺、设备的淘汰制度。

（2）防治陆源污染物对海洋环境的污染损害

（3）防治海岸工程建设项目对海洋环境的污染损害

(4) 防治海洋工程建设项目对海洋环境的污染损害

(5) 防治倾倒废弃物对海洋环境的污染损害

(6) 防治船舶及有关作业活动对海洋环境的污染损害

(7) 关于海洋资源和生态保护的规定

#### 5.3.1.6 土壤污染防治法

2018年8月31日，中华人民共和国第十三届全国人民代表大会常务委员会第五次会议通过《中华人民共和国土壤污染防治法》（以下简称《土壤污染防治法》），自2019年1月1日起施行。

《土壤污染防治法》主要对土壤污染防治的基本制度以及对规划标准普查和监测、预防和保护、风险管控和修复、保障和监督、法律责任等作出了专门的规定。

新通过的《土壤污染防治法》规定，国务院统一领导全国土壤污染状况普查。国务院生态环境主管部门会同国务院农业农村、自然资源、住房城乡建设、林业草原等主管部门，每十年至少组织开展一次全国土壤环境污染状况普查。

同时，国家实行土壤环境监测制度。国务院生态环境主管部门制定土壤环境监测规范，会同国务院农业农村、自然资源、住房城乡建设、水利、卫生健康、林业草原等主管部门组织监测网络，统一规划国家土壤环境监测站（点）的设置。

此外，《土壤污染防治法》还规定实施土壤污染状况调查活动，应当编制土壤污染状况调查报告。土壤污染状况调查报告应当主要包括地块基本信息、污染物含量是否超过土壤污染风险管控标准等内容。污染物含量超过土壤污染风险管控标准的，土壤污染状况调查报告还应当包括污染类型、污染来源以及地下水是否受到污染等内容。

对于违反《土壤污染防治法》的各类行为，最高将处二十万元以上二百万元以下的罚款，情节严重的，处五日以上十五日以下拘留。构成违反治安管理行为的，由公安机关依法给予治安管理处罚，构成犯罪的，依法追究刑事责任。

2020年3月，某区生态环境局对某农业大棚进行检查，发现地上覆盖有红褐色清淤底泥。经查，清淤底泥系某市政工程有限公司倾倒。监测到清淤底泥中锌和汞分别超过了《土壤环境质量 农用地土壤污染风险管控标准（试行）》（GB 15618—2018）中农用地土壤污染风险筛选值和农用地土壤管控值。根据《土壤污染防治法》第28条"禁止向农用地排放重金属或者其他有毒有害物质含量超标的污水、污泥，以及可能造成土壤污染的清淤底泥、尾矿、矿渣等"规定，该区生态环境局责令该市政工程有限公司立即改正，没收违法所得一万零五百元，并处罚款四十万元。

### 5.3.2 资源和生态环境保护的法律规定

自然资源保护法是调整人们在自然资源开发、利用、保护和管理过程中所产生的各种社会关系的法律规范的总称。目的是为了规范人们开发利用自然资源的行为，防止人类对自然资源的过度开发，改善与增强人类赖以生存和发展的自然基础，协调人类与自然的关系，保障经济社会的可持续发展。调整的社会关系主要包括资源权属关系、资源流转关系、资源管理关系和涉及自然资源的其他经济关系。

我国目前颁布的自然资源专门法律主要有《中华人民共和国土地管理法》《基本农田保护条例》《中华人民共和国水法》《中华人民共和国森林法》《中华人民共和国草原法》《中华人民共和国水土保持法》《中华人民共和国矿产资源法》《中华人民共和国煤炭法》《中华人民共和国野生动物保护法》《中华人民共和国野生植物保护条例》等。

#### 5.3.2.1 土地资源保护法

(1) 关于土地用途管制制度的规定

国家通过土地利用总体规划,将土地分为农用地、建设用地和未利用地三类。农用地,是指直接用于农业生产的土地,包括耕地、林地、草地、农田水利用地、养殖水面等。建设用地,是指建造建筑物、构筑物的土地,包括城乡住宅和公共设施用地、工矿用地、交通水利设施用地、旅游用地、军事设施用地等。未利用地,是指农用地和建设用地以外的土地。

严格限制农用地转为建设用地,控制建设用地总量,对耕地实行特殊保护。

(2) 关于土地利用总体规划制度的规定

土地利用总体规划,是各级人民政府依据国民经济和社会发展规划、国土整治和资源环境保护的要求、土地供给能力、各项建设对土地的需求,对土地的使用所进行的总体安排。

土地利用总体规划编制的原则:严格保护基本农田,控制非农业建设占用农用地;提高土地利用率;统筹安排各类、各区域用地;保护和改善生态环境,保障土地的可持续利用;占用耕地与开发复垦耕地相平衡。

(3) 关于保护耕地的规定

① 实行占用耕地补偿制度。省、自治区、直辖市人民政府应当制定开垦耕地计划,监督占用耕地的单位按照计划开垦耕地或者按照计划组织开垦耕地,并进行验收。

② 实行基本农田保护制度。各省、自治区、直辖市划定的基本农田应当占本行政区域内耕地的80%以上。基本农田保护区以乡(镇)为单位进行划区定界,由县级人民政府土地行政主管部门会同同级农业行政主管部门组织实施。已经办理审批手续的非农业建设占用耕地,一年内不用而又可以耕种并收获的,应当由原耕种该幅耕地的集体或者个人恢复耕种,也可以由用地单位组织耕种;一年以上未动工建设的,应当按照省、自治区、直辖市的规定缴纳闲置费;连续二年未使用的,经原批准机关批准,由县级以上人民政府无偿收回用地单位的土地使用权;该幅土地原为农民集体所有的,应当交由原农村集体经济组织恢复耕种。承包经营耕地的单位或者个人连续二年弃耕抛荒的,原发包单位应当终止承包合同,收回发包的耕地。鼓励合理开发未利用的土地,鼓励土地整理,防止土地破坏和污染,提高耕地质量。

(4) 关于严格控制建设用地,避免乱占和浪费土地的规定

① 严格征地审批程序。2019年第三次修正的《中华人民共和国土地管理法》(以下简称《土地管理法》)严格规定了建设用地审批程序,将征地审批权集中在国务院和省、自治区、直辖市人民政府,其他机构不再有征地审批权。征收基本农田、基本农田以外的耕地超过35公顷、其他土地超过70公顷的,都必须由国务院批准;征收上述规定以外的土地的,由省、自治区、直辖市人民政府批准,并报国务院备案。征收耕地的补偿费用包括土地补偿费、安置补助费以及地上附着物和青苗的补偿费。土地补偿费和安置补助费的总和不得超过土地被征收前3年平均年产值的30倍。征收城市郊区的菜地,用地单位还应当按照国家规定缴纳新菜地开发建设基金。

② 严格控制乡(镇)村建设用地。乡(镇)村建设用地,包括乡镇企业建设用地、乡(镇)村公共设施与公益事业建设用地、农村村民住宅建设用地。农村村民申请住宅用地,须经乡(镇)人民政府审核,由县级人民政府批准。农村村民出卖、出租住房后再申请宅基地的,不予批准。

(5) 关于进行土地复垦,恢复土地功能的规定

土地复垦,是指对生产建设活动和自然灾害损毁的土地采取整治措施,使其达到可供利

用状态的活动。土地复垦的责任原则是"谁损毁，谁复垦"。土地复垦应当充分利用邻近企业的废弃物。对利用废弃物进行土地复垦和在指定的土地复垦区倾倒废弃物的，拥有废弃物的一方和拥有土地复垦区的一方均不得向对方收取费用。国家鼓励复垦后的土地应当优先用于农业。

#### 5.3.2.2 水资源保护法

全国人大常委会于1988年制定公布了《中华人民共和国水法》（以下简称《水法》），于2016年7月2日第十二届全国人民代表大会常务委员会第二十一次会议做了最新修改。

（1）关于水资源保护的基本原则

水资源国家所有原则：水资源属于国家所有，即全民所有。农村集体经济组织的水塘和由农村集体经济组织修建管理的水库中的水，归各该农村集体经济组织使用。

节约用水原则：一是实行供水合同制；二是采用循环用水，一水多用；三是实行节水设施与主体工程"三同时"；四是实行用水计量，计量收费；五是实行节水有奖，浪费有罚。

同时对于水资源保护还应该遵守全面规划、统筹兼顾、标本兼治、综合利用、讲求效益的原则。

（2）关于保护水资源的综合措施的规定

一是保护植被，植树种草，涵养水源，防止水土流失，改善生态环境；

二是加强水利基础设施建设；

三是厉行节约用水，推行节约用水措施、新技术、新工艺，建立节水型社会；

四是在开发、利用、保护、管理水资源和防治水害，节约用水和进行有关的科学技术研究等方面成绩显著的单位和个人，由各级人民政府给予奖励。

（3）关于水资源保护管理体制的规定

国家对水资源实行取水许可制度，有偿使用制度，流域管理和行政区域管理相结合的制度。

（4）关于制定水资源的战略规划的规定

国家制定水资源战略规划，规划分为流域规划和区域规划，流域规划包括流域综合规划和流域专业规划，区域规划包括区域综合规划和区域专业规划；流域范围内的区域规划应当服从流域规划，专业规划应当服从综合规划。

国家确定的重要的江河、湖泊的流域综合规划，由国务院水行政主管部门会同国务院有关部门和有关省、自治区、直辖市人民政府编制，报国务院批准。跨省、自治区、直辖市的其他江河、湖泊的流域综合规划和区域综合规划，由有关流域管理机构会同江河、湖泊所在地的省、自治区、直辖市人民政府水行政主管部门和有关部门编制，分别经有关省、自治区、直辖市人民政府审查提出意见后，报国务院水行政主管部门审核；国务院水行政主管部门征求国务院有关部门意见后，报国务院或者其授权部门批准。上述规定以外的其他江河、湖泊的流域综合规划和区域综合规划，由县级以上地方人民政府水行政主管部门会同同级有关部门和有关地方人民政府编制，报本级人民政府或者其授权部门批准，并报上一级水行政主管部门备案。专业规划由县级以上人民政府有关部门编制，征求同级其他有关部门意见后，报本级人民政府批准。其中，防洪规划、水土保持规划的编制、批准，依照防洪法、水土保持法的有关规定执行。

（5）关于水资源合理开发利用的规定

开发和利用水资源应遵循兴利除害相结合、全面规划、科学论证、统筹兼顾、地表水和地下水统一调度开发、开源节流相结合、节流优先和污水处理再利用的原则。

① 水能资源的开发利用。水能属于可更新资源，又是对环境无污染的清洁能源。在水能丰富的河流，应当有计划地进行多目标梯级开发。建设水力发电站，应当保护生态环境，兼顾防洪、供水、灌溉、航运、竹木流放和渔业等方面的需要。

② 水运资源的开发与保护。在水生生物洄游通道、通航或者竹木流放的河流上修建永久性拦河闸坝，建设单位必须同时修建过鱼、过船、过木设施，或者经国务院授权的部门批准采取其他补救措施，并妥善安排施工和蓄水期间的水生生物保护、航运和竹木流放，所需费用由建设单位承担。

在不通航的河流或者人工水道上修建闸坝后可以通航的，闸坝建设单位应当同时修建过船设施或者预留过船设施位置。

③ 水工程建设项目的管理。国家对水工程建设移民实行开发性移民的方针，按照前期补偿、补助与后期扶持相结合的原则，妥善安排移民的生产和生活，保护移民的合法权益。

移民安置应当与工程建设同步进行。建设单位应当根据安置地区的环境容量和可持续发展的原则，因地制宜，编制移民安置规划，经依法批准后，由有关地方人民政府组织实施。所需移民经费列入工程建设投资计划。

(6) 地下水、水域保护的规定

① 地下水的保护。一是从事水资源开发、利用、节约、保护和防治水害等水事活动，应当遵循经批准的规划；因违反规划造成江河和湖泊水域使用功能降低、地下水超采、地面沉降、水体污染的，应当承担治理责任。二是开采矿藏或者建设地下工程，因疏干排水导致地下水水位下降、水源枯竭或者地面塌陷，采矿单位或者建设单位应当采取补救措施；对他人生活和生产造成损失的，赔偿损失。

② 水域的保护。水域调节蓄水量、供养生物、调节气候，是保持生态平衡的重要因素。长期的围垦使水域面积锐减，其生态功能大为降低。对水域进行保护的措施，一是禁止围湖造地，二是禁止围垦河道。确需围垦的，必须经过科学论证，并经省、自治区、直辖市人民政府水行政主管部门或者国务院水行政主管部门同意后，报本级人民政府批准。

#### 5.3.2.3 森林资源保护法

我国的森林法于1984年9月第六届全国人民代表大会党务委员会第七次会议通过，经过两次修正，2019年12月第十三届全国人民代表大会党务委员会第十五次会议进行了内容的修订。主要内容包括：林长制、森林权属、发展规划、森林保护、造林绿化、经营管理、监督检查及相应的法律责任等内容。

(1) 关于林权的规定

我国《中华人民共和国森林法》（以下简称《森林法》）把林权分为国家林权、集体林权、机关团体林权和公民个人林权。只有用材林、经济林、薪炭林及其林地使用权以及其采伐迹地、火烧迹地的林地使用权及国务院规定的其他森林、林木和其他林地使用权，可以转让，除此以外，不得转让。不得将林地改为非林地。我国法律对林权的保护，主要采取确认权属、返还非法占有、排除妨碍、赔偿损失等措施。

(2) 关于林业建设方针的规定

以营林为基础，普遍护林，大力造林，采育结合，永续利用。

(3) 关于植树造林和绿化的规定

各级人民政府应当制定植树造林规划，因地制宜地确定本地区提高森林覆盖率的奋斗目标。

各级人民政府应当组织各行各业和城乡居民完成植树造林规划确定的任务。

宜林荒山荒地，属于国家所有的，由林业主管部门和其他主管部门组织造林；属于集体所有的，由集体经济组织组织造林。

铁路公路两旁、江河两侧、湖泊水库周围，由各有关主管单位因地制宜地组织造林；工矿区，机关、学校用地，部队营区以及农场、牧场、渔场经营地区，由各该单位负责造林。

国家所有和集体所有的宜林荒山荒地可以由集体或者个人承包造林。

（4）关于控制森林采伐量和采伐更新的规定

除了农村居民采伐自留地和房前屋后个人所有的零星林木外，采伐林木必须申请采伐许可证。从林区运出木材，除国家统一调拨的外，都必须持有林业主管部门发给的运输证件。

（5）关于森林保护措施的规定

为了确实落实森林资源保护措施，我国建立了一系列的森林资源保护制度，如建立林业基金制度、建立封山育林制度、建立群众护林制度、建立森林防火制度、建立森林病虫害防治制度、建立征收育林费制度、建立森林生态效益补偿基金制度，建立珍贵树木及其制品、衍生物的出口管制制度等。

#### 5.3.2.4 草原资源保护法

1985 年，全国人大常委会通过了《中华人民共和国草原法》（以下简称《草原法》），2013 年 6 月 29 日全国人大常委会重新修正了《草原法》。

（1）关于草原所有权和使用权的规定

我国《草原法》规定了两种所有权：一是国家所有，即全民所有；二是集体所有。草原的使用权：全民所有的草原，可以固定给集体长期使用；全民所有的草原、集体所有的草原和集体长期固定使用的全民所有的草原，可以由集体或个人承包从事畜牧业生产。全民所有制单位使用的草原，由县级以上地方人民政府登记造册。集体所有的草原和集体长期使用的全民所有的草原，由县级人民政府登记造册。

（2）关于合理利用草原，保护草原植被的规定

合理使用草原，防止过量放牧。禁止严重影响草原植被的开发利用活动。禁止开垦和破坏草原；禁止在荒漠草原、半荒漠草原和沙化地区砍挖灌木、药材及其他固沙植物。限制某些可能破坏草原植被的行为。草原使用者少量开垦草原的，必须经县级以上地方人民政府批准。

（3）关于防止草原火灾的规定

按其发生原因，草原火灾可分为天然草原火灾和人为草原火灾；按受害程度和损失大小，可分为草原火灾、一般草原火灾、重大草原火灾和特大草原火灾。草原法规定了预防为主、防消结合的草原防火方针。

（4）关于草原纠纷处理的规定

草原纠纷分为草原所有权、使用权纠纷和草原侵权纠纷。草原所有权、使用权纠纷是因草原所有权或使用权的归属而发生的争议。这类纠纷，由当事人本着互谅互让、有利团结的精神协商解决；协商不成的，由人民政府处理。当事人对有关人民政府的处理决定不服的，可以在接到通知之日起一个月内，向人民法院提起行政诉讼。草原侵权纠纷是草原所有权或使用权享有人的合法权益受到行政管理机关以外的其他人的侵害时而产生的争议。对于这类

纠纷，被侵权人可以请求县级以上地方人民政府农牧业部门处理。有关农牧业部门有权责令侵权人停止侵权行为，赔偿损失。被侵权人也可以直接向人民法院起诉。

#### 5.3.2.5 水土保持的法律规定

《中华人民共和国水土保持法》（以下简称《水土保持法》）及其实施细则是关于水土保持的主要现行法律规范。

水土保持工作指导方针为国家对水土保持工作实行预防为主、保护优先、全面规划、综合防治、因地制宜、突出重点、科学管理、注重效益的方针。水土保持主管部门为各级人民政府的水行政主管部门。任何单位和个人都有保护水土资源、预防和治理水土流失的义务，并有权对破坏水土资源、造成水土流失的行为进行举报。

(1) 关于水土保持规划措施的规定

水土保持规划应当在水土流失调查结果及水土流失重点预防区和重点治理区划定的基础上，遵循统筹协调、分类指导的原则编制。其内容应当包括水土流失状况、水土流失类型区划分、水土流失防治目标、任务和措施等；水土保持规划应当与土地利用总体规划、水资源规划、城乡规划和环境保护规划等相协调；编制水土保持规划应当征求专家和公众的意见。

(2) 关于水土流失预防措施的规定

① 保护和改善植被，限制坡地垦荒。禁止在25°以上陡坡地开垦种植农作物。在禁止开垦坡度以下、5°以上的荒坡地开垦种植农作物，应当采取水土保持措施，具体办法由省、自治区、直辖市根据本行政区域的实际情况规定。

② 加强林业管理。对水源涵养林、水土保持林、防风固沙林等防护林只准进行抚育和更新性质的采伐。对采伐区和集材道应当采取防止水土流失的措施，并在采伐后及时更新造林。在林区采伐林木的，采伐方案中应当有水土保持措施。采伐方案经林业主管部门批准后，由林业主管部门和水行政主管部门监督实施。在5°以上坡地植树造林、抚育幼林、种植中药材等，应当采取水土保持措施，防止水土流失。

(3) 关于水土流失治理措施的规定

① 建立和完善运行管护制度。
② 鼓励单位和个人参与水土流失治理，并予以扶持。
③ 国家保护承包治理合同当事人的合法权益。
④ 承包合同中应包括预防和治理水土流失责任的内容。
⑤ 明确治理责任。

#### 5.3.2.6 矿产资源保护法

我国于1986年制定颁布了《中华人民共和国矿产资源法》（以下简称《矿产资源法》），2009年8月27日第十一届全国人民代表大会常务委员会第十次会议第二次修正。

(1) 关于矿产资源的所有权、探矿权和采矿权的规定

在我国，实行的是单一的矿产资源国家所有权制度。由国务院行使国家对矿产资源的所有权。地表或者地下的矿产资源的国家所有权，不因其所依附的土地的所有权或者使用权的不同而改变。探矿权，是指在依法取得的勘查许可证规定的范围内，勘查矿产资源的权利。采矿权，是指在依法取得的采矿许可证规定的范围内，开采矿产资源和获得所开采的矿产品的权利。

(2) 矿产资源的保护管理体制的规定

国务院地质矿产主管部门主管全国矿产资源勘查、开采的监督管理工作。省、自治区、直辖市人民政府地质矿产主管部门主管本行政区域内矿产资源勘查、开采的监督管理工作。省、自治区、直辖市人民政府有关主管部门协助同级地质矿产主管部门进行矿产资源勘查、开采的监督管理工作。

(3) 矿产资源勘查、开采过程中的保护管理制度和措施

① 矿产资源勘查、开采规划制度。矿产资源勘查规划：我国的矿产资源勘查规划之中，包括全国矿产资源中、长期勘查规划和年度勘查计划。全国矿产资源中、长期勘查规划是在计划部门指导下，由国务院地质矿产主管部门组织编制的。年度勘查计划则分别由国务院地矿部门和省级地方政府地矿部门组织有关主管部门根据全国矿产资源中、长期勘查规划编制。

矿产资源开发规划：全国矿产资源的分配和开发利用，应当本着兼顾当前和长远、中央和地方利益的原则，实行统一规划、有效保护、合理布局、综合勘查、合理开采、综合利用的方针。

矿产资源勘查登记和开采的审批制度：国家对矿产资源勘查实行统一的区块登记管理制度。矿产资源勘查登记工作，由国务院地质矿产主管部门负责；特定矿种的矿产资源勘查登记工作，可以由国务院授权有关主管部门负责。国家对国家规划矿区、对国民经济具有重要价值的矿区和国家规定实行保护性开采的特定矿种，实行有计划的开采；未经国务院有关主管部门批准，任何单位和个人不得开采。

矿产资源税和资源补偿费制度：开采矿产资源，必须按照国家规定缴纳资源税和资源补偿费。《矿产资源补偿费征收管理规定》：采矿权人从事从尾矿中回收矿产品的，开采未达到工业品位或者未计算储量的低品位矿产资源的，依法开采水体下、建筑物下、交通要道下的矿产资源的，由于执行国家定价而形成政策性亏损的，以及有其他国务院有关部门认定的情形者，规定可以减缴矿产资源补偿费。

② 矿产资源管理措施。矿产资源的勘查管理措施：区域地质调查按照国家统一规划进行。矿床勘探必须对矿区内具有工业价值的共生和伴生矿产进行综合评价，并计算其储量。

矿产资源的开采管理措施：开采矿产资源，必须采取合理的开采顺序、开采方法和选矿工艺。由于矿山企业的开采回采率、采矿贫化率和选矿回收率（简称"三率"）是合理开发利用与保护矿产资源的重要标志，"三率"应当达到设计要求。

对集体矿山企业和个体采矿的管理措施：国家对集体矿山企业和个体采矿实行积极扶持、合理规划、正确引导、加强管理的方针，鼓励集体矿山企业开采国家指定范围内的矿产资源，允许个人采挖零星分散资源和只能用作普通建筑材料的砂、石、黏土以及为生活自用采挖少量矿产。个人不得开采下列矿产资源：一是矿产储量规模适宜由矿山企业开采的矿产资源；二是国家规定实行保护性开采的特定矿种；三是国家规定禁止个人开采的其他矿产资源。禁止乱挖滥采，破坏矿产资源。

(4) 关于煤炭资源保护管理的规定

国家专门制定了《中华人民共和国煤炭法》（以下简称《煤炭法》），规范煤炭的生产、经营、保护和管理。其主要的保护管理措施包括：对煤炭开发实行统一规划、合理布局、综合利用的方针。开发利用煤炭资源，应当遵守有关环境保护的法律、法规，防治污染和其他公害，保护生态环境。煤矿建设应当贯彻保护耕地、合理利用土地的原则，应当坚持煤炭开

发与环境治理同步进行。煤矿建设项目的环境保护设施必须与主体工程同时设计、同时施工、同时验收、同时投入使用。提倡和支持煤矿企业和其他企业发展煤电联产、炼焦、煤化工、煤建材等，进行煤炭的深加工和精加工。禁止新建土法炼焦窑炉；现有的土法炼焦限期改造。

#### 5.3.2.7 渔业资源保护法

我国目前的渔业资源保护立法主要由有关渔业资源及其生存环境保护与管理法律法规所共同组成。我国于1986年制定了《中华人民共和国渔业法》（以下简称《渔业法》），2013年12月十二届全国人大常委会第六次会议对《渔业法》进行了第四次修正。

渔业生产的基本方针：国家对渔业生产实行以养殖为主，养殖、捕捞、加工并举，因地制宜，各有侧重的方针。对渔业资源的保护管理主要应当从保护水生生物的增殖繁衍与生存环境的角度，以及加强对捕捞渔业资源的管理两个方面出发来制订对策和措施。

对渔业资源生存环境的保护：一要防治水污染和海洋环境污染，维护正常的水质和水量，以保护水生生物的生存环境；二要做好水土保持工作，防止水土流失所造成的水质浑浊；三要禁止围湖造田，沿海滩涂未经县级以上人民政府批准，不得围垦，重要的苗种基地和养殖场所不得围垦；四要合理规划、修建江河、湖泊以及海洋工程建筑，减少对渔业资源生存繁衍过程的妨害。

对捕捞渔业资源行为的管理：规定禁渔期或禁渔区；规定渔船、渔具和渔法，以加强对渔业资源的产卵繁殖保护。杜绝酷渔滥捕、竭泽而渔的生产方法；对重要渔业水域采取保护措施，建立珍稀水生生物自然保护区；按照"谁污染谁治理，谁开发谁保护"的原则，向排污者和捕捞者征收渔业资源补偿费（税）等。

#### 5.3.2.8 野生动植物资源保护法

目前我国野生动物植物保护的法律、法规和规章主要包括三个大方面：一是关于野生动物保护的规定，二是野生植物保护的规定，三是关于动植物检疫的规定。2009年，全国人大常委会第十次会议通过的对《中华人民共和国进出境动植物检疫法》（以下简称《进出境动植物检疫法》）的修改对进出境动植物检疫作出了全面规定；2017年10月，国务院重新修订了《中华人民共和国野生植物保护条例》（以下简称《野生植物保护条例》）；2018年10月26日第十三届全国人民代表大会常务委员会第六次会议第三次修正了《中华人民共和国野生动物保护法》（以下简称《野生动物保护法》）。

(1) 野生动物资源保护的法律规定

野生动物资源保护的法律规定主要有：确立野生动物资源的国家所有权；保护野生动物的生存环境；对珍贵、濒危野生动物实行重点保护；控制野生动物的猎捕；实行猎捕许可证制度；鼓励驯养繁殖野生动物；严格管理野生动物及其产品的经营利用和进出口活动；明确单位和个人保护野生动物的义务和权利；确立野生动物保护的监督管理体制。

(2) 野生植物资源保护的法律规定

野生植物保护的基本方针：国家对野生植物资源实行加强保护、积极发展、合理利用。

野生植物保护的法律规定主要有：关于野生植物保护的基本方针和综合性措施的规定；关于建立野生植物保护监督管理体制的规定；关于建立野生植物保护监督管理制度的规定；关于保护野生植物生长环境的规定；关于控制野生植物经营利用的规定；关于破坏野生植物资源法律责任的规定；等。

（3）动植物检疫的法律规定

动植物检疫是指为防止动植物病、虫、害的传播蔓延和外来物种的侵入而对特定区域或者进出特定区域的动植物和其他物品实施的调查、监测、检验和监督活动。

按检疫物的不同，可分为动物及其产品检疫、植物及其产品检疫、包装和其他物品检疫、运输工具检疫。按检疫涉及地域的不同，可分为进境、出境、过境、国内检疫。动植物检疫是控制有害物种的侵入和传播、维护生态平衡、保护生物多样性的重要手段。

动植物检疫的法律规定主要包括：动植物检疫管理体制规定；动植物检疫物范围规定；检疫对象和疫区划定规定；防止检疫对象传入措施规定；检疫不合格动植物处理规定。

## 复习思考题

1. 试述《环境保护法》的基本原则。
2. 什么是环境法体系？我国环境保护法体系由哪些法规构成？
3. 我国已颁布的环境保护单行法有哪些？部门规章有哪些？
4. 试述三种法律责任的概念、构成要件及特征。三种法律责任的承担方式有哪些？
5. 简述《大气污染防治法》与《水污染防治法》的法律规定。
6. 简述资源保护的法律规定。

# 第 6 章　区域环境规划

## 6.1　区域环境规划的程序和内容

　　环境规划是环境管理的首要职能，是针对环境保护要求，对环境管理所做的计划安排。人类的一切活动都是在一定的空间区域内进行的，所谓区域，其面积有一定大小，同时在一定的地域中还必须有相对独立的自然生态系统。区域是个相对的地域概念，相对于地球而言，一个国家或一个地区就是一个区域。相对于一个国家而言，一个省，一个市，一个流域或一个湖泊等就是一个区域。相对于一个市而言，一个县，一个区就是一个区域。

　　区域环境规划是对一个地区的环境进行调查、评价和预测，根据环境功能分区和规划管理目标，提出生态环境的建设和保护计划的过程和技术方法。即区域和城市当局为使区域环境与经济社会协调发展而对自身活动和环境所做的时间和空间的合理安排，目的在于调控区域中人类自身活动，减少污染，防止资源破坏，从而保护区域居民生活和工作、经济和社会持续稳定发展所依赖的基础——区域环境。

### 6.1.1　区域环境规划的类型

　　因研究问题的角度、采取的划分方法不同，可以对区域环境规划进行不同的分类，一般从时间、内容等方面划分区域环境规划类型。

　　从规划跨越的时间来看，区域环境规划可以分为长期环境规划、中期环境规划和短期环境规划。长期环境规划是纲要性规划，一般为 10 年以上，内容是确定环境保护战略目标、主要环境问题的重要指标、重大政策措施。中期环境规划是基本规划，一般为 5~10 年，主要内容是确定环境保护目标、主要指标、环境功能区划、主要环境保护设施建设和技术改造项目及环保投资的估算和筹集渠道等。短期环境规划，即环境保护年度计划，是中期规划的实施计划，内容比中期规划更为具体，更具可操作性。

　　从规划的内容来看，区域环境规划可以分为区域宏观环境规划和区域专项环境规划。区域宏观环境规划是一种战略层次的环境规划，主要包括经济发展和环境保护趋势分析、环境保护目标、环境功能区划、环境保护战略、区域污染控制、生态建设与生态保护规划方案等。宏观环境规划要与各环境要素专项规划相协调，与各环境要素详细规划之间保持目标一致、技术措施相互对应、方案之间相互协调。区域专项环境规划包括：大气污染综合防治规划、水环境污染综合防治规划、固体废物污染防治规划、噪声污染控制规划、区域环境综合整治规划、乡镇（农村）环境综合整治规划，有些区域还有近岸海域环境保护规划等。这些专项规划一般还有分年度、分阶段实施的详细方案。在专项的大气、水环境规划中，又可以按区域重点解决问题和所用方法分为污染综合整治规划和污染物排放总量控制规划。如果区域污染比较严重，一般要制定污染综合整治规划，如果是新开发地区，要重点考虑区域环境对未来的社会经济发展所能提供的承载能力。

### 6.1.2 区域环境规划的内容

作为一种克服区域经济社会和环境保护活动盲目性、主观随意性的科学决策活动，从某种意义上来说，区域环境规划就是对区域环境资源进行分配与调整，实现资源的合理配置的过程。我国区域环境规划的理论体系和工作程序尚未统一，但其编制的基本内容有许多相近之处。主要应该有：①环境现状调查与评价，②环境预测，③环境规划目标确定，④区域环境规划指标体系制定，⑤区域环境功能区划，⑥区域环境规划方案设计与优化，⑦区域环境规划实施与管理。

#### 6.1.2.1 环境现状调查与评价

首先要对所要规划地区的自然、社会、经济基本状况，土地利用、水资源供给、生态环境、居民生活状况，以及大气、水、土壤、噪声和固体废物等环境质量状况进行详尽地调查，收集相关数据进行统计分析，按照国家制定的环境标准和评价方法做出相应的环境质量评价，阐明区域环境污染的现状，为区域环境规划提供科学依据。具体调查和评价内容参见表6-1。

表 6-1 区域环境规划中的现状调查和评价内容

| | 项目 | | 内　　容 |
|---|---|---|---|
| 1 | 区域自然概况 | 区域范围 | 规划区域范围、环境影响所及区域的确定 |
| | | 自然条件 — 地质 | 地形和地质状况 |
| | | 自然条件 — 水文 | 区域水系分布、水文状况，如河流、丰平枯水量等；水库或湖泊水量、水位等；海湾、潮流、潮汐和扩散系数等；地下水水位、流向等 |
| | | 自然条件 — 气象 | 平均气温、降水量、最大风速、风频、风向和日照时间等 |
| | | 自然条件 — 其他 | 台风、地震等特殊自然现象、反射能 |
| | | 社会条件 — 人口 | 人口数量、组成、分布、流动人口等 |
| | | 社会条件 — 产业 | 工业：产业构成、布局、产品和产量，从业人口 |
| | | | 农业：农业户数、农田面积、作物种类、产品产量和施肥状况等 |
| | | | 渔业：渔业人口、产品种类、产量等 |
| | | | 畜牧业：畜牧业人口、牲畜种类和存栏数、产品率、牧场面积等 |
| 2 | 土地、水系和水利 | 土地 | 土地利用状况，有关土地利用的规定 |
| | | 水系 | 河流、湖泊、水库水面的利用，港湾、渔港区域状况 |
| | | 水利 | 水利设施、供水、产业用水等 |
| 3 | 环境质量状况 | 大气 — 污染源 | 固定源、移动源、主要大气污染物的产生量 |
| | | 大气 — 质量现状 | $SO_2$、$NO_x$、$CO$、$O_3$、$HCl$ 和飘尘等的含量，飘尘中的重金属、苯并(a)芘的含量 |
| | | 大气 — 气象条件 | 发生源、风向、风速等其他与污染物浓度的关系 |
| | | 水体 — 污染状况 | BOD、COD等的含量，河流、湖泊透明度等，特殊有机污染物、重金属污染物的含量 |
| | | 水体 — 其他 | 发生源、水化学条件及其与污染物浓度的关系 |
| | | 固体废物 | 区域垃圾、工业废弃物、放射性固体废物、农业废弃物 |
| | | 噪声 | 噪声源分布、噪声污染程度、振动污染等 |
| | | 热污染 | 余热利用、废热排放、热污染现状 |
| | | 化学品登记 | 运入、使用、生产、排放的化学品种类、数量、毒性、处置及去向 |
| | | 其他污染 | 交通、工业、建筑施工等恶臭、放射性、电磁波辐射、地面沉降等 |

续表

| | 项目 | | 内　　容 |
|---|---|---|---|
| 4 | 生态环境特征 | 区域生态 | 植物、动物概况,生态系统状况、植被覆盖面积等 |
| | | 生态因子 | 绿地覆盖率、气象因子、人口密度、经济密度、建筑密度、交通量和水资源 |
| | | 自然环境价值评价 | 自然环境对象的学术价值、风景价值、野外娱乐价值等 |
| 5 | 城郊环境质量现状 | 城郊环境污染状况 | "三废"产生量、治理量、排放量,污灌水质、面积 |
| | | 土壤现状调查 | 土壤种类、分布,N、P、K等营养元素和Cd、Pb、Hg等重金属含量,含水率等 |
| 6 | 居民生活状况 | 保健 | 总人口、死亡率、出生率、自然增长率和幼儿保健等 |
| | | 食品 | 社区状况,农产品和水产品中Cd、Pb、Hg等的检出水平与一般值比较,食品添加剂的状况等 |
| 7 | 与环境有关的市政设施 | | 区域排水系统分布结构,公园及其他环境卫生设施分布情况 |
| 8 | 环境污染效应调查 | | 环境污染与人群健康状况(主要疾病发病率和死亡率)调查 |
| | | | 环境污染经济损失调查 |

简要分析区域性质、区域社会经济发展现状及趋势、区域建设现状及趋势和区域环境保护工作的现状及发展趋势。重点分析区域环境质量的现状及发展演变趋势、区域环境质量变化的原因、已经采取的改善区域环境质量的措施及其效果。分析区域环境质量目前存在的主要问题和水、大气、声、固体废物等区域环境质量进一步改善的主要障碍和症结。

#### 6.1.2.2　环境预测

在现状调查和评价的基础上,进行环境影响预测和分析。即根据现有状况和发展趋势对规划年限内的环境质量进行科学预测。预测主要包括社会发展和经济发展预测、污染物产生与排放量预测、环境质量预测。

(1) 社会发展和经济发展预测

社会发展预测重点是人口预测,其他要素因时因地确定。经济发展预测要注意经济社会与环境各系统之间和环境系统内部的相互联系和变化规律。重点是能源消耗预测、国民生产总值预测、工业总产值预测,同时对经济布局与结构、交通和其他重大经济建设项目作必要的预测与分析。经济发展预测要注重选用社会和经济部门(特别是计划部门)的资料和结论。具体预测方法可参见本书第2章表2-1、表2-2及相关文献。

(2) 污染物产生与排放量预测

参照环境规划指标体系的要求选择预测内容,污染物总量预测的重点是确定合理的排污系数(如单位产品和万元工业产值排污量)和弹性系数(如工业废水排放量与工业产值的弹性系数),从而得到相应的污染物产生和排放量。主要包括:①大气污染物排放量预测;②废水排放量预测;③区域噪声和区域交通干线噪声预测;④生活垃圾和工业废渣产生量预测;⑤环境污染治理和环保投资预测等。

(3) 环境质量预测

根据社会经济发展和污染物排放的数量和分布变化,采用科学实用的方法预测大气、水体等环境要素质量的变化。预测方法请参阅第2章表2-3、表2-4等常用环境质量预测模型和相关文献。

#### 6.1.2.3　环境规划目标确定

区域环境规划目标是区域环境规划的核心内容,是对规划对象(区域)未来某一阶段环境质量状况的发展方向和发展水平所作的规定。它既体现了环境规划的战略意图,也为环境管理活动指明了方向,提供了管理依据。

区域环境规划目标应体现环境规划的根本宗旨,即要保障经济和社会的持续发展,促进经济效益、社会效益和生态环境效益的协调统一。因此,区域环境规划目标既不能过高,也不能过低,而要恰如其分,做到经济上合理、技术上可行和社会上满意。只有这样,才能发挥区域环境规划目标对人类活动的指导作用,才能使环境规划纳入国民经济和社会发展规划成为可能。

(1) 区域环境规划目标基本要求
① 具有一般发展规划目标的共性。
② 与经济社会发展目标协调。
③ 保证目标的可实施性。
④ 保证目标的先进性。

(2) 确定区域环境规划目标的原则
① 以规划区环境特征、性质和功能为基础。
② 以经济、社会发展的战略思想为依据。
③ 规划目标应当满足人们生存发展对环境质量的基本要求。
④ 规划目标应当满足现有技术经济条件。
⑤ 规划目标要求能作时空分解、定量化。

#### 6.1.2.4 区域环境规划指标体系制定

区域规划指标体系中包括直接指标与间接指标,直接指标主要包括环境质量指标和污染物总量控制指标,间接指标主要包括基础建设指标与社会经济指标。具体如下。

(1) 环境质量指标
① 空气质量指标:$SO_2$、$NO_2$、$PM_{10}$、$PM_{2.5}$、$CO$、臭氧。
② 水环境质量指标:地面水 pH、水温、DO、COD、$BOD_5$、重金属等。
③ 噪声环境质量指标分为交通噪声与功能区噪声。

(2) 污染物总量控制指标
污染物总量控制指标包括大气污染物排放指标,空气污染治理指标,水污染物排放指标,水污染治理指标,噪声污染治理指标,固体废物排放量指标和固体废物治理指标。

(3) 基础建设指标与社会经济指标
基础建设指标与社会经济指标包括区域建设指标、自然生态指标和与环境规划相关的经济与社会发展指标。

#### 6.1.2.5 区域环境功能区划

区域环境功能区划是区域环境规划的基础性工作,也是区域环境规划的重要依据。从区域性质来看,区域环境功能区可分为:工业区,居民区,商业区,机场、港口、车站等交通枢纽区,风景旅游或文化娱乐区,特殊历史纪念地。根据环境要素,按照我国《环境空气质量标准》(GB 3095—2012)、《地表水环境质量标准》(GB 3838—2002)、《声环境质量标准》(GB 3096—2008)规定,又可进一步划分为以下三种功能分区。

(1) 空气环境功能分区
① 一类区:自然保护区、风景名胜区和其他需要特殊保护的区域。

② 二类区：城镇规划中确定的居住区，商业、交通、居民混合区，文化区，工业区和农村地区。

(2) 地表水环境功能区

① Ⅰ类水域：主要适用于源头水、国家自然保护区。

② Ⅱ类水域：主要适用于集中式生活饮用水地表水源地一级保护区、珍稀水生生物栖息地、鱼虾类产卵场、仔稚幼鱼的索饵场等。

③ Ⅲ类水域：主要适用于集中式生活饮用水地表水源地二级保护区、鱼虾类越冬场、洄游通道、水产养殖区等渔业水域及游泳区。

④ Ⅳ类水域：主要适用于一般工业用水区及人体非直接接触的娱乐用水区。

⑤ Ⅴ类水域：主要适用于农业用水区及一般景观要求水域。

(3) 区域声环境功能分区

① 0类区域：适用于疗养区、高级别墅区、高级宾馆区等特别需要安静的区域。

② 1类区域：适用于以居住、文教机关为主的区域，含乡村居住环境。

③ 2类区域：适用于居住、商业、工业混杂区。

④ 3类区域：适用于工业区。

⑤ 4类区域：适用于道路交通干线道路两侧区域，穿越城区的内河航道两侧区域。

#### 6.1.2.6 区域环境规划方案设计与优化

区域环境规划方案的设计应因地制宜，紧扣目标，充分了解环境问题和污染状况，明了自身的治理和管理技术、现有设备和可能投入的资金及环境污染削减能力和承载力。同时在设计中，提出的各种措施和对策一定要考虑是否抓住问题实质，能不能实现，是否对准目标等。其次要以提高资源利用率为中心。环境污染实质是资源和能源的浪费，在规划方案设计中，空气污染综合整治、生态保护、总量控制、生产结构与布局规划都要围绕资源利用率这个中心。当然方案的设计还应遵循国家或地区有关政策法规，要在政策允许范围内考虑设计方案，提出对策和措施，避免与之抵触。其设计过程如下：

① 分析调查评价结果。分析环境质量、污染状况、主要污染物和污染源，现有环境承载力、污染削减量、现有资金和技术，从而明确环境现状、治理能力和污染综合防治水平。

② 分析预测的结果。摆明环境存在的主要问题，明确环境现有承载能力，削减量和可能的投资、技术支持，从而综合考虑实际存在的问题和解决问题的能力。

③ 详细列出环境规划总目标和各项分目标，以明确现实环境与环境目标的差距。

④ 制定环境发展战略和主要任务，从整体上提出环境保护方向、重点、主要任务和步骤。

⑤ 制定环境规划的措施和对策。运用各种方法制定针对性强的措施和对策，如区域环境污染综合防治措施、生态环境保护措施、自然资源合理开发利用措施、生产力布局调整措施、土地规划措施、城乡建设规划措施和环境管理措施。

方案优化是编制环境规划的重要步骤和内容。在制定环境规划时，一般要作多个不同的规划方案，经过对比分析，确定经济上合理、技术上先进、满足环境目标要求的几个最佳方案作为推荐方案。方案的对比要具有鲜明的特点，比较的项目不宜太多，要抓住起关键作用的因素作比较。不要片面追求技术先进或过分强调投资，要从实际出发，注意采用费用-效益分析、最优化分析等科学方法，选择最佳方案。为了实现环境目标要求，可以在有关因素（经济、社会、技术等）约束下提出各种初始方案；初始方案又是各种措施的组合，往往多达几个、十几个，因而需要选用恰当方法进行优化。

### 6.1.2.7 区域环境规划实施与管理

环保部门要与市政建设部门密切联系，将大中型污染治理项目和生态保护项目列入区域建设项目计划中；把无废少废工艺项目和综合利用项目列入国家和地方更新改造项目计划中；把需引进国外先进技术的环保项目列入国家利用外资项目中。结合环境管理制度的推行，把分解的环境目标分别纳入有关管理计划中，特别是纳入目标责任制和区域环境综合整治定量考核工作计划中。

（1）将环保计划内容纳入地区国民经济与社会发展计划

环保计划必须有明确的目标和达到目标的指标体系，包括综合指标和形成专项计划书的指标。环保计划须与环境保护责任目标，区域环境综合整治定量考核、限期治理，重大工程建设项目等实际工作相对应，并紧密结合起来，并与环境统计、考核工作相协调。环保计划应与区域、区域的经济发展计划相对应，同步编制并纳入其中，参与综合平衡。环保计划特别是年度计划的指标、任务、措施、资金、考核目标、责任承担等，均需定量化和具体化，逐条逐项层层落实。所列环保项目数据应齐全、能检测、有资金保证。环保计划要从实际出发，与经济支撑能力相适应，并充分考虑科学技术进步的作用。

（2）分解落实环境规划目标

将环境规划目标从空间分解为宏观质量指标和污染物削减指标。宏观质量指标指大气质量指标、水环境质量指标、噪声控制指标、固体废物综合利用与处理指标、自然保护或生态保护指标等，各类指标的选择应能保证地区的环境功能；污染物削减指标有主要削减的污染物及分期分批削减量，主要须完成的治理工程等。还应按行业或企业污染治理任务进行分解，根据规划编制过程中的污染排序实行分解，实行多排放者多削减原则。抓住主要影响地区或功能区环境质量的行业或企业，实行有重点的分配和有重点的承担。按投资少而污染物削减量大的原则实行优化分配，增强规划分解的合理性和可行性。

（3）落实环境保护资金

区域环境规划的实施关键在于落实环境保护资金，根据环境保护有关法律规定和实践经验，环境保护资金的来源包括以下几个方面：

① 一切新建、扩建、改建工程项目（含小型建设项目），必须严格执行"三同时"的规定，并把治理污染所需资金纳入固定资产投资计划。同时由建设部会同国家计委、农牧渔业部尽快研究制定小型企业环境保护法规，报国务院审批颁布实行。新项目的环境影响评价费，在可行性研究费用中支出。要适当增加项目的可行性研究费用。在建项目需要补做环境影响评价时，其费用应包括在该建设项目的投资-不可预见费用中列支。

② 各级经委，工业、交通部门和地方有关部门及企业所掌握的更新改造资金中，每年应拿出7%用于污染治理；污染严重、治理任务重的，用于污染治理的资金比例可适当提高。企业留用的更新改造资金，应优先用于治理污染。企业的生产发展基金可以用于治理污染。集体企业治理污染的资金，应在企业"公积金""合作事业基金"或更新改造资金中安排解决。

③ 大中区域按规定提取的区域维护费，要用于结合基础设施建设进行的综合性环境污染防治工程，如能源结构改造建设，污水及有害废弃物处理等。

④ 企业交纳的排污费要有80%用于企业或主管部门治理污染源的补助资金。其余部分由各地环境保护部门掌握，主要用于补助环境保护部门监测仪器设备购置、监测业务活动经费不足的补贴、地区综合性污染防治措施和示范科研的支出，以及宣传教育、技术培训、奖励等方面，不准挪作与环境保护无关的其他用途。

⑤ 工矿企业为防治污染、开展综合利用项目所产产品实现的利润，可在投产后五年内不上交，留给企业继续治理污染，开展综合利用。工矿企业为消除污染、治理"三废"、开展综合利用项目的资金，可向银行申请优惠贷款。属于技术改造性质的，可向工商银行申请贷款；属于基建性质的，可向建设银行申请贷款。工矿企业用自筹资金，交纳排污费单位用环境保护补助资金治理污染的工程项目，以及因污染搬迁另建的项目，免征建筑税。

⑥ 关于防治水污染问题，应根据河流污染的程度和国家财力情况，提请列入国家长期计划，有计划有步骤地逐项进行治理。

⑦ 环境保护部门为建设监测系统、科研院（所）、学校以及治理污染的示范工程所需要的基本建设投资，按计划管理体制，分别纳入中央和地方的环境保护投资计划。这方面的投资数额要逐年有所增加。

⑧ 环境保护部门所需科技三项费用和环境保护事业费，应由各级科委和财政部门根据需要和财力可能，给予适当增加。

此外，还可以通过地方自筹、企业及私人参与、对外合作等方式多方筹集资金，确保规划项目和环境目标的实现。

## 6.1.3 区域环境规划编制程序

区域环境规划所涉及的内容广泛，它实际上是由诸多环境要素规划如水体、大气、固体废物和噪声等组合在一起的综合体。这些要素规划间相互联系、相互作用和影响，构成了一个有机的整体。一般来说，区域环境规划的编制过程可概括为：

① 通过调查研究，收集整理和分析区域环境监测的基础材料，开展污染源、区域环境质量本底调查和现状评价；掌握区域的环境现状、特征、主要环境问题和制约因素。

② 通过分析信息、选择预测方法、确定边界条件、建立模型等一系列步骤，对区域的社会经济结构，发展规模、水平、质量等作前景预测；分析区域社会经济的发展对环境所造成的正面和负面影响，着重研究在区域经济发展过程中产生的不利的环境影响。

③ 进行环境容量和承载力分析。区域环境承载力是指在区域范围内，在保证区域环境质量不发生质的改变的条件下，环境系统所能承受的社会经济活动强度和纳污能力，它可看作区域环境系统结构与区域社会经济活动适应程度的一种表示。如果人类活动及其排污量超过了区域环境承载力（容量），就需要对经济社会活动进行调整，减少污染物排放，确保环境质量达到目标要求。

④ 进行区域环境目标和环境指标体系研究，包括目标年份的区域的环境质量目标、污染物排放总量目标、资源利用与保护目标、生态系统健康目标等。

⑤ 结合其他区域的经验与教训、规划目标要求以及区域自身的经验与教训，提出区域开发利用资源、控制污染、管理环境的途径，提出协调区域社会经济发展与环境保护的控制方案。

⑥ 运用规划决策方法，如数学规划、多目标规划、费用-效益分析等手段，对上述提出的规划方案进行综合分析，确定经济技术合理可行的优化方案。

⑦ 根据提出的区域污染控制方案、资源利用和环境管理方案，以及区域生态系统开发、利用、保护的方案，进行目标可达性分析。

⑧ 根据以上分析结果，在充分考虑区域的经济能力与环境保护目标和要求后，制定实施方案、重点项目和保障措施。

具体步骤参见图 6-1。

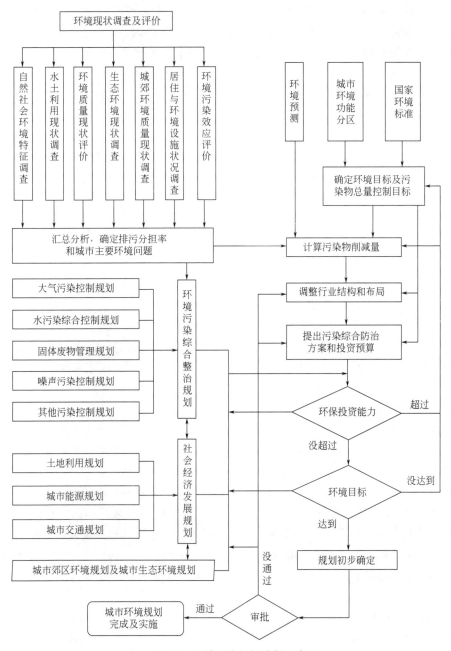

图 6-1 区域环境规划编制程序

## 6.2 区域大气污染控制规划

### 6.2.1 区域大气环境污染控制规划的主要内容

区域大气环境污染控制规划的主要内容包括：在污染源分析及环境质量现状与发展趋势分析的基础上，进行功能区划，确定规划目标，选择规划方法与相应的参数，进行规划方案的制定及其评价与决策。

#### 6.2.1.1 区域大气环境的现状与发展趋势分析

① 环境基本状况调查，对规划范围内的自然和社会经济发展状况进行调查分析，重点分析影响区域大气污染物扩散的主要气象要素及参数。

② 结合例行监测报告和监测、检测数据，对区域大气环境质量的时空分布进行分析评价，分析大气环境现状与发展趋势，提出主要环境问题。

③ 调查各类大气污染源和大气污染物产生、排放、治理措施的现状和发展趋势，开展污染源解析，弄清各类污染源对大气环境质量的贡献程度。

#### 6.2.1.2 规划目标的确定

区域大气污染控制规划目标主要依据区域功能区划分的结果，确定最终的环境质量目标和总量控制目标。同时根据环境污染现状、发展趋势，社会经济承受能力以及规划方案的反馈信息，制定出各功能区分期的规划目标，将规划目标按类分解。

#### 6.2.1.3 选择规划方法、建立规划模型

依据大气污染物的基本特点、污染源类型和污染物种类选择相应的规划方法，如煤烟型污染区域，可以选择能源与污染源相结合的系统分析方法。针对区域污染气象要素的特点，以各类大气扩散模型为基础，建立各类污染源（特别是不同排放高度的污染源）与大气环境质量之间的输入响应关系。按照规划方法和模型中考虑的全部基本措施，确定主要大气污染源治理措施的技术经济参数，建立相应的规划模型，并对其进行基本辨识和灵敏度分析，以检验规划模型的有效性。

#### 6.2.1.4 规划方案的制定、评价与决策

将经过优化分析的各规划方案，采用环境目标和经济承受能力等因素综合协调的方法，进行规划方案的决策分析，当以上各因素存在较大矛盾时应适当修改环境目标，以保证规划方案的可实施性。

#### 6.2.1.5 规划方案的分解

将决策可行的规划方案根据轻、重、缓、急，按时间安排进行分解，落实到各执行部门和污染源单位，使决策方案成为可实施的方案。

### 6.2.2 大气环境现状分析与评价

#### 6.2.2.1 污染源调查与分析

(1) 画出污染源分布图

画出规划区域范围内的大气污染源分布图，标明污染源位置、污染物排放方式，并列表给出各所需参数。高的、独立的烟囱一般作点源处理；无组织排放源及数量多、排放源不高且源强不大的排气筒一般作面源处理（一般将源高低于30m、源强小于0.04t/h的污染源列为面源）；繁忙的公路、铁路、机场跑道一般作线源处理。

(2) 点源调查统计内容

① 排气筒底部中心坐标（一般按国家坐标系）及分布平面图。

② 排气筒高度（m）及出口内径（m）。

③ 排气筒出口烟气温度（℃）。

④ 烟气出口速度（m/s）。

⑤ 各主要污染物正常排放量（t/a, t/h 或 kg/h）。

（3）面源调查统计内容

将规划区在选定的坐标系内网格化。网格单元，一般可取 1000m×1000m，规划区较小时，可取 500m×500m，按网格统计面源的下述参数：

① 主要污染物排放量 $[t/(h \cdot km^2)]$。

② 面源排放高度（m），如网格内排放高度不等时，按排放量加权平均取平均排放高度。

③ 面源分类，如果面源分布较密且排放量较大，当其高度差较大时，酌情按不同平均高度将面源分为 2～3 类。

#### 6.2.2.2 大气污染源评价方法

（1）等标污染负荷法

采用等标污染负荷法对区域工业污染源进行评价，用等标污染负荷法对污染源及污染物位次进行排序并评价。

$$P_{ij} = \frac{C_{ij}}{C_{0i}} Q_{ij}$$

式中 $P_{ij}$——$j$ 污染源中 $i$ 污染物的等标污染负荷；

$C_{ij}$——$j$ 污染源中 $i$ 污染物的浓度；

$C_{0i}$——$i$ 污染物的评价标准；

$Q_{ij}$——$j$ 污染源中 $i$ 污染物的排放量。

$j$ 污染源的总等标污染负荷为：$P_j = \sum P_{ij}$（关于 $i$ 相加）；

$i$ 污染物的总等标污染负荷为：$P_i = \sum P_{ij}$（关于 $j$ 相加）；

该区域的总等标污染负荷为：$P = \sum P_i = \sum P_j$。

根据污染物 $P_i$ 和污染源 $P_j$ 得到的污染负荷比，找到区域主要污染物和主要污染源。

（2）污染物排放量排序

除了根据污染源的等标污染负荷比外，按照污染源排放量排序进行累加，也是直接评价某种污染物的主要污染源的简单方法。采用总量控制规划法时，针对区域总量控制的主要污染物，对排放主要污染物的污染源进行总量排序，以明确重点控制对象。

#### 6.2.2.3 污染气象调查与分析

除了大气污染源和环境质量的调查评价，为了进行大气环境质量模拟预测和容量测算，还需要开展污染气象调查。主要调查内容包括：风向、风速及其出现频率（风玫瑰图），太阳辐射与云量，温度及其垂直变化，湿度，降水量及其年日变化。通过这些气象参数可以分析得到大气稳定度、大气扩散参数等。

### 6.2.3 大气污染预测

区域的大气环境质量不但受到污染源的影响，还要受到污染气象条件的影响。大气环境污染控制模型是建立在设计气象条件下，污染源排放与大气环境质量的响应关系。设计气象条件是指综合考虑气象条件、环境目标、经济技术水平、污染特点等因素后，确定的较不利（以保证率给出）气象条件。常用于大气环境规划工作的大气质量预测模型有箱式模型、高斯扩散模式、线源扩散模式、面源扩散模式和总悬浮微粒扩散模式等，本书第 2 章表 2-3 列出了常用大气环境质量预测模型，也可参见环境系统分析等相关文献。

## 6.2.4 大气污染总量控制规划

**6.2.4.1 规划区的划定**

一般将规划区划分为若干网格，用网格点作控制点。确定规划区要注意以下两个方面问题：

① 对于大气污染严重的区域和地区，规划区一定要包括全部大气环境质量超标区和对超标区影响比较大的全部污染源。非超标区根据未来区域规划、经济发展适当地将一些重要的污染源和新的规划区包括在内。

② 在确定规划区时，无论是哪种情况，都要考虑当地的主导风向，一般在主导风向下风侧，规划区边界应大于污染物最大落地浓度的距离。

**6.2.4.2 总量控制的 $A$-$P$ 值法**

(1) 区域污染物排放总量的计算

$A$ 值法属于地区系数法，只要给出控制区总面积及各功能分区的面积，再根据当地总量控制系数 $A$ 值就能计算出该面积上的总允许排放量。$A$ 值法是以地面大气环境质量为目标值，使用简便的箱模式而实现的具有宏观意义的总量控制；是对以往实行的 $P$ 值法的修改。

$A$ 值法的基本原理：如果假定某区域分为 $n$ 个区，每分区面积为 $S_i$，总面积 $S$ 为各个分区面积之和，由式（6-1）确定。

$$S = \sum_{i=1}^{n} S_i \tag{6-1}$$

式中　$S$——总量控制区总面积，$km^2$；

　　　$S_i$——第 $i$ 功能区面积，$km^2$。

区域的污染物排放总量限值可由式（6-2）确定。

$$Q_{ak} = \sum_{i=1}^{n} Q_{aki} \tag{6-2}$$

式中　$Q_{ak}$——总量控制区某种污染物年允许排放总量限值，$10^4$ t；

　　　$Q_{aki}$——第 $i$ 功能区某种污染物年允许排放总量限值，$10^4$ t；

　　　$n$——功能区总数；

　　　$i$——总量控制区内各功能分区的编号；

　　　$k$——某种污染物下标；

　　　$a$——总量下标。

各功能分区污染物排放总量限值由式（6-3）计算。

$$Q_{ai} = AC_{si} \times \frac{S_i}{\sqrt{S}} \tag{6-3}$$

式中　$C_{si}$——国家和地方有关大气环境质量标准所规定的与第 $i$ 功能区类别相应的年日平均浓度限值，$mg/m^3$；

　　　$A$——地理区域性总量控制系数，$10^4 km^2/a$；主要由当地通风量决定，可参照表 6-2 所列数据选取。

表 6-2  我国各地区总量控制系数 $A$ 值表

| 地区序号 | 省(市/自治区)名 | $A$ |
|---|---|---|
| 1 | 新疆、西藏、青海 | 7.0～8.4 |
| 2 | 黑龙江、吉林、辽宁、内蒙古(阴山以北) | 5.6～7.0 |
| 3 | 北京、天津、河北、河南、山东 | 4.2～5.6 |
| 4 | 内蒙古(阴山以南)、山西、陕西(秦岭以北)、宁夏、甘肃(渭河以北) | 3.5～4.9 |
| 5 | 上海、广东、广西、湖南、湖北、江苏、浙江、安徽、海南、台湾、福建、江西 | 3.5～4.9 |
| 6 | 云南、贵州、四川、甘肃(渭河以南)、陕西(秦岭以南) | 2.8～4.2 |
| 7 | 静风区(年平均风速小于 1m/s) | 1.4～2.8 |

(2) 点源和面源允许排放量的分配

在一般气象条件下，高架源对地面浓度数值影响不大，但影响范围大，而低架源及地面源往往对地面浓度贡献较高，在对区域的允许排放总量进行分配时，首先要确定各个功能区的面源和点源所占的份额。

在夜间大气温度层结稳定时，高架源对地面影响不大，但低架源及地面源都能产生严重污染，因此需确定夜间低架源的排放总量。总量控制区内低架源的大气污染物年排放总量限值计算：

$$Q_{bk} = \sum_{i=1}^{n} Q_{bki} \tag{6-4}$$

式中 $Q_{bk}$——总量控制区某种污染物低架源年允许排放总量限值，$10^4$ t；

$Q_{bki}$——第 $i$ 功能区低架源某种污染物年允许排放总量限值，$10^4$ t；

$b$——低架源排放总量下标。

各功能区低架源污染物排放总量限值按式(6-5)计算：

$$Q_{bki} = \alpha Q_{aki} \tag{6-5}$$

式中 $\alpha$——低架源排放分担率，见表 6-3。

表 6-3  我国各地区低架源排放分担率 $\alpha$，点源控制系数 $P$ 值表

| 地区序号 | 省(市/自治区)名 | $\alpha$ | $P$ 总量控制区 | $P$ 非总量控制区 |
|---|---|---|---|---|
| 1 | 新疆、西藏、青海 | 0.15 | 100～150 | 100～200 |
| 2 | 黑龙江、吉林、辽宁、内蒙古(阴山以北) | 0.25 | 120～180 | 120～240 |
| 3 | 北京、天津、河北、河南、山东 | 0.15 | 100～180 | 120～240 |
| 4 | 内蒙古(阴山以南)、山西、陕西(秦岭以北)、宁夏、甘肃(渭河以北) | 0.20 | 100～150 | 100～200 |
| 5 | 上海、广东、广西、湖南、湖北、江苏、浙江、安徽、海南、台湾、福建、江西 | 0.25 | 50～100 | 50～150 |
| 6 | 云南、贵州、四川、甘肃(渭河以南)、陕西(秦岭以南) | 0.15 | 50～75 | 50～100 |
| 7 | 静风区(年平均风速小于 1m/s) | 0.25 | 40～80 | 40～90 |

(3) 点源允许排放量分配

在 $A$ 值法中只规定了各区域排放总量限值而无法确定每个源的排放总量限值。$P$ 值法

虽然可以对固定的某个烟囱控制其排放总量，但无法对区域内烟囱个数加以限制，即无法限制区域排放总量。若将二者结合起来，则可以解决上述问题。

1984年国家颁布了《制订地方大气污染物排放标准的技术原则和方法》（1991年修订），这就是通常所说的 $P$ 值法。该方法允许污染源排放量的计算公式为：

$$Q = PC_{si} \times 10^{-6} \times H_e^2 \qquad (6-6)$$

式中　$Q$——污染物允许排放量，t/h；
　　　$P$——允许排放指标，m²/h；
　　　$C_{si}$——环境质量目标，mg/m³；
　　　$H_e$——点源排气筒有效高度，m。

根据某功能区内所有的中架点源和面源排放总量总和不能超过功能区的总允许排放总量的原则，有调整系数：

$$\beta_i = (Q_{hi} - Q_{li})/Q_{mi} \qquad (6-7)$$

式中，若 $\beta_i > 1$，则取 $\beta_i = 1$；$Q_{hi}$ 为第 $i$ 功能区高架源污染物年允许排放总量，$10^4$ t；$Q_{li}$ 为第 $i$ 功能区低架源污染物年允许排放总量，$10^4$ t；$Q_{mi}$ 为第 $i$ 功能区中架点源年允许排放总量，$10^4$ t。

对每个功能区都求出 $\beta_i$ 后，再求算全控制区的总调整系数 $\beta$，因而在整个控制区有

$$\beta = (Q_a - Q_1)/(Q_m + Q_h) \qquad (6-8)$$

式中，$Q_a$ 为总量控制区污染物年允许排放总量，$10^4$ t；$Q_1$ 为总量控制区所有低架源污染物年允许排放总量，$10^4$ t；$Q_m$ 为总量控制区所有中架点源污染物年允许排放总量，$10^4$ t；$Q_h$ 为总量控制区所有高架点源污染物年允许排放总量，$10^4$ t。

当计算结果 $\beta(\beta_i) > 1$ 时取 $\beta(\beta_i)$ 为 1。

当 $\beta$ 及 $\beta_i$ 值确定后，各功能区 $P$ 值的新的实施值可取为：

$$P_i = \beta\beta_i P \qquad (6-9)$$

各功能区点源新的允许排放率限值可为：

$$Q_{pi} = \beta\beta_i P C_{si} \times 10^{-6} \times H_e^2 \qquad (6-10)$$

$Q_{pi}$ 值即为分配给点源的允许排放量。当实施该限值后，各功能区即可能保证排放总量不超过总限值。

可见 A-P 值法是指用 $A$ 值法计算控制区域中允许排放总量，用修正的 $P$ 值法分配到每个污染源的一种方法。

（4）污染物排放量的削减

将预测或实际的排放量，与分配到各功能区和污染源的允许排放量进行对比，可以得到削减量 $\Delta Q$。若 $\Delta Q > 0$，需要削减，削减量为 $\Delta Q$；$\Delta Q \leq 0$，无须削减。

## 6.2.5　大气污染总量控制计算分析实例

【例 6-1】　山东省某市 $SO_2$ 总量控制区面积为 1400km²，全部执行大气二级标准，Ⅰ、Ⅱ功能区及总控制区的各已知条件见表 6-4、表 6-5（该例中以 $H < 25$m 为低架源）。利用 A-P 值法求算各区 $SO_2$ 允许排放量（各区总量控制限值）和削减量，以及调整后的 $P$ 值。

表 6-4　各区面积和各类源 $SO_2$ 实际年排放量

| 区域 | Ⅰ区面积 90km² | Ⅱ区面积 105km² | 总量控制区面积 1400km² |
|---|---|---|---|
| 总量 $Q_a/10^4$t | 5.45 | 3.5 | 21.36 |
| 低架源 $Q_{l实}/10^4$t | 0.7 | 1.98 | 8.10 |
| 中架源 $Q_{m实}/10^4$t | 0.76 | 0.98 | 7.54 |
| 高架源 $Q_{h实}/10^4$t | 4.20 | 0.40 | 5.72 |

表 6-5　功能区点源分组及烟囱数目

| $j$ 烟囱高分组/m² | 平均高度/m | 功能区各组烟囱总数 $h_i$ | |
|---|---|---|---|
| | | Ⅰ区 $i=1$ | Ⅱ区 $i=2$ |
| $j=1(25<H\leqslant 30)$ | — | 40 | 300 |
| $j=2(30<H\leqslant 50)$ | 40 | 85 | 240 |
| $j=3(50<H\leqslant 70)$ | 60 | 8 | 6 |
| $j=4(70<H\leqslant 100)$ | 80 | 3 | 2 |
| $j=5(100<H)$ | — | 10 | 2 |

**解**：由总量控制系数表查得，山东省 $A=4.2\sim 5.6$，取 4.5，$\alpha=0.15$，$P=120\sim 180$，取 120，又由于该控制区执行大气二级标准，则 $C_s=0.15\text{mg/m}^3$

① 功能区内排放总量限值和控制区排放总量限值

$$Q_{h1}=AC_s\frac{S_i}{\sqrt{S}}=4.5\times 0.15\times \frac{90}{\sqrt{1400}}=1.62\times 10^4(\text{t/a})$$

$$Q_{h2}=AC_s\frac{S_i}{\sqrt{S}}=4.5\times 0.15\times \frac{105}{\sqrt{1400}}=1.89\times 10^4(\text{t/a})$$

$$Q_a=AC_s\sqrt{S}=4.5\times 0.15\times \sqrt{1400}=25.26\times 10^4(\text{t/a})$$

② 各区低架源排放总量限值

$$Q_{l1}=\alpha Q_{h1}=0.15\times 1.62=0.24\times 10^4(\text{t/a})$$

$$Q_{l2}=\alpha Q_{h2}=0.15\times 1.89=0.28\times 10^4(\text{t/a})$$

$$Q_l=\alpha Q_h=0.15\times 25.26=3.79\times 10^4(\text{t/a})$$

③ 点源允许排放量的计算

$$Q_{pi}=T\times P\times C_{si}\times H_e^2\times 10^{-6}$$

25m 源高：$Q_{p1}=365\times 24\times 120\times 0.15\times 25^2\times 10^{-6}=98.55(\text{t/a})$

40m 源高：$Q_{p2}=365\times 24\times 120\times 0.15\times 40^2\times 10^{-6}=252.29(\text{t/a})$

60m 源高：$Q_{p3}=365\times 24\times 120\times 0.15\times 60^2\times 10^{-6}=567.65(\text{t/a})$

80m 源高：$Q_{p4}=365\times 24\times 120\times 0.15\times 80^2\times 10^{-6}=1009.15(\text{t/a})$

④ 中架源排放总量限值的计算

Ⅰ区：$Q_{m1}=40\times 98.55+85\times 252.29+8\times 567.65+3\times 1009.15=3.30\times 10^4(\text{t/a})$

Ⅱ区：$Q_{m2}=300\times 98.55+240\times 252.29+6\times 567.65+2\times 1009.15=9.55\times 10^4(\text{t/a})$

⑤ $\beta_i$、$\beta$ 的计算

$$\text{I 区}: \beta_1 = \frac{Q_{h1} - Q_{l1}}{Q_{m1}} = \frac{1.62 - 0.24}{3.30} = 0.42$$

$$\text{II 区}: \beta_2 = \frac{Q_{h2} - Q_{l2}}{Q_{m2}} = \frac{1.89 - 0.28}{9.55} = 0.17$$

$$\beta = \frac{Q_a - Q_l}{Q_m + Q_h} = \frac{25.26 - 3.79}{3.01 + 5.72} = 2.46$$

这里 $Q_h$ 值取实际排放值,$Q_m = \beta_1 Q_{m1} + \beta_2 Q_{m2} = 3.01 \times 10^4$(t/a)
因为 $\beta > 1$,故取 $\beta = 1$。

⑥ 计算各分区调整后的 $P$ 值

$$\text{I 区}: P_1 = P\beta_1\beta = 120 \times 0.42 \times 1 = 50.4(\text{m}^2/\text{h})$$

$$\text{II 区}: P_2 = P\beta_2\beta = 120 \times 0.17 \times 1 = 20.4(\text{m}^2/\text{h})$$

⑦ 分区 $SO_2$ 削减量的计算

削减量=实际排放量-允许排放量

$$\text{I 区}: \Delta Q_1 = 5.45 - 1.62 = 3.83 \times 10^4(\text{t/a})$$

$$\text{II 区}: \Delta Q_2 = 3.5 - 1.89 = 1.61 \times 10^4(\text{t/a})$$

⑧ 各区低源削减量

$$\text{I 区}: \Delta Q_{l1} = 0.7 - 0.24 = 0.46 \times 10^4(\text{t/a})$$

$$\text{II 区}: \Delta Q_{l2} = 1.98 - 0.28 = 1.70 \times 10^4(\text{t/a})$$

⑨ 控制区削减量

$$\Delta Q = 21.36 - 25.26 < 0$$

故整个规划区 $SO_2$ 可不削减,而在 I、II 区内 $SO_2$ 需要削减,削减下的量可到规划区的其他区排放。在削减量中,因低架源对人类影响大,故应有更多的削减量。

### 6.2.6 区域大气污染综合整治措施

大气污染综合整治措施的内容非常丰富。由于各区域大气污染的特征、气象条件以及大气污染综合整治的方向和重点不尽相同,因此措施的确定具有很大的区域性,很难找到适合于一切情况的通用措施。这里仅简要介绍我国大气污染综合防治的一般性措施。

#### 6.2.6.1 合理利用大气环境容量

(1) 科学利用大气环境容量

根据大气自净规律(如稀释扩散、降水洗涤、氧化、还原等)及其时间变化,定量(总量)、定点(地点)、定形(范围)、定时(时间)地向大气中排放污染物,在保证大气中污染物浓度不超过要求值的前提下,合理地利用大气环境资源。如在大气环境容量有限的区域和时段,可以采用错时生产、适时限产、定时限行等措施。

(2) 调整优化工业布局

工业布局不合理是造成大气环境容量使用不合理的直接原因,如污染源在某一小的区域内密集,必然造成局部污染严重,并可能导致事故的发生。因此大气污染控制应该从调整工业布局入手,根据当地主导风向、工业区与城镇的相对位置关系等因素,采取大分散、小集中的原则布局工业,以减少对大气环境的污染影响。

#### 6.2.6.2 以集中控制为主,降低污染物排放量

从技术经济可行性考虑,大气污染综合整治措施以集中控制为主并与分散治理相结合。所谓集中控制,就是从区域的整体着眼,采取宏观调控和综合防治措施。如:调整工业结构,改变能源结构,集中供热,发展无污染少污染的新能源(太阳能、风能、地热等),集中加工和处理燃料,采取优质煤(或燃料)供民用的能源政策等。

集中控制的措施和方法很多,当前我国区域大气污染集中控制主要采取改变能源结构、集中供热、能源综合利用和建立烟尘控制区等措施。

分散控制是指对局部和特定的污染物,如工业生产过程排放的炉窑烟尘、工业粉尘、酸碱废气、有机废气、$SO_2$、$NO_x$、HF 等,以及汽车尾气中的 $NO_x$、CO、$C_xH_y$,则要根据不同污染物的特点,因地制宜采取回收利用、消烟除尘、吸收转化等分散防治措施。

#### 6.2.6.3 强化污染源治理,降低污染物排放

强化污染源治理,从源头上减少污染物的排放是最有效的控制手段。首先加快生产技术的转型升级,淘汰落后的工艺技术,减少能源、物料的消耗和降低污染排放水平。对于生产活动过程中不可避免的污染排放,采用合理的技术手段可以大大减少污染排放。因此,在注意技术升级和集中控制的同时,还应强化污染源治理。主要治理技术有:

(1) 烟尘治理技术

通过安装除尘设施过滤的手段减少烟尘排放是常用的烟尘治理技术。有关除尘设备、原理等可参考有关环境工程参考书,选择除尘器时必须全面考虑有关的因素,如除尘效率、压力损失、一次投资、维护管理等,其中最主要的是除尘效率。

(2) 二氧化硫治理技术

生产排放的二氧化硫治理技术很多,按照时序主要分为原料预处理脱硫、燃烧脱硫、烟气脱硫,按照技术原理可分为吸附法脱硫、吸收法脱硫,以及湿法、干法、半干法脱硫等。据初步统计,目前烟气脱硫方法已有 80 余种,其中有些方法目前处于实验或半工业性试验阶段。但对低浓度的二氧化硫($SO_2$ 含量低于 3.5%)烟气,由于处理烟气量大,浓度低,除需要较大的脱硫装置外,在工程和设备方面还存在着技术上的困难,而且在吸附剂或吸收剂的选用和副产品的处理或利用等方面,也存在着可行性和经济性等问题。所以对低浓度 $SO_2$ 烟气的治理,进展较为缓慢;近些年来,日本、美国等国家对低浓度 $SO_2$ 烟气脱硫的研究趋势是从 20 世纪 60 年代以前的干法转向湿法为主,这是因为湿法脱硫率高,并可回收硫的副产品。

(3) 氮氧化物治理技术

烟气脱氮与烟气脱硫相似,也需要用液态或固态的吸附剂或吸收剂来吸附或吸收 NO,以达到脱氮的目的。NO 不与水反应,几乎不会被水或氨吸收。若 NO 和 $NO_2$ 是以等物质的量存在时(相当于无水亚硝酸),则容易被碱液吸收,也可被硫酸所吸收生成亚硝酰硫酸。

由于烟气中的 $NO_x$ 主要是 NO,因此在用吸收法脱氮之前需要将 NO 进行氧化。关于 NO 的氧化方法各国做了许多工作,如用臭氧将 NO 氧化成 $NO_2$ 的研究工作虽然早就在进行,但是直到现在还没有很好地投入使用。此外,近年来许多国家正在开展应用活性炭作为催化剂使 NO 氧化成 $NO_2$ 的研究。

(4) 其他有害气体治理技术

其他有害气体主要指碳氧化物、汽车尾气、硫化氢、酸雾、含氯废气以及恶臭气体等。这些有害气体的处理和 $SO_2$、$NO_x$ 治理的基本原理相似,大都采用吸收或吸附法,此外还采用催化燃烧、催化氧化等无害化处理技术。

#### 6.2.6.4 发展植物净化

植物具有美化环境、调节气候、截留粉尘、吸收大气中有害气体等功能，可以在大面积的范围内长时间地、连续地净化大气，尤其是在大气中污染物影响范围广、浓度比较低的情况下，植物净化是行之有效的方法。因此，在大气污染综合整治中，结合区域绿化，选择抗污染物植物净化空气是进一步改善大气环境质量的主要措施。

## 6.3 区域水环境规划

### 6.3.1 区域水环境规划的内容和程序

#### 6.3.1.1 区域水环境现状与发展趋势分析

通过资料和实际监测、调查，进行污染现状分析，确定水质超标河段和主要污染物，预测污水和污染物的产生量、排放量，结合水体的特点选取适宜的水质预测模型，建立各类污染源与水环境质量间的输入响应关系，计算分析各类废水对水体环境的影响。

一般情况下，需要获得以下基础性资料：①地图，图上应标明拟做规划的河流范围和河流分段情况；②规划范围内水体的水文与水质现状数据，以及用水现状；③污染源清单，包括排入各段水体的污染源一览表（最好以重要性顺序排序）、各排污口位置、排放方式、污染物排放量、治理现状和规划，以及非点污染源的一般情况；④河流水资源规划、流域范围内的土地利用规划和经济发展规划等有关的规划资料；⑤可考虑采用的水污染控制方法及其技术经济和环境效益的资料。

#### 6.3.1.2 提出水体功能区划和水质控制目标

区域水域往往需要满足多种用水需求。对每一种用途，国家都有相应的管理法规和水质标准。根据河段的位置、水质与水文状况、用水需求、输送与处理费用等，确定不同河段的功能，选择表征水质状况的水质指标，如地表水的水温、pH、溶解氧浓度、COD、BOD等。根据主要污染源的分布划分水质控制单元，确定水污染分区的总量控制与削减目标。

#### 6.3.1.3 确定各排污口的允许排污量

根据区域环境容量要求，并考虑河段相关区域的发展规划，把允许排污量按照一定原则分配给区域内的各个污染源，同时制定一系列的保证措施，以保证区域内水污染物排放总量不超过区域允许排放总量。

#### 6.3.1.4 水污染物综合整治方案的设计

根据污染全过程控制的指导思想，从以下几方面设计污染控制对策，为规划方案的确定和实施提供依据：①改进生产工艺，实施清洁生产；②控制产生严重污染的各项产品的生产，对污染严重难以治理的企业实行关、停、并、转、迁或改变产品方向；③区域污水集中处理设施建设；④加强污染源治理；⑤积极发展废水综合利用和污水资源化；⑥科学排江排海，合理利用水环境容量。

#### 6.3.1.5 选择规划方法、建立规划模型

根据各控制单元水污染的主要特征，以及设计方案的特点，选择适宜的规划方法和模型。制定污水集中与分散处理相结合的治理方案，可依据系统分析原理建立相应的数学规划

模型。

#### 6.3.1.6 规划方案的优化分析

针对不同类型，不同控制水平的规划方案运用方案对比或规划模型模拟，用系统分析方法进行方案优化，以寻求在满足环境目标要求下的最小费用方案。

#### 6.3.1.7 方案可行性分析

对优选的方案进行投资与经济承载能力分析，若经济能力不能承担，应反馈回去重新选择目标，或从宏观的角度考虑调整经济发展速度、结构，生产力布局以及运用其他对策，满足环境目标要求。

### 6.3.2 区域水污染源调查与分析

#### 6.3.2.1 工业污染源调查与分析

通过工业污染源调查与分析，查清工业主要污染源、主要污染物的数量，以及在城镇各个水域的分布情况，确定重点工业污染源、主要污染行业和重点控制区。主要调查内容包括工业企业产品、产值、用水量、废水排放量、BOD、COD、氨氮等污染物排放量，污染治理措施，废水排放去向以及对应入河排污口等。

#### 6.3.2.2 生活污染源调查与分析

通过生活污染源调查，查清区域生活污水的排放方式和主要污染物浓度，城镇生活污水的治理现状和排放情况，主要调查内容包括区域人口，人均用水量，人均废水排放量，人均BOD、COD、氨氮等污染物排放量，污染治理措施，废水排放去向以及对应入河排污口等。

#### 6.3.2.3 农业污染源调查与分析

通过农业污染源调查，查清区域畜禽养殖、农田退水等污水的来源和排放方式，农村生活污水的治理现状和排放情况，主要调查内容包括区域土地利用，农药化肥使用强度，畜禽养殖规模和分布，BOD、COD、氨氮、总磷污染物排放量，污染治理措施，废水排放去向以及对应入河排污口等。

### 6.3.3 区域水污染预测

水环境预测的主要目的，就是预先推测经济社会发展达到某一水平时的环境状况，以便在时间和空间上做出保护环境的具体安排和部署。城镇水环境预测包括排污量预测和水环境质量预测两方面的内容。区域水体污染的控制目标应包括水质目标和水污染总量削减目标。

对于水污染控制区（单元）来说，排放的污染物总量和水体浓度之间，并不是简单的水量稀释关系，而且还包含沉降、再悬浮、吸附、解吸、光解、挥发、物化、生化等多种过程的综合效应。因此，确定水污染总量削减目标的技术关键是建立反映污染物在水体中运动变化规律及影响因素相互关系的水质模型，据此在一定的设计条件和排放条件下，建立反映污染物排放总量与水质浓度之间关系的输入响应模型。常用模型有：零维稀释混合模型、零维箱模型、一维BOD-DO耦合模型、一维水质模型、湖泊箱模型等。

本书第二章表2-4列出了部分常用预测模型。其他预测模型可参阅相关文献。

## 6.3.4 水污染控制单元

在水环境规划中,水污染控制单元是由源和水域两部分组成的可操纵实体,既可体现输入响应关系时间、空间与污染物类型的基本特征,又可以在单元内与单元间建立量化的输入-响应模型,反映源与目标间、区域与区域间的相互作用;优化决策方案可以在控制单元内得以实施;复杂的系统问题可以分解为单元问题来处理,以使整个系统的问题得到最终解决。

#### 6.3.4.1 水污染控制单元的划分

划分水污染控制单元,要根据水域使用功能的要求,同时考虑行政区划、水域特征和污染源分布特点等。划分的原则为:

① 每个单元有单独进行评价、实施不同控制路线的可能。

② 针对不同的污染物、不同的保护目标,同一地区可以有多种控制单元划分方案,以适应解决不同环境问题的需要,即对于不同的控制目标,能够有不同的控制单元与之对应。

③ 在每个控制单元内,污染物排放清单应齐全,水域水质控制断面应有常规监测资料。

④ 各控制单元之间的相互影响,应能通过污染物的输入、输出来定量表达,做到水量平衡、物质量平衡。

#### 6.3.4.2 水污染控制单元解析归类

水污染控制单元解析归类是将水污染控制单元的范围和水质、排污、控制策略等内容间接直观地表述出来,以便统计计算和规划分析。主要包括以下内容:

① 划分水污染控制单元。

② 对各单元的主要功能进行说明。

③ 水质现状与控制断面分析。

④ 污染物排放情况与主要污染源分析。

⑤ 排污量与水质预测。

⑥ 主要水环境问题诊断。

### 6.3.5 水环境容量计算和分配

水环境容量计算和分配是进行环境规划的关键环节,也是实施水污染总量控制的基础和依据。水环境容量是指在保证满足给定水质目标的前提下,某个水域所能容纳污染物的最大数量。水环境容量由稀释容量和自净容量两部分组成,水环境容量大小受到多种因素的影响,如水域形状、水文特性、环境功能要求、污染物降解性质、排污方式等。

#### 6.3.5.1 水环境容量的计算

为了客观描述水体污染物降解规律,可以采用一定的数学模型,主要有零维模型、一维模型、二维模型等。水环境容量计算一般用一维水质模型。对有重要保护意义的水环境功能区、断面水质横向变化显著的区域或有条件的地区,可采用二维水质模型计算。

(1) 河流稀释混合模型(零维模型)

$$W = S(Q_0 + q_D + q_M) - Q_0 C_0 \tag{6-11}$$

式中 $W$——水域允许纳污量,g/s;

$S$——控制断面水质标准,mg/L;

$Q_0$——上游来水设计流量,m³/s;

$q_D$——排污口污水排放量,m³/s;

$C_0$——上游来水污染物浓度,mg/L;

$q_M$——沿程河段内非点源汇入的总流量,m³/s。

(2) 一维模型

$$W = qC' = (Q+q)Ce^{kx/u} - QC_0 \quad (6-12)$$

式中 $u$——河段上河流的流速,m³/s;

$k$——综合衰减系数;

$C'$——排污口污染物浓度,mg/L;

$C$——排污口混合断面处污染物浓度,mg/L。

#### 6.3.5.2 允许排放量的分配

计算得到的水环境容量,保留一定的发展空间后,就得到允许排放量,如将计算得到的水环境容量保留20%作为将来发展需要,则其中的80%可作为允许排放量。为了设计水污染控制的规划方案,需要将允许排放量分配给各污染源。

水污染物允许排放量的分配是在多层面上进行的,从国家到区域、从流域到城市、从控制单元到污染源,其关键在于如何公平合理,因此既要考虑公平性、又要考虑效率原则。

水污染物允许排放量的分配有非数学优化分配和数学优化分配两种方法:

(1) 非数学优化分配

① 等比例分配。以现状排污量为基础,按相同削减比例,将允许排污量分配到河段和污染源。

② 排污标准加权分配。考虑各行业排污情况的差异,以《污水综合排放标准》所列的各行业污水排放标准为依据,按不同的权重分配各行业的容许排放量,同行业按等比例分配。如:污水排放标准中BOD的标准,制糖业为100mg/L;皮革业为150mg/L,皮革业排放标准高于制糖业50%,皮革业的允许排放量可高出50%。

③ 分区加权分配。考虑各区域的差异,根据各控制单元或区域的不同环境目标要求、排污现状、治理现状与技术经济条件,确定各区域的削减权重,由此确定各区的允许排放量。但区域内部仍然采用等比例分配。

④ 行政协商分配。已知目标削减量,根据环保管理人员了解的情况,和排污单位反复协商,由行政决策分配排污指标。

(2) 数学优化分配

已知目标削减量,通过各污染源削减方案的投资效益分析,按投资最小,污染物削减量最大的原则进行排污总量的数学优化分配。

目标函数:
$$\min Z = \sum_{j=1}^{n} C_j x_j \quad (6-13)$$

约束条件:
$$\sum_{j=1}^{n} A_{ij}(x_{j0} - x_j) \leqslant B_i, i=1,2,3,\cdots,m$$
$$x_j \geqslant 0$$

式中 $Z$——削减污染物排放所需总费用;

$C_j$——第$j$污染源单位污染物削减的费用;

$x_j$——第 $j$ 污染源的污染物削减量;

$A_{ij}$——第 $j$ 污染源的单位污染物排放在第 $i$ 控制断面上的响应值;

$x_{j0}$——第 $j$ 污染源的现有排放量;

$B_i$——第 $i$ 控制断面的环境目标值。

在许多情况下,采用数学方法进行最优化的条件难以具备,这时,规划方案的模拟选优就成为水污染控制系统规划的主要方法。规划方案的模拟选优与最优规划方法不同,它是先进行污水输送与处理设施规划,提出几种可供选择的规划方案,然后采用水质模型,计算各种方案中污水排放后水域控制断面的水质,找出比较好的方案。这种方法选优的结果,在很大程度上取决于规划人员的经验,因此,采用模拟选优方法时,要求尽可能多提出一些初步规划方案,以供筛选。

### 6.3.6  区域水资源保护及水污染综合整治措施

水污染控制的基本途径有两种:一是减少污染物排放负荷,环境质量不能达到功能要求的区域,实施污染物排放总量控制;二是提高或充分利用水体的自净能力,提高水环境承载力,并有效利用环境容量。而制订水资源保护措施是水环境综合整治的第一步。

#### 6.3.6.1  水资源保护

其主要的目的是通过区域水资源的可开采量、供水及耗水情况,制订水资源综合开发计划,做到计划用水、节约用水。

(1) 根据水环境功能区的划分结果,确定各功能水域的保护范围及保护要求

在水资源保护中,首先应该明确的是饮用水水源的保护问题,这是水资源保护的重点。对于区域饮用水水源的保护,主要体现在取水口的保护上。应该明确划分出保护界限,即对于水环境功能区划定的饮用水水源地设一级及二级保护区。对于设置一、二级保护区不能满足要求的区域,可增设准保护区。

上述各保护区应设有明显的标记。1989 年国家环境保护局、卫生部、建设部、水利部、地矿部联合颁发的《饮用水水源保护区污染防治管理规定》对饮用水水源的保护作了规定。

(2) 根据区域耗水量预测结果,分析水资源供需平衡情况,制订水资源综合开发计划

(3) 合理利用和保护水资源的措施

要因地制宜,从下列几方面制定措施:

① 统一管理,控制污染,防止枯竭。

② 合理利用,降低万元产值耗水量。提倡一水多用,积极推广和采用无水和少水新工艺、新技术、新设备。

③ 限制冶金、化工和食品加工等污染行业的工业用水指标,调整工业结构,努力发展纺织、服装和其他深加工的节水型企业,采取"有奖有罚"的工业用水经济手段,提高工业用水循环利用率。

④ 严格控制生活用水指标,大力提倡节约用水。

#### 6.3.6.2  制定水污染综合整治措施

水污染综合整治是指应用多种手段,采取系统分析的方法,全面控制水污染。水污染综合整治措施的内容非常丰富。

(1) 减少污染物排放负荷

① 清洁生产工艺。清洁生产定义为对生产过程和产品实施综合预防战略，以减少对人类和环境的风险。对生产过程来说，包括节约原材料和能源，淘汰有毒原材料，减少所有排放物和废物的数量和毒性；对产品来说，则要减少从原材料到产品最终处置的整个生命周期对人类健康和环境的影响。

实施清洁生产是深化我国工业污染防治工作，实现可持续发展战略的根本途径，也是水环境规划中的重要措施。

② 总量控制。总量控制就是依据某一区域的环境容量确定该区域污染物容许排放总量，再按照一定原则分配给区域内的各个污染源，同时制定出一系列政策和措施，以保证区域内污染物排放总量不超过容许排放总量。

③ 污水处理。建立污水处理厂是水环境规划方案中应考虑采用的重要措施。准确估算污水处理费用是评价污水处理设施的关键环节。

(2) 提高或充分利用水体纳污容量

① 人工复氧。人工复氧是改善河流水质的重要措施之一，它是借助安装增氧器来提高河水中的溶解氧浓度。在溶解氧浓度很低的河段使用这项措施尤为有效。人工复氧的费用可表示为增氧机功率的函数。

② 污水调节。在河流水量低的时期，用蓄污池把污水暂时蓄存起来，待河流水量高时释放，可以更合理地利用河流的自净能力来提高河流的水质。污水调节费用主要是建池费用。其缺点是占地面积大、有可能污染地下水等。国外蓄存的污水大都是经过处理的水，避免或减少了恶臭现象的发生。

③ 河流流量调控。国外对流量调控以及从外流域引水冲污的研究较早，并已应用于河流的污染控制。世界上很多河流径流量的时间分配不均，在枯水期水质恶化，而在高流量期，河流的自净能力得不到充分利用。因此，提高河流的枯水流量成为水质控制的一个重要措施。实行流量调控可利用现有的水利设施，也可新建水利工程。

### 6.3.7 水污染总量控制规划实例

**【例 6-2】** 成都国家高新技术产业开发区南区位于成都市南郊，与旧城区连为一体，面积为 47km$^2$，截至 2004 年末，高新南区总人口为 14.5 万人，全年实现国民生产总值 168 亿元。预计 2007 年国民生产总值达到 255 亿元，2010 年可达到 400 亿元。由于靠近城区，区内主要水体均受到有机污染，多为Ⅳ、Ⅴ类水。

该区域污染控制规划的目标是：通过规划的实施，用 3～5 年时间使环境污染得到基本控制，规划区环境质量达到相应标准的要求，并有所改善，为实现环境管理的"三个转变"奠定基础，初步实现环境与社会经济的协调发展。

#### 6.3.7.1 污染物排放量调查

本规划涉及的河流为龙爪堰、栏杆堰两条河流，为分析计算方便，将两条河流在规划区内的河段划分为两个控制单元。

(1) 工业污染源调查

工业污染源调查结果见表 6-6。

表 6-6　工业污染源调查及排放量表

| 工业企业名称 | 废水排放量/(t/a) | 排污去向 | 水环境功能区名称 | 污染物排放量/(kg/a) | |
|---|---|---|---|---|---|
| | | | | $COD_{Cr}$ | 氨氮 |
| 华西乳业有限责任公司 | 128000 | 龙爪堰 | 龙爪堰 | 17664 | 166 |
| 成都高新电镀厂 | 3500 | 龙爪堰 | 龙爪堰 | 500.5 | 69.3 |
| 四川嘉田制版有限公司 | 8000 | 龙爪堰 | 龙爪堰 | 1088 | 144 |
| 成都新耀华食品有限公司 | 21800 | 龙爪堰 | 龙爪堰 | 2746.8 | 413.64 |
| 成都新成食品有限公司 | 15296 | 板桥堰 | 栏杆堰 | 1651 | 183 |
| 成都住矿电子有限公司 | 181688 | 板桥堰 | 栏杆堰 | 8721 | 1998 |
| 四川海特高新技术股份有限公司 | 21675 | 污水管网 | | 9948 | 346 |
| 成都地奥制药集团 | 148600 | 污水管网 | | 67613 | 2972 |
| 成都普天电缆股份有限公司 | 390000 | 污水管网 | | 185250 | 8697 |
| 成都恩威投资(集团)有限公司 | 100000 | 污水管网 | | 41200 | 2010 |
| 成都康宁光缆有限公司 | 70000 | 污水管网 | | 31640 | 1386 |
| 成都美登高食品有限公司 | 8500 | 污水管网 | | 3383 | 168 |
| 吉泰安(四川)药业有限公司 | 8000 | 污水管网 | | 3384 | 168 |
| 成都旺旺食品有限公司 | 309700 | 污水管网 | | 131932 | 6627.5 |
| 成都三联纺织印染有限公司 | 17850 | 污水管网 | | 7318 | 339 |
| 四川华西医药发展有限公司 | 7000 | 污水管网 | | 2464 | 149 |

（2）城市生活污染源调查

各控制河段的生活污染源调查结果见表 6-7。

表 6-7　城市生活污染源调查及排放量表

| 水环境功能区名称 | 城镇人口数量/万人 | 人均综合用水量/(t/a) | 人均综合排水量/(t/a) | 生活污水平均浓度/(mg/L) | | 生活污染物排放量/(t/a) | |
|---|---|---|---|---|---|---|---|
| | | | | COD | 氨氮 | COD | 氨氮 |
| 龙爪堰 1 | 2.74 | 127.75 | 102.2 | 229 | 17.14 | 641.26 | 48.00 |
| 龙爪堰 2 | 2.32 | 127.75 | 102.2 | 229 | 17.14 | 542.97 | 40.64 |
| 栏杆堰 | 1.29 | 127.75 | 102.2 | 229 | 17.14 | 301.91 | 22.60 |

（3）农村生活污染源调查

农村生活污染源调查结果见表 6-8。

表 6-8　农村生活污染源调查及排放量表

| 村庄名称 | 水环境功能区名称 | 生活污水平均浓度/(mg/L) | | 污染物排放量/(t/a) | |
|---|---|---|---|---|---|
| | | COD | 氨氮 | COD | 氨氮 |
| 新兴村 | 龙爪堰 | 330 | 33 | 33.20 | 5.69 |
| 丰收村 | 龙爪堰 | 330 | 33 | 89.47 | 15.33 |
| 仁和村 | 龙爪堰 | 330 | 33 | 17.81 | 3.06 |

续表

| 村庄名称 | 水环境功能区名称 | 生活污水平均浓度/(mg/L) | | 污染物排放量/(t/a) | |
|---|---|---|---|---|---|
| | | COD | 氨氮 | COD | 氨氮 |
| 清和村 | 龙爪堰 | 330 | 33 | 74.10 | 12.70 |
| 灯塔村 | 龙爪堰 | 330 | 33 | 115.41 | 19.75 |
| 铜牌村 | 龙爪堰 | 330 | 33 | 17.89 | 3.07 |
| 殷家村 | 栏杆堰 | 330 | 33 | 64.23 | 10.99 |
| 庆云村 | 栏杆堰 | 330 | 33 | 74.14 | 12.71 |
| 三元村 | 栏杆堰 | 330 | 33 | 18.10 | 3.09 |
| 石桥村 | 栏杆堰 | 330 | 33 | 74.66 | 12.76 |
| 双河村 | 栏杆堰 | 330 | 33 | 67.95 | 11.72 |
| 大元村 | 栏杆堰 | 330 | 33 | 4.82 | 0.85 |

#### 6.3.7.2 地表水环境容量计算

入境水质达到标准要求时，高新区水污染物允许排放量计算结果见表6-9。

表6-9 控制单元允许排放量　　　　　　　　　　　　　　　　　　单位：t/a

| 控制单元 | 枯水期 | | 平水期 | | 丰水期 | |
|---|---|---|---|---|---|---|
| | $COD_{Cr}$ | 氨氮 | $COD_{Cr}$ | 氨氮 | $COD_{Cr}$ | 氨氮 |
| 龙爪堰 | 186 | 8 | 239 | 9 | 366 | 12 |
| 栏杆堰 | 145 | 4 | 206 | 6 | 319 | 8 |
| 合计 | 331 | 12 | 445 | 15 | 685 | 20 |

#### 6.3.7.3 各类污染物削减计划

根据成都高新区规划，到2007年全部取消规模化畜禽养殖和散养，农村面源的污染继续减少；全部工业污水和80%的城镇生活污水能够进入城市管网，进入污水处理厂进行处理。为此，确定各控制单元的近期削减量见表6-10。

表6-10 2007年成都高新区入河污染物削减量　　　　　　　　　　　单位：t/a

| 控制单元 | $COD_{Cr}$ | | | 氨氮 | | |
|---|---|---|---|---|---|---|
| | 允许排放量 | 排放量 | 削减量 | 允许排放量 | 排放量 | 削减量 |
| 龙爪堰 | 186 | 372 | 186 | 8 | 34.8 | 26.8 |
| 栏杆堰 | 145 | 94.8 | −50.2 | 4 | 8.9 | 4.9 |

2010年各控制单元的削减量见表6-11。

表6-11 2010年成都高新区入河污染物削减量　　　　　　　　　　　单位：t/a

| 控制单元 | $COD_{Cr}$ | | | 氨氮 | | |
|---|---|---|---|---|---|---|
| | 允许排放量 | 排放量 | 削减量 | 允许排放量 | 排放量 | 削减量 |
| 龙爪堰 | 186 | 0 | −186 | 8 | 0 | −8 |
| 栏杆堰 | 145 | 0 | −145 | 4 | 0 | −4 |

由以上分析可见，要使高新区各控制单元的水环境质量达到功能区标准，必须从提高生活污水收集及污水处理厂建设、产业转型升级、企业污染防治、河道整治等方面采取综合整治措施。

## 6.4 固体废物管理规划

区域固体废物规划应在分析区域固体废物排放现状的基础上，综合分析其环境影响，预测固体废物污染趋势，根据区域经济发展承受能力和固体废物处理处置技术，确定综合整治规划目标，制定具体处理处置规划方案。

### 6.4.1 固体废物管理规划的内容

#### 6.4.1.1 现状调查及评价

① 环境背景数据调查分析。
② 社会经济数据调查分析。
③ 固体废物来源、数量调查分析。
④ 固体废物处置现状数据调查。
⑤ 区域生活垃圾的收集情况调查。

根据区域固体废物的产生、收集、运输、贮存、处理、处置、利用等环节，就其性质、数量、污染对周围大气、水体、土壤、植被以及人体的危害方面给出定性定量的现状和趋势分析，筛选出主要污染源和主要污染物。

#### 6.4.1.2 确定规划目标

根据总量控制原则，结合本区域特点以及经济承受能力，确定有关综合利用和处置的数量与程度的总体目标，并按照行业和污染源单位的具体情况进行合理分配，将总目标分解到行业和企业。

#### 6.4.1.3 固体废物预测

（1）固体废物量预测

区域固体废物主要包括工业固体废物、危险废物和区域生活垃圾（区域垃圾），所以固体废物量预测主要针对这三类固体废物进行。

（2）固体废物特性分析

区域固体废物特性包括物理、化学、生物学的特性及毒性等。

物理特性主要包括下列性质：物理组成、粒度、含水率、堆积密度、可压缩性、压实渗透性。

化学特性包括：挥发分、灰分、固定碳、灰分熔点、灼烧损失量、元素组成、热值、闪点、燃点与植物养分组成。

生物学特性包含其物质组成和细菌含量两个主要的方面。前者决定了废物可被生物利用部分的比例，是相关利用与处理技术的关键。后者是对废物卫生安全性的描述，可用于判断垃圾进入各种环境后可能造成的危害程度，毒性包括可燃易爆性、反应性、腐蚀性和生物毒性和传染性等。

#### 6.4.1.4 拟订规划方案，确定基本治理途径

根据全过程管理减量化、资源化、无害化的优先顺序，以及各区域的固体废物产生与排

放特点，按照工业固体废物和区域垃圾分类分析，筛选出各类固体废物的基本治理途径。

(1) 管理对策

实行"减量化、资源化、无害化"固体废物管理政策，首先是要控制其源头产生量，如逐步改革区域燃料结构，实行净菜进城，控制工厂原材的消耗定额，实行垃圾分类回收等。其次是开展综合利用，把固体废物作为资源和能源来对待，让垃圾再度回到物质循环圈内，尽量建设一个资源的闭合循环系统。

(2) 固体废物收集回收

工业固体废物的处理原则是"谁污染，谁治理"。一般产生废物较多的工厂在厂内外都建有自己的堆场，收集、运输工作由工厂负责。区域生活垃圾包括居民生活废弃物、商业垃圾、建筑垃圾、粪便及污水处理厂的污泥等，它们的收集工作应该分类进行。

危险废物系指《国家危险废物名录》规定的固体废物。产生危险废物的单位必须向所在地县级以上地方人民政府生态环境行政管理部门申报，必须按国家有关规定处理危险废物，不得擅自倾倒、堆放和运输。危险废物的运输、贮存和处置应由领取经营许可证资质的单位统一处理。

(3) 处理与最终处置

最终处置场的选址、备选方案的选择，要从运输运转、环境影响、适宜性、成本等方面综合考虑。除了要考虑地质、水文、气象条件和环境影响外，还应结合收集路线的设计进行综合考虑，以达到既能满足防止污染的要求，又经济合理，节约运输成本的目的。

对危险废物应单独列出，并针对具体特性制定处理、处置方案。

#### 6.4.1.5 综合整治规划方案的制定与决策

固体废物如不进行处理与处置，将在土地使用面积、土壤土质、生态经济、供水水源与灌溉水、人群健康等诸方面造成经济损失。如果进行处理与处置，尽管直接获益不高，但减少了社会的经济损失，也就是间接取得了经济效益。综合整治规划方案评价的重要方法就是费用-效益分析。根据各类固体废物的基本治理途径，将规划期固体废物产生量、综合利用量、处置量进行分解，并估算所需投资和效益。一般可以设计3~4个备选方案，从中选出费用最小方案。

### 6.4.2 固体废物污染现状及其发展趋势分析

#### 6.4.2.1 区域固体废物分类

区域固体废物是指在区域日常生活中所产生的固体废物，以及法律、行政法规规定视为区域生活垃圾的固体废物。发达国家的区域居民粪便全部通过下水道输送到污水处理厂处理，因此发达国家的区域固体废物不包括区域居民粪便。在我国，由于部分区域下水道系统不完善和区域污水处理设施少，居民的粪便需要收集、清运，它也是区域生活垃圾的重要组成部分。按来源，区域垃圾可分为家庭垃圾、食品垃圾、零散垃圾、市场垃圾、街道扫集物、医院垃圾和建筑垃圾等类型。

#### 6.4.2.2 区域固体废物现状调查

以工业固体废物现状调查为例，主要步骤为：从原辅材料消耗，产生工业废物的工艺流程和物料平衡分析，工艺过程分析，固体废物的产生、运输、贮存、处理等主要环节入手，就各类区域固体废物的性质、数量以及对周围环境中大气、水体、土壤、植被以及人体的危害进行全面、深入地分析调查以筛选出主要的污染源和主要污染物。

#### 6.4.2.3 区域固体废物的预测分析

在区域固体废物的预测分析中，对区域生活固体废物主要采取按人口预测的方法，对工业固体废物主要采取按行业划分产值或产量法。在此基础上预测区域固体废物发展趋势，并应特别注意区域固体废物的可积累性，尤其是工业固体废物。常用模型参见本书第2章表2-5。

### 6.4.3 确定规划目标

根据总量控制原则，结合本区域特点以及经济承受能力确定有关综合利用和处理、处置的数量与程度的总体目标。在此基础之上根据不同时间不同类型的预测量与区域固体废物环境规划总目标，可以获得区域生活垃圾及工业固体废物在不同时间的削减量。区域生活垃圾的清运、处理处置及综合利用问题作为区域环卫系统目标。对于区域工业固体废物，首先要将削减量分配到各行各业，即确定各行各业的固体废物控制分目标。在此分目标确定过程中需要考虑下列因素：

① 行业性质不同，固体废物种类及数量差别很大，无法在各行业中推行同一控制目标。
② 固体废物污染现状不同的行业也不可能采取同一控制分目标，重点放在整治污染严重的行业。
③ 考虑固体废物削减技术的可行性。
④ 确定各行各业固体废物削减量时，在保证总体目标实现的前提下，要在投资、运行费用、经济效益及环境效益等方面整体优化。

### 6.4.4 固体废物管理规划的方法

#### 6.4.4.1 固体废物管理规划编制依据

近年来，我国颁布了一系列固体废物管理的法规、标准及技术政策，这是编制区域固体废物管理规划的基本依据。包括2019年修订的《固体废物污染环境防治法》、《生活垃圾填埋场污染控制标准》（GB 16889—2008）、《生活垃圾焚烧污染控制标准》（GB 18485—2014）、2011年修订的《医疗废物管理条例》（2003）、《危险废物污染防治技术政策》（2001）、2013年修改的《危险废物填埋污染控制标准》（GB 18598—2001）等。

#### 6.4.4.2 固体废物规划分析方法

固体废物规划可能采用一些模型，做深入评估与方案筛选等工作，常用的模型如固体废物管理技术经济评估模型、固体废物产生排放预测模型、固体废物处置场地选址及交通运输网络设计模型、固体废物处理量优化分配模型。模型分成预测模型、评估模型、运筹学优化模型等类型。

固体废物对环境的影响是多方面的，对这类预测问题，一般是进行某种模拟试验，根据试验来建立预测模型，再进行相应环境问题的预测。常用的一般方法可采用大气、水影响预测模型，以及因果关系分析法等。

#### 6.4.4.3 固体废物处置选址方法

(1) 填埋场与区域的距离

生活垃圾填埋场通过多种途径对区域造成影响，因此，离区域距离较远为好。应设在当地夏季主导风向的下风向，在人畜居栖点500m以外。并特别注意不得建于以下地区：①自然保护区、风景名胜区、生活饮用水水源地和其他需要特别保护的区域；②居民密集居住区；③直接与航道相通的地区；④地下水补给区、洪泛区、淤泥区；⑤活动的坍塌地带、断裂带、地下蕴矿带、石灰坑及溶岩洞区。

(2) 交通运输条件

交通运输条件一般由两个因素组成：运输距离及可能采用的运输方式（水路运输、公路运输或铁路运输）。当然，运输距离越近越便利。一般要求距离公路、铁路和河流不超过500m。

(3) 环境保护条件

一般要求场地面积及容量能保证使用15~20年，在成本上才合算；对地表水造成污染或污染的可能性很小，一般要求与任何地表水的距离大于100m；垃圾的渗出液不排入土地或农田，最好不要堆放在河流岸边；尽可能地利用废弃土地或使用便宜的土地或荒地；要远离机场，要求距离大于10km。

(4) 场地建设条件

地形越平坦越好，其坡度应有利于填埋场和其他配套建筑设施的布置，不宜选择在地形坡度起伏变化大的地方和低洼汇水处；原则上，地形的自然坡度不应大于5%。

(5) 地质环境条件

场址应选在渗透性弱的松散岩层或坚硬岩层的基础上，填埋场防渗层的渗透系数 $K \leqslant 10^{-7} \mathrm{cm/s}$，并具有一定厚度；地下水位埋深大于2m；隔水层黏土厚度越大越好，一般要求大于6m；与供水井的距离至少大于300m，远离水源地500m以上。

## 6.4.5 区域固体废物综合整治措施

目前，我国固体废物的产生量、堆存量增长很快，固体废物的污染已成为许多区域环境污染的主要因素。国外许多发达国家在控制住大气污染和水污染后，开始把重点转向固体废物污染的防治。可以相信，我国固体废物的综合整治在今后一段时间内将会越来越重要，而确定固体废物综合整治规划将成为控制和解决固体废物污染的首要手段。

6.4.5.1 一般工业固体废物的处理处置与利用

(1) 处理处置率和利用量的计算

根据一般工业固体废物的处理处置率和综合利用率目标及一般工业固体废物的预测产生量，计算全市各行业一般工业固体废物的处理处置量和综合利用量。处理处置量和综合利用量的计算公式为：

$$\begin{cases} T_i = Q_i A_i \\ U_i = Q_i B_i \end{cases} \tag{6-14}$$

式中 $T_i$——i 种工业固体废物的处理处置量；

$Q_i$——i 种工业固体废物的预测产生量；

$A_i$——i 种工业固体废物的处理处置率；

$U_i$——i 种工业固体废物的综合利用量；

$B_i$——i 种工业固体废物的综合利用率。

以上应根据行业特点，按行业分别计算固体废物的处理处置率和综合利用率。在用总目标反推各行各业各类工业固体废物的处理处置率和综合利用率时，应考虑下列因素：

① 行业特点。由于行业的性质不同，固体废物的产生种类和数量差别很大，如一般重工业固体废物产量大，而轻纺工业固体废物产量小，因此，各行业不可能推行同一控制目标。

② 固体废物污染现状。在确定固体废物污染现状时，要明确两个问题。一是某行业固体废物产生量对全市总产生量的贡献大小；二是某一种固体废物产生量对全市固体废物产生量的贡献大小。弄清了现状就能明确问题所在，以便确定全市固体废物综合整治的重点行业和重点污染物，这样才能确定各行业、各种固体废物的控制分目标。

③ 处理处置和综合利用技术可行性。确定各行业各污染物的处理处置和综合利用分目标时，要充分考虑该行业处理处置和综合利用技术的可行性，对技术成熟的行业，可确定较高的目标，对于技术不太成熟的行业，目标可低一些。

④ 整体优化。在建立各行业、各种固体废物处理处置和综合利用目标时，要在建立处理处置、综合利用效果与投资、运行费用的函数关系基础上，在保证目标实现的前提下，整体优化。

(2) 将处理处置量和综合利用量分配到具体污染源

在确定全市及各行业一般工业固体废物的处理处置量和综合利用量后，要将指标落实到具体污染源。处理处置量和综合利用量在各污染源的分配办法与大气及水体污染综合整治中污染物削减量的分配办法基本相同。

(3) 制定一般工业固体废物的处理处置及综合利用措施

由于固体废物的成分复杂，产生量大、处理难，一般处理处置方法的投资很大，所以固体废物综合整治的重点就是综合利用，就是发展企业间的横向联系，促进固体废物重新进入生产循环系统。例如煤矸石可以作为生产硅酸盐水泥的原料（俗称矸石水泥），在工业上，也可替代部分煤使用。又如粉煤灰也可作为水泥生产的原料，目前已被广泛应用。此外，粉煤灰还可经加工经营制铸石产品和渣棉等。

总之，工业固体废物的综合利用前景是广阔的，固体废物综合整治规划应把重点放在综合利用上。对凡有条件综合利用的，要尽量综合利用；对目前没有条件综合利用的，要处理处置、安全存放，待条件成熟时再作为原料重新利用。

#### 6.4.5.2 有毒有害固体废物的处理与处置

有毒有害固体废物指生产和生活过程中所排放的有毒的、易燃的、有腐蚀性的、有传染性的、有化学反应性的固体废物。主要采取下列措施处理。

(1) 处理方法

① 焚化法。废渣中有害物质的毒性如果是由物质的分子结构，而不是由所含元素造成的，这种废渣，一般可采用焚化法分解其分子结构。如有机物经焚化转化为二氧化碳、水、灰分，以及少量含硫、氮、磷和卤素的化合物等。这种方法效果好，占地少，对环境影响小；但是设备和操作较为复杂，费用大，还必须处理剩余的有害灰分。

② 化学处理法。应用最普遍的是：

a. 酸碱中和法。为了避免过量，可采用弱酸或弱碱就地中和。

b. 氧化和还原处理法。如处理氰化物和铬酸盐应分别采用强氧化剂和强还原剂，通常要有一个避免过量的运转反应池。

c. 沉淀处理法。利用沉淀作用，形成溶解度低的水合氧化物和硫化物等，降低毒性。

d. 化学固定法。此种方法通常能使有害物质形成溶解度较低的物质。固定剂有水泥、沥青、硅酸盐、离子交换树脂、土壤黏合剂、脲醛以及硫黄泡沫材料等。

③生物处理法。对各种有机物常采用生物降解法，包括：活性炭污泥法、滤池法、氧化塘法和土地处理法等。

（2）安全存放

安全存放主要是采用掩埋法。

掩埋有害废物，必须做到安全填埋。预先进行地质和水文调查，选定合适的场地，保证不发生滤沥、渗漏等现象，确保这些废物或淋溶流体不排入地下水或地面水体，也不会污染空气。对被处理的有害废弃物的数量、种类、存放位置等均应做出记录，避免引起各种成分间的化学反应。对渗滤液要进行监测。对水溶性物质的填埋，要铺设沥青、塑料等，以防底层渗漏。安全填埋的场地最好选在干旱或半干旱地区。

（3）加强管理

应根据国家对有毒有害固体废物管理的有关规定，制定实施细则。

#### 6.4.5.3　区域垃圾的处理与利用

① 根据目标要求，计算区域垃圾的处理量与利用量。

根据区域垃圾的预测量 $Q$，区域垃圾的处理率 $R_T$ 和利用率 $T_U$，可分别计算得出区域垃圾的处理量 $T$ 和利用量 $U$，即：

$$T = QR_T \tag{6-15}$$

$$U = QT_U \tag{6-16}$$

② 根据处理量和利用量，会同区域环境卫生部门落实区域垃圾处理利用措施。

## 6.5　噪声污染控制规划

噪声污染是我国四大公害之一。尤其是近几年随着区域规模的发展，交通运输事业和娱乐业的发展，区域噪声污染程度迅速上升，已成为我国环境污染的重要组成部分之一。据不完全统计，我国区域交通噪声的等效声级超过 70dB（A）的路段达 70%，区域环境噪声也很严重，有 60% 的面积超过 55dB。区域工业噪声和建筑施工噪声污染也呈上升趋势，由此而引起的环境纠纷不断发生。因此，我国噪声污染，尤其是区域噪声污染综合整治所面临的形势是十分严峻的。

区域噪声污染控制规划是在区域声环境质量和噪声污染现状与发展趋势分析的基础上，根据区域声环境功能区划，提出声环境规划目标及实现目标所采取的综合整治措施。包括区域噪声控制功能区划、噪声污染现状评价、噪声污染来源分析和产生预测以及噪声污染控制方案等四部分。

### 6.5.1　区域噪声污染控制规划的内容

#### 6.5.1.1　区域噪声污染现状与趋势分析

① 交通噪声污染现状与趋势分析。根据交通噪声污染历年变化规律，区域总体规划和交通规划变化趋势，分析交通噪声污染趋势。

② 环境噪声污染现状与趋势分析。根据环境噪声污染历年变化规律，区域总体规划，预测区域噪声源结构及强度的变化趋势。

#### 6.5.1.2 区域噪声综合整治规划

区域噪声来源主要可分为交通噪声、工业噪声和社会生活噪声。

① 交通噪声综合整治。针对区域布局和道路建设规划，从减少交通噪声的角度，针对公路路网结构和布局、铁路建设和场站布局、机场和港口布局，提出改进建议和改造方案，加强流动噪声源的管理，分期分批淘汰超标的交通工具。

② 工业噪声综合整治。对重点工业噪声源，采用治理与关、停、并、转、迁相结合的综合整治方案，在居民区中的建筑施工工地，规定使用低噪声设备，规定超标机械使用时间。

③ 社会生活噪声综合整治。对文化娱乐和集贸市场的布局、范围、开放程度提出相应指导建议，加强管理。

### 6.5.2 区域噪声现状监测与评价

#### 6.5.2.1 环境噪声污染现状与趋势分析

噪声监测根据《声环境功能区划分技术规范》(GB/T 15190—2014) 中各类噪声标准的适用区域划分原则，并结合城镇范围的具体情况优化选取能代表某一区域环境噪声平均水平的测点（如道路边、镇中心、居住区、厂区）等进行监测。测定项目为连续等效 A 声级。

分析统计监测数据，并对照《声环境质量标准》(GB 3096—2008) 中相应的功能区标准，做出污染状况评价。

根据环境噪声污染历年变化规律，根据区域总体规划、区域规划及经济建设的发展，预测区域噪声源结构及强度的变化趋势。

#### 6.5.2.2 交通噪声污染现状与趋势分析

根据交通噪声历年变化规律、区域总体规划和交通规划，在预测交通运输工具变化趋势基础上分析交通噪声污染趋势。

### 6.5.3 噪声污染预测

噪声污染预测主要有两方面的内容：一是交通噪声预测，二是环境噪声预测。

#### 6.5.3.1 交通噪声预测

常用的交通噪声预测方法，一是多元回归预测，即根据车流量、道路宽度、本底噪声值与交通噪声等效声级之间的关系，建立多元回归预测模型。二是灰色预测方法，即根据历年噪声等效声级值，通过原始数据生成处理，建立灰色预测模型。此外还可采用随车流量预测方法。

#### 6.5.3.2 环境噪声预测

区域环境噪声受工业噪声、交通噪声影响，并与人口密度呈一定的相关关系，人口每增加 1 倍，昼夜等效声级将提高 3dB（A）。预测采用点声源自由场衰减模式，仅考虑距离衰减值，忽略大气吸收、障碍物屏障等因素，其噪声预测公式为：

$$L_2 = L_1 - 10\lg\left(\frac{r_2}{r_1}\right)^2 \tag{6-17}$$

式中，$L_1$、$L_2$ 分别表示与点声源相距 $r_1$、$r_2$ 处的声级，$r_1$、$r_2$ 表示与点声源的距离。由上式预测每个噪声源在评价点的贡献值，再将所有声源在该点的贡献值用对数法叠加，得出噪声声源对该点噪声的贡献值，贡献值与本底值叠加，即得出影响预测值。

### 6.5.4 噪声控制规划方案

#### 6.5.4.1 明确噪声控制规划目标

确定噪声控制规划目标，首先要考虑区域居民生活发展的基本要求、国家和地方对环境质量目标的控制要求，还要考虑区域经济的发展水平，再根据区域噪声现状、主要环境影响的预测分析，结合区域综合整治定量考核标准，确定中长期噪声控制目标。

#### 6.5.4.2 划分声环境功能区

根据《声环境质量标准》（GB 3096—2008）中适用区域的定义，结合城镇建设的特点来划分环境噪声功能区。

#### 6.5.4.3 制订噪声控制规划方案

根据噪声功能区划执行相应的国家标准，进行噪声控制，建立噪声达标区。控制混杂在居民区中的中小企业噪声。对严重扰民的噪声源分别采用隔声、吸声、减振、消声等技术治理，无法治理的应转产或搬迁；企业内部要合理调整布局（如把噪声大、离居民区近的噪声源迁至厂区适当位置），以减小对居民的干扰；企业与居民区之间应建立噪声隔离区、设置绿化带，以达到减噪、防噪的目的。

### 6.5.5 区域噪声污染综合整治措施

#### 6.5.5.1 区域环境噪声综合整治

（1）计算区域环境噪声降低值，制定区域环境噪声控制措施

根据区域声功能区划结果、各功能区环境噪声控制目标以及噪声预测结果，确定各功能区环境噪声降低值。

（2）判定噪声控制小区建设计划，逐步扩大噪声控制小区覆盖率

① 确定区域噪声控制小区的原则。根据控制噪声，保障居民身体健康和正常休息的原则，噪声控制小区应优先选择区域的居民区、混合区。对于以下几种情况分别考虑：

a. 对人口密度过低、工业生产点与住宅民房犬牙交错现象严重、治理难度很大的街道、混合区，暂时不宜选做控制小区。

b. 对人口密度适中、开发建设基本定型的工商业与居民住宅混合区，治理有难度，但经过强化管理基本上可以达到要求的地区，根据噪声控制小区目标要求，可作为备选区域。

c. 对人口密度高、主要以居住为主的区域，应优先考虑建设噪声控制小区。

② 噪声控制小区的确定。依据上述原则，并结合噪声控制小区建设的投资，确定控制小区建设的先后顺序。

③ 根据噪声控制小区目标要求，确定规划小区建设项目。

（3）规定工厂和建筑工地与其他区域的边界噪声值，超标的要限期治理

① 对混杂在居民区的工厂，分以下几种情况：

a. 对严重扰民的噪声源，必须治理。可分别采用隔声、吸声、减振、消声等技术，无法治理的要转产或搬迁。

b. 厂内可以通过合理调整布局解决噪声问题。如噪声大、离居民区很近的噪声源，可迁至厂区适当位置，减少对居民区的干扰。

c. 工厂与居民区之间应留有一定的间隔，应用间隔的绿化带来防噪。工厂与居民点防噪距离的关系可以参考表 6-12。

表 6-12 工厂与居民点防噪距离限值

| 序号 | 声源点的噪声级/dB(A) | 距居民点距离/m |
| --- | --- | --- |
| 1 | 100～110 | 300～500 |
| 2 | 90～100 | 150～300 |
| 3 | 80～90 | 50～150 |
| 4 | 70～80 | 30～100 |
| 5 | 60～70 | 20～50 |

② 对混杂在工业区的居民区，从长远规划考虑，应限制工业区中的居民区的发展，并应制订计划，逐步将居民迁出工业区。

短期内，必须在居民区四周设置绿化隔离林带，根据噪声防治的要求，选择绿化树种、绿化带宽度。

#### 6.5.5.2 交通噪声综合整治

(1) 计算主要交通干线噪声降低值

根据主要交通干线交通噪声的预测结果和主要交通干线交通噪声控制目标值，计算交通噪声降低值。

(2) 根据交通噪声降低值，制定交通噪声综合整治措施

交通噪声综合整治措施应该由环保局会同区域规划部门、房屋开发部门、公安局交通大队、车辆管理所、区域园林部门共同制定，所确定的措施应明确对噪声控制目标的作用大小和措施所需的资金，在优化的基础上进行决策。

# 复习思考题

1. 简述区域环境规划的程序和内容。
2. 环境规划的环境调查评价有哪些方法和内容？
3. 怎样进行大气污染物总量控制规划的编制？
4. 水环境规划的基本方法有哪些？
5. 试述固体废物管理规划的技术路线。
6. 怎样制定噪声控制规划方案？
7. 根据教材【例 6-1】计算得到的调整 $P$ 值，计算该 $SO_2$ 总量控制区点源削减量及分配情况（按烟囱高度分配）。
8. 某河流属于郊区河道，水污染控制河段长 5km，多年平均流量 1.24m$^3$/s，水环境功能区为三类（执行《水环境质量标准》COD 20.0mg/L，氨氮 1.0mg/L，总磷 0.2mg/L）。经监测上断面 COD 14.0mg/L，氨氮 0.5mg/L，总磷 0.3mg/L。污染调查表明，该河段生活污水排放量 2300t/d（其中 COD、氨氮、总磷排放量分别为 805kg/d、41.4kg/d、13.6kg/d），农业面源排污量 100t/d（其中 COD、氨氮、总磷排放量分别为 648kg/d、56.3kg/d、20.4kg/d）。

(1) 使用完全混合模式计算该河段水环境容量。
(2) 为保证下控制断面达标，是否需要对污染物进行削减？
(3) 提出削减量分配方案。

# 第 7 章  生态规划

## 7.1 生态规划的概念和内容

生态文明建设是新时期的时代主题，生态环境的建设和保护必须以生态规划的编制和实施为基础。生态规划有广义和狭义之分，广义生态规划的着眼点是大流域内生态要素的综合平衡规划，是长期指导国民经济建设的重要依据，它可以大到一个国家，甚至人类生存的整个地球，即生物圈；狭义生态规划又称城市（区域）生态规划，它是以城市生态学的理论为指导，以实现城市生态系统的动态平衡为目的，调控人与环境的关系，为城市居民创造舒适、优美、清洁、安全的环境。

### 7.1.1 生态规划的概念

生态规划（ecological planning）作为一种学术思想有着较为悠久的历史，其产生可以追溯到 19 世纪末。G. Marsh 于 1864 年首先提出合理地规划人类活动，使之与自然协调而不是破坏自然。J. Powell（1879）强调应制定一种土地与水资源利用的政策，因地制宜地利用土地，实行新的管理机制和新的生活方式。P. Geddes（1915）在《进化中的城市》一书中进一步强调应把规划建立在研究客观现实的基础上。他在规划过程中，充分认识自然环境条件，根据地域自然环境的潜力与制约因素来制订规划方案。这些著作开创了生态规划的新思想，标志着生态规划的产生和形成（欧阳志云，王如松，1995）。

19 世纪末 20 世纪初，生态规划得到了迅速发展。Howard（1898）的"田园城市运动"、美国芝加哥人类生态学派及美国区域规划协会的工作都蕴含生态规划的哲理，并对后来美国宾夕法尼亚大学 I. L. McHarg 等人的工作产生了深刻的影响。McHarg 指出："生态规划是在没有任何有害的情况或多数无害条件下，对土地的某种可能用途进行的规划。"联合国人与生物圈计划（MAB，1984）第 57 集报告中指出："生态城（乡）规划就是要从自然生态和社会心理两方面去创造一种能充分融合技术和自然的人类活动的最优环境，诱发人的创造精神和生产力，提供高的物质和文化生活水平。"我国学者刘天齐等（1990）也认为，生态规划的概念是指生态学的土地利用规划。王如松等（1987，1993）强调生态规划不能仅限于生态学的土地利用规划，它是城乡生态评价、生态规划和生态建设三大组成部分之一。

生态规划不同于传统的环境规划和经济规划，它是联系城市总体规划、环境规划及社会经济规划的桥梁，其科学内涵强调规划的能动性、协调性、整体性和层次性。由于生态规划的复杂性，目前对生态规划还没有统一的认识。生态环境规划是实现生态系统动态平衡、调控人与环境关系的一种规划。根据《环境科学词典》，生态规划是在自然综合体的天然平衡情况下不做重大变化、自然环境不遭受破坏和一个部门的经济活动不给另一个部门造成损害的情况下，应用生态学原理计算安排天然资源的利用及组织地域的利用。

生态规划是各类规划的基础和依据，其对象是社会-经济-自然的复合生态系统，生态规划关注的重点内容主要包括以下几个方面：

① 根据生态适宜度，制定区域经济战略方针，确定相宜的产业结构，进行合理布局，以避免因土地利用不适宜和布局不合理而造成的生态环境问题。

② 根据土地承载力或环境容量的评价结果，搞好区域生态区划、人口适宜容量、环境污染防治规划和资源利用规划等；提供不同功能区的产业布局、人口密度、建筑密度、容积率大小和基础设施密度方案。

③ 根据区域气候特点和人类生存对环境质量的要求，搞好森林资源保护与建设、林业生态工程、城乡园林绿化、水域生态保护工程等的规划设计，提出各类生态功能区内森林与绿地面积、群落结构和类型的方案。

④ 根据生态经济学及地理经济学的基本原理，研究区域社会、地域分工特点，进行区域空间的生态分区，并揭示各分区经济专业发展方向和生态特征。

## 7.1.2 生态规划的目标

生态规划是运用系统分析手段、生态经济学知识和各种社会、自然信息与经验，规划、调节和改造城市各种复杂的系统关系，在区域和城市现有的各种有利和不利条件下为寻找扩大效益、减少风险的可行性对策所进行的规划。

生态规划作为人类与自然关系调控的手段，其根本目标是通过各组分之间的生态关系的协调达到城市中人类与自然的和谐共生，解决人类的生存与持续发展问题，追求社会的文明、经济的高效和生态环境的和谐。生态规划的具体目标包括如下几个方面：

① 实现人类与自然环境的和谐共处。使人口的增长与社会经济和自然环境相适应，抑制过猛的人口增长，减轻环境负荷；使土地利用与区域环境条件相适应，并符合生态法则；使人工化环境结构内部比例更加协调。

② 实现城市与区域发展的同步化。城市发展离不开一定的区域背景，城市的活动有赖于区域的支持。因此，城市生态规划调节城市生态系统的活性，增强其在区域环境中的稳定性，使城市人工环境与区域自然环境更加和谐。

③ 实现城市经济、社会、生态的可持续发展。城市生态规划的目的不仅仅是为城市居民提供良好的生活、工作环境，还要使城市的经济、社会在环境承载力允许的范围内，在人类生存不受威胁的前提下不断发展；城市经济、社会的发展又为城市生态系统质量的提高提供动力，促进城市整体意义上的可持续发展。

## 7.1.3 生态规划的原则

生态规划应以"可持续发展"理论为指导，强调在城市发展过程中合理利用资源，维护好人类生存环境，既要考虑当代人的福祉，又要为后代留下发展的空间。在规划中需要贯彻以下原则：

（1）整体优化原则

城市生态规划坚持整体优化的原则，从生态系统原理和方法出发，强调生态规划的整体性和综合性。规划的目标不只是城市结构组分的局部最优，而且要追求城市生态环境、社会、经济的整体最佳效益。城市中各种单项规划都要考虑它的全面影响和综合效益，各类人工建筑物都不能仅考虑建筑物本身的华美，而应顾及建筑物可能造成的对生态与环境的干扰和破坏。城市生态规划还需与城市和区域总体规划目标相协调。

(2) 协调共生原则

在城市生态规划中必须遵循协调共生的原则。协调是指要保持城市与区域、部门与子系统各层次、各要素，以及周围环境之间相互关系的协调、有序和动态平衡。共生是指不同的子系统合作共存、互惠互利的现象，其结果是所有共生者都大大节约了原材料、能量和运输量，系统获得了多重效益。不同产业和部门之间的互惠互利、合作共存是搞好产业结构调整和生产力合理布局的重要依据。部门之间联系的多寡和强弱、部门的多样性是衡量城市共生强弱的重要标志。

(3) 功能高效原则

城市生态规划的目的是将人类居住的城市建设成为一个功能高效的生态系统，使其内部的物质代谢、能量流动和信息传递形成一个环环相扣的网络，物质和能量得到多层分级利用，废物循环再生，系统的功能、结构充分协调，系统能量的损失最小，物质利用率、经济效益最高。

(4) 趋适开拓原则

城市生态规划坚持趋适开拓原则，以环境容量、自然资源承载能力和生态适宜度为依据，积极寻求最佳的区域或城市生态位，不断地开拓和占领空余生态位，以充分发挥生态系统的潜力，强化人为调控未来生态变化趋势的能力，改善区域和城市生态环境质量，促进城市生态建设。

(5) 生态平衡原则

城市生态规划遵循生态平衡的理论，重视搞好水资源和土地资源、大气环境、人口容量、经济发展水平、园林绿地系统等各要素的综合平衡，合理规划城市人口、资源和环境，合理安排产业结构和布局、城市园林绿地系统的结构与布局，以及城市生态功能分区，努力创造一个稳定的、可持续发展的城市生态系统。

(6) 保护多样性原则

在城市生态规划中贯彻生物多样性保护原则，因为城市中的物种、群落、生境和人类文化的多样性影响着城市的结构、功能以及它的可持续发展。在制订城市生态规划时应避免一切可以避免的对自然系统和景观的破坏，尽量减少使用水泥、沥青地面；保护城市中的动植物区系，为自然保护区预留足够的土地，以及保留大的尚未分割的开敞空间；对特殊的生境条件都应加以保护，因为这些生境条件一旦消失，物种就会减少。对城市景观中的各种典型成分也应加以保护，物种和群落多样性保护是通过对不同土地利用类型的保护而实现的，此外还要保护城市中人类文化的多样性，保存历史文化的延续性。

(7) 区域分异原则

城市生态规划坚持区域分异的理论，即在充分研究区域和城市生态要素的功能现状、问题及发展趋势的基础上，综合考虑区域规划、城市总体规划的要求以及城市现状，充分利用环境容量，搞好生态功能分区，以利于居民生活和社会经济的发展，实现社会、经济和环境效益的统一。

### 7.1.4 生态规划的步骤

生态规划目前尚无统一的工作程序，1969 年 I. L. McHarg 在 *Design with Nature* 一书中提出建立一个城市与区域规划的生态学框架，后来被称为 McHarg 生态规划法，在此之后提出的各种规划方法都是以 McHarg 方法为基础的。生态规划一般包括以下 6 个步骤（如图 7-1 所示）。

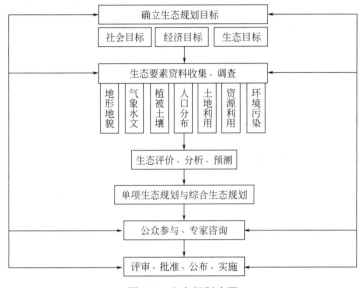

图 7-1　生态规划步骤

（1）确立生态规划目标

在该阶段首先提出生态规划问题，确定生态规划的经济、社会、生态目标。

（2）生态要素资料的收集和调查

广泛搜集规划区域的自然与人文资料，包括地理、地质、气候、水文、土壤、植被、野生动物、自然景观、土地利用、人口、交通、文化、人的价值观的调查，并分别绘制在地图上。

在搜集现存资料的同时，还要开展实地调查，在生态调查中多采用网格法，即在筛选生态因子的基础上，按网格逐个进行生态状况的调查与登记，工作方法如下。

① 确定生态规划区范围，采用 1∶10000（较大区域为 1∶50000）地形图为底图，依据一定原则将规划区域划分为若干个网格，网格一般为 1 km×1 km，有的也采用 0.5 km×0.5 km（网格大小视具体情况而定），每个网格即为生态调查与评价的基本单元。

② 调查登记的主要内容有：规划区内的气象条件、水资源、植被、地貌、土壤类型、人口密度、经济密度、产业结构与布局、土地利用、建筑密度、能耗密度、水耗密度、环境污染状况等。

在进行城市生态规划时，基础资料是不可缺少的，其中包括各类文字资料和有关图件。要使城市规划具有较强的直观性和可操作性，以及能够跟踪它的变化，就需要建立资料库，其中包括数据资料库、图形库以及模型库，地理信息系统技术可为这方面提供良好的技术支持和服务。

（3）生态评价、分析、预测

对各主要因素及各种开发模式进行分析、评价、预测，运用生态适宜性分析、生态敏感性分析、生态足迹法等方法分析规划区的生态适宜性、生态敏感性、生态承载力。

（4）单项生态规划与综合生态规划

在以上几个步骤的基础上制订单项的和综合的城市生态规划。如土地利用规划、水土保持与植树造林规划、景观园林规划、生态产业规划等。

(5) 公众参与、专家咨询

规划草案应通过各种方式广泛征求意见，根据专家咨询、公众参与的反馈进行修改完善。其中，公众参与是完善规划和实施规划的重要条件。

(6) 评审、批准、公布、实施

在反复征求多方意见的基础上修订规划，最后经评审后予以确定、批准和实施。规划一旦确定并得到有关部门批准，即应该成为一种法律，规范着人们的行为，未经合法程序，不得随意变更。

## 7.2 生态规划分析方法

对规划区域选取正确的方法进行生态分析，是生态规划的核心问题。其目标是根据区域自然资源与环境性能、发展要求与资源利用要求，分析规划区的生态适宜度、生态敏感性、生态足迹（生态承载力），为区域开发建设提供生态设计依据，确定生态目标。以下分别介绍生态适宜度、生态环境状况、生态服务功能重要性、生态敏感性、生态足迹（生态承载力）的分析方法。

### 7.2.1 生态适宜度分析

生态适宜度是指在规划区内确定的土地利用方式对生态因素的影响程度，是土地开发利用适宜程度的依据。生态适宜度分析可为城市生态规划中污染物的总量排放控制、制订土地利用方案、生态功能分区提供科学依据。

#### 7.2.1.1 生态适宜度的分析程序

生态适宜度分析是在网格调查的基础上，对所有网格进行生态分析和分类，将生态状况相近的作为一类，计算每种类型的网格数，以及其在总网格中所占的百分比。其主要步骤如下：

① 明确生态规划区范围和范围内可能存在的土地利用方式。

② 分别筛选出对各种土地利用方式（用地类型）有显著影响的生态因子及其影响作用的相对大小（权重）。

③ 对生态规划区的各网格分别进行生态登记。

④ 制定生态适宜度评价标准。

⑤ 根据上述工作成果，首先逐格确定单因子生态适宜度评价值，然后应用数学模型由单因子生态适宜度评价值或评分求出各网格对给定土地利用方式的生态适宜度综合评价值。

⑥ 编制城市生态规划区生态适宜度综合评价表。

#### 7.2.1.2 筛选生态适宜度评价因子的原则

筛选生态适宜度评价因子应遵循以下原则：

① 所选择的生态因子对给定的利用方式具有较显著的影响。

② 所选择的生态因子在各网格的分布存在较显著的差异性。

例如以居住用地为目标的土地利用方式，与大气、生活饮用水、噪声等因子，土地开发利用程度以及绿化状况等密切相关，因此，分析居住用地适宜度时，一般选定大气环境质量、生活饮用水、土地利用熵、环境噪声及绿化覆盖率五项为评价因子。在进行工业用地适宜度分析时则一般选定位置、风向、大气环境质量以及土地利用熵四项作为评价因子。

#### 7.2.1.3　生态适宜度单因子评价标准与分级

（1）生态适宜度单因子评价标准的主要制订依据

①生态因子（单因子）对给定的土地利用方式（类型）的影响和作用；②生态规划区的实际情况，即生态因子在生态规划区的时空分布情况和生态规划区社会、经济等有关指标。

（2）单因子生态适宜度的评价分级

单因子生态适宜度通常分为三级，即适宜、基本适宜、不适宜；或五级，即很适宜、适宜、基本适宜、基本不适宜、不适宜；或六级，即很适宜、适宜、基本适宜、基本不适宜、不适宜、很不适宜。

#### 7.2.1.4　生态适宜度综合评价值

计算生态适宜度综合评价值的数学表达式主要有以下几种。

① 代数和表达式如式(7-1)。

$$B_{ij} = \sum_{s=1}^{n} B_{isj} \tag{7-1}$$

② 算术平均值表达式如式(7-2)。

$$B_{ij} = \frac{1}{n} B_{isj} \tag{7-2}$$

③ 加权平均值表达式如式(7-3)。

$$B_{ij} = \sum_{s=1}^{n} W_s B_{isj} / \sum_{s=1}^{n} W_s \tag{7-3}$$

式中　$i$——网格编号（或地块编号）；

$j$——土地利用方式编号（或土地类型编号）；

$s$——影响土地利用方式（或用地类型）的生态因子编号；

$n$——影响土地利用方式（或用地类型）的生态因子的总个数；

$B_{ij}$——第$i$个网格利用方式是$j$时的综合评价值；

$B_{isj}$——土地利用方式为$j$的第$i$个网格的第$s$个生态因子对该利用方式（或类型）的适宜度评价值（简称单因子$s$的评价值）；

$W_s$——第$s$个生态因子的权值。

#### 7.2.1.5　生态适宜度综合评价标准

（1）制定标准的依据

①单因子生态适宜度评价标准；②生态规划区生态适宜度综合评价值；③该市经济、社会发展规划；④该市总体规划。

（2）制定标准的基本方法

制定标准的方法很多，这里介绍一种常用的比较简单的方法。

假设筛选出对工业用地适宜度有影响作用的生态因子共5个，用$A$、$B$、$C$、$D$、$E$表示。其单因子生态适宜度分级标准如表7-1。

表 7-1　单因子生态适宜度分级标准

| 适宜度等级 | 单因子评价值 | | | | |
|---|---|---|---|---|---|
| | 因子 $A$ | 因子 $B$ | 因子 $C$ | 因子 $D$ | 因子 $E$ |
| 很适宜 | 9 | 9 | 9 | 9 | 9 |
| 适宜 | 7 | 7 | 7 | 7 | 7 |
| 基本适宜 | 5 | 5 | 5 | 5 | 5 |
| 基本不适宜 | 3 | 3 | 3 | 3 | 3 |
| 不适宜 | 1 | 1 | 1 | 1 | 1 |

注：其权重分别是：$A$ 为 0.50，$B$ 为 0.20，$C$ 为 0.15，$D$ 为 0.10，$E$ 为 0.05。

由单因子评价值合成综合评价值时采用加权平均值模型，如式(7-3)。此处，$\sum_{s=1}^{n} W_s = 1.0$。

从以上分析得知综合生态适宜度每一级都和一个评价值区间相对应，所以寻找各区间端点或上下界便成了判断综合生态适宜度分级标准的关键。各级界限选择情况示例如表 7-2。

表 7-2　生态适宜度分级界限

| 状态描述 | $ABCDE$ 均很适宜 | $ABDE$ 均适宜，$C$ 适宜 | $ABCDE$ 均适宜 | $ABCDE$ 均基本适宜 | $ABCDE$ 均基本不适宜 | $ABCDE$ 均不适宜 |
|---|---|---|---|---|---|---|
| 单因子评价值 | $A=B=C=D=E=9$ | $A=B=D=E=9;C=7$ | $A=B=C=D=E=7$ | $A=B=C=D=E=5$ | $A=B=C=D=E=3$ | $A=B=C=D=E=1$ |
| 综合评价值 | 9 | 8.7 | 7 | 5 | 3 | 1 |
| 分级结果 | 很适宜的上界 | 适宜的上界 | 基本适宜的上界 | 基本不适宜的上界 | 不适宜的上界 | 不适宜的下界 |

其中界限的选择方法可根据实际情况灵活掌握，比如适宜的上界可定为 $A$、$B$、$C$ 很适宜，$D$、$E$ 适宜，等等。

## 7.2.2　生态环境综合评价

生态环境综合评价是从生态学角度出发，根据区域自然资源与环境性能，对区域的生态现状及动态趋势进行综合评价，得出区域生态环境状况等级及变化幅度，确定区域开发的生态制约因素，从而寻求最佳的土地利用方式和合理的规划方案。

根据国家环境保护部 2015 年颁布的《生态环境状况评价技术规范》（HJ 192—2015），生态环境状况评价指标包括生物丰度指数、植被覆盖指数、水网密度指数、土地胁迫指数、污染负荷指数五个分指数，和一个环境限制指数。

#### 7.2.2.1　生物丰度指数的计算方法及权重

（1）计算方法

$$生物丰度指数 = (BI + HQ)/2 \quad (7\text{-}4)$$

式中，BI 为生物多样性指数，评价方法执行 HJ 623；HQ 为生境质量指数；当生物多样性指数没有动态更新数据时，生物丰度指数变化等于生境质量指数的变化。

$$生境质量指数 = A_{bio} \times (0.35 \times 林地 + 0.21 \times 草地 + 0.28 \times 水域湿地 + 0.11 \times 耕地 + 0.04 \times 建设用地 + 0.01 \times 未利用地)/区域面积$$

式中　$A_{bio}$——生境质量指数的归一化系数。

（2）权重

生境质量指数各生境类型分权重见表 7-3。

表 7-3　生境质量指数各生境类型分权重

| 项目 | 林地 | | | 草地 | | | 水域湿地 | | | 耕地 | | 建设用地 | | | 未利用地 | | | |
|---|---|---|---|---|---|---|---|---|---|---|---|---|---|---|---|---|---|---|
| 权重 | 0.35 | | | 0.21 | | | 0.28 | | | 0.11 | | 0.04 | | | 0.01 | | | |
| 结构类型 | 有林地 | 灌木林地 | 疏林地和其他林地 | 高覆盖度草地 | 中覆盖度草地 | 低覆盖度草地 | 河流（渠） | 湖泊（库） | 滩涂湿地 | 水田 | 旱地 | 城镇建设用地 | 农村居民点 | 其他建设用地 | 沙地 | 盐碱地 | 裸土地 | 裸岩石砾 |
| 分权重 | 0.6 | 0.25 | 0.15 | 0.6 | 0.3 | 0.1 | 0.1 | 0.3 | 0.5 | 0.6 | 0.4 | 0.3 | 0.4 | 0.3 | 0.2 | 0.3 | 0.2 | 0.2 |

#### 7.2.2.2　植被覆盖指数的权重及计算方法

① 植被覆盖指数的分权重见表 7-4。

表 7-4　植被覆盖指数分权重

| 项目 | 林地 | | | 草地 | | | 耕地 | | 建设用地 | | | 未利用地 | | | |
|---|---|---|---|---|---|---|---|---|---|---|---|---|---|---|---|
| 权重 | 0.38 | | | 0.34 | | | 0.19 | | 0.07 | | | 0.02 | | | |
| 结构类型 | 有林地 | 灌木林地 | 疏林地和其他林地 | 高覆盖度草地 | 中覆盖度草地 | 低覆盖度草地 | 水田 | 旱地 | 城镇建设用地 | 农村居民点 | 其他建设用地 | 沙地 | 盐碱地 | 裸土地 | 裸岩石砾 |
| 分权重 | 0.6 | 0.25 | 0.15 | 0.6 | 0.3 | 0.1 | 0.7 | 0.3 | 0.3 | 0.4 | 0.3 | 0.2 | 0.3 | 0.2 | 0.2 |

② 计算方法如公式(7-5)。

$$植被覆盖指数 = A_{veg} \times (0.38 \times 林地面积 + 0.34 \times 草地面积 + 0.19 \times 耕地面积 + 0.07 \times 建设用地 + 0.02 \times 未利用地)/区域面积 \quad (7-5)$$

式中　$A_{veg}$——植被覆盖指数的归一化系数。

#### 7.2.2.3　水网密度指数计算方法

计算方法如公式(7-6)。

$$水网密度指数 = (A_{riv} \times 河流长度/区域面积 + A_{lak} \times 湖库（近海）面积/区域面积 + A_{res} \times 水资源量/区域面积)/3 \quad (7-6)$$

式中　$A_{riv}$——河流长度的归一化系数；

$A_{lak}$——湖库面积的归一化系数；

$A_{res}$——水资源量的归一化系数。

#### 7.2.2.4　土地胁迫指数的权重及计算方法

① 土地胁迫指数分权重见表 7-5。

表 7-5 土地胁迫指数分权重

| 土地退化类型 | 重度侵蚀 | 中度侵蚀 | 建设用地 | 其他土地胁迫 |
|---|---|---|---|---|
| 权 重 | 0.4 | 0.2 | 0.2 | 0.2 |

② 计算方法如公式(7-7)。

$$\text{土地胁迫指数} = A_{\text{ero}} \times (0.4 \times \text{重度侵蚀面积} + 0.2 \times \text{中度侵蚀面积} + 0.2 \times \text{建设用地面积} + 0.2 \times \text{其他土地胁迫})/\text{区域面积} \tag{7-7}$$

式中 $A_{\text{ero}}$——土地胁迫指数的归一化系数。

#### 7.2.2.5 污染负荷指数的权重及计算方法

① 污染负荷指数的分权重见表 7-6。

表 7-6 污染负荷指数分权重

| 类 型 | 化学需氧量 | 氨氮 | 二氧化硫 | 烟(粉)尘 | 氮氧化物 | 固体废物 | 总氮等其他污染物 |
|---|---|---|---|---|---|---|---|
| 权 重 | 0.2 | 0.2 | 0.2 | 0.1 | 0.2 | 0.1 | 待定 |

② 计算方法如公式(7-8)。

$$\text{污染负荷指数} = 0.2 \times A_{\text{COD}} \times \text{COD排放量}/\text{区域年降水总量} + 0.2 \times A_{\text{NH}_3} \times \text{氨氮排放量}/\text{区域年降水总量} + 0.2 \times A_{\text{SO}_2} \times \text{SO}_2\text{排放量}/\text{区域面积} + 0.1 \times A_{\text{YFC}} \times \text{烟(粉)尘排放量}/\text{区域面积} + 0.2 \times A_{\text{NO}_x} \times \text{NO}_x\text{排放量}/\text{区域面积} + 0.1 \times A_{\text{SOL}} \times \text{固体废物丢弃量}/\text{区域面积} \tag{7-8}$$

式中 $A_{\text{SO}_2}$——$SO_2$ 的归一化系数；

$A_{\text{COD}}$——COD 的归一化系数；

$A_{\text{SOL}}$——固体废物的归一化系数；

其他符号意义同前。

#### 7.2.2.6 环境限制指数

环境限制指数是生态环境状况的约束性指标，指根据区域内出现的严重影响人居生产生活安全的生态破坏和环境污染事项，对生态环境状况类型进行限制和调节，见表 7-7。

表 7-7 环境限制指数约束内容

| 分类 | | 判断依据 | 约束内容 |
|---|---|---|---|
| 突发环境事件 | 特大环境事件 | 按照《突发环境事件应急预案》，区域发生人为因素引发的特大、重大、较大或一般等级的突发环境事件，若评价区域发生一次以上突发环境事件，则以最严重等级为准 | 生态环境不能为"优"和"良"，且生态环境质量级别降1级 |
| | 重大环境事件 | | |
| | 较大环境事件 | | 生态环境级别降1级 |
| | 一般环境事件 | | |
| 生态破坏环境污染 | 环境污染 | 存在环境保护主管部门通报的或国家媒体报道的环境污染或生态破坏事件(包括公开的环境质量报告中的超标区域) | 存在国家环境保护部通报的环境污染或生态破坏事件，生态环境不能为"优"和"良"，且生态环境级别降1级；其他类型的环境污染或生态破坏事件，生态环境级别降1级 |
| | 生态破坏 | | |
| | 生态环境违法案件 | 存在环境保护主管部门通报或挂牌督办的生态环境违法案件 | 生态环境级别降1级 |
| | 被纳入区域限批范围 | 被环境保护主管部门纳入区域限批的区域 | 生态环境级别降1级 |

#### 7.2.2.7 生态环境状况指数（Ecological Index，EI）的权重及计算方法

① 各项评价指标权重见表 7-8。

表 7-8　各项评价指标权重

| 指标 | 生物丰度指数 | 植被覆盖指数 | 水网密度指数 | 土地胁迫指数 | 污染负荷指数 |
|---|---|---|---|---|---|
| 权重 | 0.35 | 0.25 | 0.15 | 0.15 | 0.10 |

② EI 计算方法如公式(7-9)。

$$\begin{aligned}生态环境状况指数(EI)=&0.35\times 生物丰度指数+0.25\times 植被覆盖指数+0.15\\&\times 水网密度指数+0.15\times (100-土地胁迫指数)+0.10\\&\times (100-污染负荷指数)+环境限制指数\end{aligned} \quad (7\text{-}9)$$

#### 7.2.2.8 生态环境状况分级

根据生态环境状况指数，将生态环境分为五级，即优、良、一般、较差和差，见表 7-9。

表 7-9　生态环境状况分级

| 级别 | 优 | 良 | 一般 | 较差 | 差 |
|---|---|---|---|---|---|
| 指数 | EI≥75 | 55≤EI<75 | 35≤EI<55 | 20≤EI<35 | EI<20 |
| 状态 | 植被覆盖度高，生物多样性丰富，生态系统稳定，最适合人类生活 | 植被覆盖度较高，生物多样性较丰富，适合人类生活 | 植被覆盖度中等，生物多样性一般，较适合人类生存，有不适人类生存的制约性因子出现 | 植被覆盖较差，严重干旱少雨，物种较少，存在着明显限制人类生活的因素 | 条件较恶劣，人类生活受到限制 |

### 7.2.3　生态服务功能重要性评价

生态服务功能是指生态系统及其生态过程所形成的有利于人类生存与发展的生态环境条件与效用，例如森林生态系统的水源涵养功能、土壤保持功能、气候调节功能、环境净化功能等。

生态系统服务功能评价要求明确生态服务功能类型及其空间分布，根据评价区生态系统服务功能的重要性，分析生态服务功能的区域分异规律，明确生态系统服务功能的重要区域，作为生态功能分区和生态产品提供能力保护的基础。

#### 7.2.3.1　评价内容

评价内容包括生物多样性保护、水源涵养和水文调蓄、土壤保持、沙漠化控制、营养物质保持、产品提供以及人居保障等方面。

#### 7.2.3.2　评价方法

生态系统各项服务功能的重要程度一般分为四级：不重要（Ⅰ级）、较重要（Ⅱ级）、中等重要（Ⅲ级）、极重要（Ⅳ级）。如表 7-10～表 7-13 分别为生物多样性保护、水源涵养、土壤保持和农产品提供重要性评价。

表 7-10　生物多样性保护重要地区评价分级表

| 生态系统或物种占本区域物种数量比率 | 重要性 |
|---|---|
| 优先生态系统,或物种数量比率＞30% | 极重要 |
| 物种数量比率 15%～30% | 中等重要 |
| 物种数量比率 5%～15% | 较重要 |
| 物种数量比率＜5% | 不重要 |

表 7-11　生态系统水源涵养重要性分级表

| 类型 | 干旱 | 半干旱 | 半湿润 | 湿润 |
|---|---|---|---|---|
| 城市水源地 | 极重要 | 极重要 | 极重要 | 极重要 |
| 农灌取水区 | 极重要 | 极重要 | 中等重要 | 不重要 |
| 洪水调蓄区 | 不重要 | 不重要 | 中等重要 | 极重要 |

注:洪水调蓄区主要包括评价区内具有防洪抗涝重要作用的主要湖泊和湿地。

表 7-12　土壤保持重要性分级表

| 土壤保持敏感性影响水体 | 不敏感 | 轻度敏感 | 中度敏感 | 高度敏感 | 极敏感 |
|---|---|---|---|---|---|
| 1—2 级河流及大中城市主要水源水体 | 不重要 | 中等重要 | 极重要 | 极重要 | 极重要 |
| 3 级河流及小城市水源水体 | 不重要 | 较重要 | 中等重要 | 中等重要 | 极重要 |
| 4—5 级河流 | 不重要 | 不重要 | 较重要 | 中等重要 | 中等重要 |

表 7-13　农产品提供重要性分级表

| 耕地质量等级 | | 重要性等级 |
|---|---|---|
| 1—4 等 | 优等地(包括基本农田) | 极重要 |
| 5—8 等 | 高等地 | 中等重要 |
| 9—12 等 | 中等地 | 较重要 |
| 13—15 等 | 低等地 | 不重要 |

注:基于耕地保护的目的,所有已被划归为基本农田的区域,无论其评价的质量等级如何,其重要性等级均作为"极重要",且其面积和边界须根据基本农田的调整而发生变化。

### 7.2.4　生态敏感性评价

生态敏感性是指生态系统对人类活动反应的敏感程度,用来反映产生生态失衡与生态环境问题的可能性大小。在生态规划过程中,可以以此确定生态环境影响最敏感的地区和最具有保护价值的地区,为生态功能区划提供依据。

#### 7.2.4.1　生态敏感性评价的内容

生态环境敏感性评价应在明确特定区域生态环境问题的基础上,根据主要生态环境问题的形成机制,分析生态环境敏感性的区域分异规律,然后对多种生态环境问题的敏感性进行综合分析,明确区域生态环境敏感性的分布特征,为生态功能分区和生态保护建设提供依据。主要内容包括:

① 土壤侵蚀敏感性:以通用土壤侵蚀方程(USLE)为基础,综合考虑降水、地貌、植被与土壤质地等因素,运用地理信息系统来评价土壤侵蚀敏感性及其空间分布特征。

② 沙漠化敏感性：用湿润指数、土壤质地及起沙风的天数等评价沙漠化敏感性程度。

③ 盐渍化敏感性：土壤盐渍化敏感性是指旱地灌溉土壤发生盐渍化的可能性。根据地下水位划分敏感区域，再采用蒸发量、降雨量、地下水矿化度与地形等因素划分敏感性等级。

④ 石漠化敏感性：根据评价区域是否为喀斯特地貌、土层厚度以及植被覆盖度等进行评价。

⑤ 酸雨敏感性：可根据区域的气候、土壤类型与母质、植被及土地利用方式等特征来综合评价区域的酸雨敏感性。

#### 7.2.4.2 生态敏感性评价的方法

生态敏感性评价可以应用定性与定量相结合的方法进行。敏感性一般分为 5 级：极敏感、高度敏感、中度敏感、轻度敏感、不敏感。在分析中应利用遥感数据、地理信息系统技术及空间模拟等先进的方法与技术手段。具体分析方法见表 7-14～表 7-16。

表 7-14　土壤侵蚀敏感性影响分级

| 分级 | 不敏感 | 轻度敏感 | 中度敏感 | 高度敏感 | 极敏感 |
|---|---|---|---|---|---|
| $R$ 值 | <25 | 25～100 | 100～400 | 400～600 | >600 |
| 土壤质地 | 石砾、沙 | 粗砂土、细砂土、黏土 | 面砂土、壤土 | 砂壤土、粉黏土、壤黏土 | 砂粉土、粉土 |
| 地形起伏度/m | 0～20 | 20～50 | 51～100 | 101～300 | >300 |
| 植被 | 水体、草本、沼泽、稻田 | 阔叶林、针叶林、草甸、灌丛和萌生矮林 | 稀疏灌木草原、一年二熟粮作物、一年水旱两熟 | 荒漠、一年一熟粮作物 | 无植被 |
| 分级赋值($C$) | 1 | 3 | 5 | 7 | 9 |
| 分级标准(SS) | 1.0～2.0 | 2.1～4.0 | 4.1～6.0 | 6.1～8.0 | >8.0 |

表 7-15　沙漠化敏感性分级

| 敏感性指标 | 不敏感 | 轻度敏感 | 中度敏感 | 高度敏感 | 极敏感 |
|---|---|---|---|---|---|
| 湿润指数 | >0.65 | 0.5～0.65 | 0.20～0.50 | 0.05～0.20 | <0.05 |
| 冬春季大于 6m/s 大风的天数 | <15 | 15～30 | 30～45 | 45～60 | >60 |
| 土壤质地 | 基岩 | 黏质 | 砾质 | 壤质 | 沙质 |
| 植被覆盖(冬春) | 茂密 | 适中 | 较少 | 稀疏 | 裸地 |
| 分级赋值($D$) | 1 | 3 | 5 | 7 | 9 |
| 分级标准(DS) | 1.0～2.0 | 2.1～4.0 | 4.1～6.0 | 6.1～8.0 | >8.0 |

表 7-16　石漠化敏感性分级

| 敏感性 | 不敏感 | 轻度敏感 | 中度敏感 | 高度敏感 | 极敏感 |
|---|---|---|---|---|---|
| 喀斯特地形 | 不是 | 是 | 是 | 是 | 是 |
| 坡度/(°) |  | <15 | 15～25 | 25～35 | >35 |
| 植被覆盖/% |  | >70 | 50～70 | 20～30 | <20 |

#### 7.2.4.3 城市生态敏感性分析

上面的分析多针对大尺度的区域，多针对自然属性，如果是城市的生态敏感性分析，即小尺度的分析，则采取其他一些指标，如植被类型、地势高程、环境污染程度、人口等因素进行敏感性分析。城市生态敏感性分析的指标体系如表 7-17，在实际操作中采用哪些指标体系，需根据具体的城市情况和生态问题来选择确定。

表 7-17 城市生态敏感性分析指标体系

| 生态问题 | 敏感性因子 | | 极敏感 | 高度敏感 | 中度敏感 | 轻度敏感 | 不敏感 |
|---|---|---|---|---|---|---|---|
| 生态结构压力 | 地表植被 | | — | 荒草地、苇地 | 灌木林地、疏林地和萌生矮林 | 有林地 | 其他 |
| | 人口密度/(万人/km²) | | >1.6 | 1.3～1.6 | 1～1.3 | 0.7～1 | <0.7 |
| | 土地利用状况 | | — | 生态绿地、水域 | — | 农用地 | 未利用地、建设用地 |
| 环境压力 | 噪声 | | 疗养区、高级别墅区、高级宾馆区 | 居住、文教机关区 | 居住、商业、工业混杂区 | 工业区 | 城市交通干道、城市内河航道两侧 |
| | 地表水 | Ⅰ、Ⅱ、Ⅲ类水质 | 水域内至155m 缓冲区 | 155～327m 缓冲区 | 327～547m 缓冲区 | 547～800m 缓冲区 | 非缓冲区域 |
| | | Ⅳ类水质 | — | 水域内至129m 缓冲区 | 129～276m 缓冲区 | 276～500m 缓冲区 | 非缓冲区域 |
| | | Ⅴ类水质 | — | — | 水域内至59m 缓冲区 | 59～200m 缓冲区 | 非缓冲区域 |
| | 大气污染 | 一级 | 未污染区域 | 1.5～3km 缓冲区 | 0.78～1.5km 缓冲区 | 0.33～0.78km 缓冲区 | 0.33 km 缓冲区 |
| | | 二级 | 未污染区域 | 0.52～1.5km 缓冲区 | 0.23～0.52km 缓冲区 | 0.23km 缓冲区 | |
| | | 三级 | 未污染区域 | 0.21～0.8 km 缓冲区 | 0.21km 缓冲区 | | |
| 敏感性指数 | | | — | 9 | 7 | 5 | 3 | 1 |

## 7.2.5 生态足迹（生态承载力）分析

生态足迹法（ecological footprint）这一概念是生态经济学家 Rees 教授及其学生 Wackernagel 教授和 Wada 博士提出并加以发展的。生态足迹就是能够持续地提供资源或消纳废物的、具有生物生产力的地域空间，其含义就是要维持一个人、地区、国家或者全球的生存所需要的或者能够消纳人类所排放的废物的、具有生物生产力的地域面积。生态足迹需要估计要承载一定生活质量的人口，需要多大的可供人类使用的可再生资源数量或者能够消纳废物的生态系统，又称之为"适当的承载力"（appropriated carrying capacity）。生态足迹将每个人消耗的资源折合成为全球统一的、具有生产力的地域面积，通过计算区域生态足迹总供给与总需求之间的差值——生态赤字或生态盈余，准确地反映了不同区域对于全球生态环境现状的贡献。生态足迹既能够反映出个人或地区的资源消耗强度，又能够反映出区域的资源供给能力和资源消耗总量,也揭示了人类持续生存的生态阈值。它通过相同的单位比较人类的需求和自然界的供给,使可持续发展的衡量真正具有区域可比性。评估的结果清楚地表明在所分析的每一个时空尺度上,人类对生物圈所施加的压力及其量级,因为生态足迹取决于人口规模、物质生活水平、技术条件和生态生产力。

#### 7.2.5.1 生态足迹的计算方法

生态足迹的计算是基于两个简单的事实:①大部分消费的资源以及大部分产生的废物可以保留;②这些资源以及废物大部分都可以转换成可提供这些功能的生物生产性土地。生态足迹的计算方式明确地指出某个国家或地区使用了多少自然资源。

生态足迹并不是一片连续的土地,由于国际贸易的关系,人们使用的土地与水域面积分散在全球各个角落,需要很多研究来决定其确定的位置。

(1) 生物生产面积类型及其均衡化处理

在生态足迹计算中,各种资源和能源消费项目被折算为耕地、草场、林地、建筑用地、化石能源土地和海洋(水域)等 6 种生物生产面积类型。耕地是最有生产能力的土地类型,提供了人类所利用的大部分生物量。草场的生产能力比耕地要低得多。由于人类对森林资源的过度开发,全世界除了一些不能接近的热带丛林外,现有林地的生产能力大多较低。化石能源土地是人类应该留出用于吸收 $CO_2$ 的土地,但目前事实上人类并未留出这类土地。出于生态经济研究的谨慎性考虑,在生态足迹的计算中,考虑了 $CO_2$ 吸收所需要的化石能源土地面积。由于人类定居在最肥沃的土壤上,因此建筑用地面积的增加意味着生物生产量的损失。

由于这 6 类生物生产面积的生态生产力不同,要将这些具有不同生态生产力的生物生产面积转化为具有相同生态生产力的面积,以汇总生态足迹和生态承载力,需要将计算得到的各类生物生产面积乘以一个均衡因子,即:

$$r_k = d_k/D \quad (k=1,2,3,\cdots,6) \tag{7-10}$$

式中,$r_k$ 为均衡因子;$d_k$ 为全球第 $k$ 类生物生产面积类型的平均生态生产力;$D$ 为全球所有各类生物生产面积类型的平均生态生产力。

采用的均衡因子分别为:耕地、建筑用地为 2.8,森林、化石能源土地为 1.1,草地为 0.5,海洋为 0.2。

(2) 人均生态足迹分量

$$A_i = (P_i + I_i - E_i)/(Y_i \cdot N) \quad (i=1,2,3,\cdots,m) \tag{7-11}$$

式中,$A_i$ 为第 $i$ 种消费项目折算的人均生态足迹分量,$hm^2/$人,$Y_i$ 为生物生产土地生产第 $i$ 种消费项目的年(世界)平均产量,$kg/hm^2$;$P_i$ 为第 $i$ 种消费项目的年生产量;$I_i$ 为第 $i$ 种消费项目年进口量;$E_i$ 为第 $i$ 种消费项目的年出口量;$N$ 为人口数。在计算煤、焦炭、燃料油、原油、汽油、柴油、热力和电力等能源消费项目的生态足迹时,将这些能源消费转化为化石能源土地面积,也就是以化石能源的消费速率来估计自然资产所需要的土地面积。

(3) 区域总人口生态足迹

人均生态足迹($hm^2/$人):

$$ef = \sum r_j/(P_i + I_i - E_i)/(Y_i \cdot N) \quad (j=1,2,3,\cdots,6;i=1,2,3,\cdots,m) \tag{7-12}$$

区域总人口的生态足迹($hm^2$):$EF = N \cdot (ef)$。

(4) 生态承载力

在生态承载力的计算中,由于不同国家或地区的资源禀赋不同,不仅单位面积耕地、草地、林地、建筑用地、海洋(水域)等间的生态生产能力差异很大,而且单位面积同类生物生产面积类型的生态生产力也差异很大。因此,不同国家和地区同类生物生产面积类型的实际面积是不能进行直接对比的,需要对不同类型的面积进行标准化。不同国家或地区的某类生物生产面积类型所代表的局地产量与世界平均产量的差异可用"产量因子"表示。某个国家或地区某类土地的产量因子是其平均生产力与世界同类土地的平均生产力的比率。同时出于谨慎性考虑,在生态承载力计算时应扣除12%的生物多样性保护面积。人均生态承载力如式(7-13)。

$$Ec = a_j \times r_j \times y_j (j=1,2,3,\cdots,6) \tag{7-13}$$

式中,$Ec$ 为人均生态承载力,$hm^2$/人;$a_j$ 为人均生物生产面积;$r_j$ 为均衡因子;$y_j$ 为产量因子。

(5) 生态赤字与生态盈余

区域生态足迹如果超过了区域所能提供的生态承载力,就出现生态赤字;如果小于区域的生态承载力,则表现为生态盈余。区域的生态赤字或生态盈余,反映了区域人口对自然资源的利用状况。

#### 7.2.5.2 研究与应用实例

(1) Wackernagel 等人的开创性研究

Wackernagel 等曾对世界上 52 个国家和地区 1997 年的生态足迹进行了实证计算。研究表明,全球人均生态足迹为 $2.8hm^2$,而可利用生物生产面积仅为 $2hm^2$,全球人均生态赤字 $0.8hm^2$。在计算的 52 个国家和地区中,35 个国家和地区存在生态赤字,只有 12 个国家和地区的人均生态足迹低于全球人均生态承载力。中国 1997 年的人均生态足迹为 $1.2hm^2$,而其人均生态承载力仅为 $0.8hm^2$,人均生态赤字为 $0.4hm^2$。因此,从全球范围而言,人类的生态足迹已超过了全球生态承载力的 35%,人类现今的消费量已超出自然系统的再生产能力,即人类正在耗尽全球的自然资产存量。

(2) 世界自然基金会的《2004 地球生态报告》

为了让各个国家在占用了多少自然资源上"有账可查",2004 年,世界自然基金会(WWF)的《2004 地球生态报告》使用了"生态足迹"这一指标,并列出了一份"大脚黑名单"。这份由 WWF 和联合国环境规划署共同完成的报告于 2004 年 10 月 21 日在瑞士格兰德正式发布。十几位来自 WWF 总部、挪威管理学院、美国威斯康星大学和全球足迹网络的专家参与了研究,报告的数据来自联合国粮农组织、国际能源机构、政府间气候变化专门委员会以及联合国环境项目世界保护监测中心。

在这份"大脚黑名单"上,阿拉伯联合酋长国以其高水平的物质生活和近乎疯狂的石油开采"荣登榜首"——人均生态足迹达 $9.9hm^2$,是全球平均水平($2.2hm^2$)的 4.5 倍;美国、科威特紧随其后,以人均生态足迹 $9.5hm^2$ 位居第二。贫困的阿富汗则以人均 $0.3hm^2$ 生态足迹位居最后。中国排名第 75 位,人均生态足迹为 $1.5hm^2$,低于 $2.2hm^2$ 的全球平均水平。美国、日本、德国、英国、意大利、法国、韩国、西班牙、印度均是生态赤字很大的国家,而巴西、加拿大、印度尼西亚、阿根廷、刚果、秘鲁、安哥拉、巴布亚新几内亚、俄罗斯、新西兰等国家由于国土面积辽阔、人口相对稀少,或者位于热带和亚热带地区,在

"生态盈余（总生态足迹小于总生态承载容量）榜"上位居前列。

那些生态赤字较大国家的资源消耗量已经超过了本国的资源再生能力，其结果就是加剧了环境恶化，或者将这种生态危机通过原材料进口等国际贸易方式转移到了其他国家或地区。

## 7.3 生态功能分区与生态红线划定

### 7.3.1 生态功能分区的目的和原则

生态功能分区是根据区域生态环境要素、生态环境敏感性与生态系统服务功能空间分异规律，确定不同地域单元的主导生态功能，将区域划分成不同生态功能区的过程。其目的是为制定区域生态环境保护与建设规划、维护区域生态安全、合理利用资源与布局工农业生产、保育区域生态环境提供科学依据，并为环境管理部门和决策部门提供管理信息与管理手段。

生态功能分区是在揭示区域生态环境空间分异规律基础上，进行生态功能区划，并明确各生态区的生态系统服务功能特征及对区域社会经济可持续发展的作用，规划各生态功能区的资源开发与管理策略，为改善区域生态环境质量，实施可持续发展战略奠定基础。生态功能分区是生态环境规划的重要内容和基础，它以协调人与自然的关系、协调生态保护与经济社会发展关系、增强生态支撑能力、促进经济社会可持续发展为目标，在充分认识区域生态系统结构、过程及生态系统服务功能空间分异规律的基础上，运用生态学原理，划分生态功能区，明确对保障国家生态安全有重要意义的区域，以指导我国生态保护与建设、自然资源有序开发和产业合理布局，推动我国经济社会与生态保护协调、健康发展。

生态功能分区必须遵循生态学原理，充分考虑自然条件的相似性和差异性，合理确定生态功能及划分边界，生态功能区划必须遵循以下区划原则。

（1）主导功能原则

生态功能的确定以生态系统的主导服务功能为主。在具有多种生态服务功能的地域，以生态调节功能优先；在具有多种生态调节功能的地域，以主导调节功能优先。

（2）区域相关性原则

在分区过程中，要综合考虑流域上下游的关系、区域间生态功能的互补作用，根据保障区域、流域与国家生态安全的要求，分析和确定区域的主导生态功能。

（3）协调原则

生态功能区的确定要与国家主体功能区规划、重大经济技术政策、社会发展规划、经济发展规划和其他各种专项规划特别是有关生态和环境方面的规划相衔接。

（4）等级尺度原则

省级生态功能分区应从满足国家经济社会发展和生态保护工作宏观管理的需要出发，进行中等尺度范围划分；地市级和县级生态功能分区应与省级生态功能分区相衔接，在分区尺度上应更能满足市域和县域经济社会发展和生态保护工作微观管理的需要。

（5）继承性原则

不同级别的分区具有可继承性，上一级单位分区的结果一般对下一级分区单元的主导功能定位以及生态保护和建设方向具有宏观的指导作用和约束力。

(6) 生态系统完整性原则

系统的完整性是系统发挥其内在功能的前提条件，生态功能分区应遵循景观生态单元、生态学系统或生态地域及其组合，以及维持这种组合的生态过程的完整性。分区结果既要考虑维护生态结构的完整性，更要考虑保证生态系统功能过程的完整性，同时保证所分区的对象应是具有独特性且空间上完整的自然区域。

(7) 经济发展与生态保护协调性原则

生态功能分区既要讲求生态效益，又要讲求经济效益。分区应力求做到经济发展与生态保护的有机统一，使自然资源得以合理并充分的开发、利用和保护，维持和提高生态系统生态产品供给能力，最终使得整个生态环境处于良性循环之中，从而保证资源的永续利用和经济的可持续发展，增强区域社会经济发展的生态环境支撑能力，提高生态文明水平。

## 7.3.2 生态功能区划指标体系

根据《全国生态环境保护纲要》和《生态功能分区技术规范》所确定的划分重要生态功能区、生态良好区和资源开发利用生态保护区的要求，划分生态功能区。

① 生态区划一级分区：主要依据区域地形、地貌特征分区。

② 生态区划二级分区：在一级分区的基础上，地形地貌格局进一步影响着大尺度下水热因子分布，其作用导致了区域内的生态类型进一步分异，而地带性植被纬向和经向的分异规律就反映了这种作用的结果。因此，二级区划分选取气候气象指标、地带性植被类型、亚地貌类型等指标体系。以地带性植被为区域单元划分的主要标志，充分考虑年均温、积温和降雨分布的区域差异，同时套合行政界线进行二级生态建设分区。

③ 生态区划三级分区：在对于生态系统客观认识和充分研究的基础上，应用生态学原理和方法，揭示自然生态区域的相似性和差异性以及人类活动对生态系统干扰的规律，从而进行整合和分区，划分生态环境的区域单元。因此在三级区的划分中应主要考虑微地貌类型、生态系统类型、人类活动指标、地带性植被类型、土壤类型等指标。

## 7.3.3 生态功能分区方法

各地区为满足宏观指导和分级管理的需要，可进行更高级别的生态功能分区的概括综合，但应以生态功能直接分区为基础，并充分考虑当地的自然气候、地理特点、生态系统类型等宏观条件差异，突出主导服务功能类型和生态功能的重要性。

一般在生态规划中进行的生态功能分区均为生态区划的三级分区。采用先按照生态系统服务功能划分主导性分区，然后以生态系统敏感性作为辅助性分区的方法进行综合分区。

### 7.3.3.1 综合分区处理方法

依据上述生态系统服务功能重要性分区结果和生态敏感性分区结果，运用地理信息系统技术将主导性分区图和辅助性分区图进行再次叠加分析，得到如下三种综合分区结果及其对应的处理方法：

① 生态服务功能级别达到Ⅲ级（中等重要）和Ⅳ级（极重要）的地区，以其主导生态服务功能覆盖区域作为边界划分依据。

② 生态服务功能级别为Ⅲ级以下［即Ⅰ级（不重要）和Ⅱ级（较重要）］的地区，若生态敏感性级别达到Ⅳ级和Ⅴ级的区域（即高度敏感区和极度敏感区），以重要生态敏感性覆盖区域作为边界划分的依据。

③ 其余地区（即生态系统服务功能重要性评价Ⅲ级以下且生态敏感性Ⅳ级以下的地区）则结合当地实际自然与经济状况，或按法律法规审批通过的当地的发展主导方向（如作为"人居保障区域"），选择相对最重要的生态系统服务功能的覆盖区域作为其边界划分。

最后，结合当地的自然地理条件、生态环境状况、生态保护和管理的需要等，对上述综合分区结果图进行合理的调整和完善，形成科学完整的分区图和分区成果。

#### 7.3.3.2 分区命名

生态功能区命名采用服务功能命名优先、敏感性命名补充的方式。可首先选择重要生态服务功能进行命名，在缺少重要生态服务功能的地区选择重要生态敏感性进行命名。

生态功能区采用不分级命名，每一生态功能区的命名原则上由三部分组成：区位＋主导生态服务功能（或生态敏感性）＋功能管控名称。

区位名称包括：东部、南部、西部、北部、东南部、西南部、东北部、西北部八个方位名称；或使用其他能明确表征地理区位的名称。

（1）以主导生态服务功能为主的生态功能区命名方法

在评价结果中，若存在某单项或多项生态系统服务功能重要性级别大于或等于Ⅲ级重要性的区域（即中等重要和极重要地区），以该主导生态系统服务功能（可以多项共同）进行命名，其"功能管控"的名称为"功能区"。

名称组成：区位＋主导生态服务功能＋功能区。如："东部水源涵养土壤保持功能区"。

（2）以生态敏感性为主的生态功能区命名方法

在评价结果中，若存在某单项或多项敏感性级别大于或等于Ⅳ级敏感的区域（即高度敏感区和极度敏感区），则该区域以该敏感性（可以多项）进行命名。其"功能管控"的名称可根据区域该敏感性影响的严重程度，由轻到重命名为：①保护区：没有生态破坏或较轻微；②恢复区：生态破坏比较严重；③重建区：毁灭性生态破坏。

名称组成：区位＋生态敏感性＋保护区/恢复区/重建区。如："东部石漠化酸雨敏感性恢复区"。

### 7.3.4 生态功能区划分成果

#### 7.3.4.1 生态功能分区概述

生态功能分区结果概述应包括对每个分区的区域特征描述，包括以下内容：
① 区域位置、自然地理条件和气候特征，典型的生态系统类型。
② 存在的或潜在的主要生态环境问题，引起生态环境问题的驱动力和原因。
③ 生态功能区的生态服务功能类型和重要性，包括单项评价结果和综合评价结果。
④ 生态功能区的生态敏感性及可能发生的主要生态问题，包括单项评价结果和综合评价结果。
⑤ 生态功能区的生态保护目标，生态保护主要措施，生态建设与发展方向。

#### 7.3.4.2 生态功能区划分图件

生态功能分区的结果应用图件表示，采用计算机制图编制，形成可灵活分析运用的GIS数据并出图。同一地区各种图件的比例尺要保持一致，建议省级1：50万，市、县级1：25万，各地区应根据区域范围大小与生态环境地域复杂情况确定合适的比例尺。所有图件和基础数据要汇编成数据库。

图件可包括行政区划及地理位置图、遥感影像图或三维地形图、资源分布图、生态环境敏感性评价图、生态服务功能重要性分布图、可利用土地资源评价图、可利用水资源评价图、自然灾害危险性评价图、资源与环境承载力综合评价图、生态功能区划图等。

### 7.3.5 生态保护红线概述

生态保护红线是指依法在重点生态功能区、生态环境敏感区和脆弱区等区域划定的严格管控边界，是国家和区域生态安全的底线。生态保护红线所包围的区域为生态保护红线区，对于维护生态安全格局、保障生态系统功能、支撑经济社会可持续发展具有重要作用。

根据生态保护红线的概念，其属性特征包括以下五个方面：

① 生态保护的关键区域：生态保护红线是维系国家和区域生态安全的底线，是支撑经济社会可持续发展的关键生态区域。

② 空间不可替代性：生态保护红线具有显著的区域特定性，其保护对象和空间边界相对固定。

③ 经济社会支撑性：划定生态保护红线的最终目标是在保护重要自然生态空间的同时，实现对经济社会可持续发展的生态支撑作用。

④ 管理严格性：生态保护红线是一条不可逾越的空间保护线，应实施最为严格的环境准入制度与管理措施。

⑤ 生态安全格局的基础框架：生态保护红线区是保障国家和地方生态安全的基本空间要素，是构建生态安全格局的关键组分。

### 7.3.6 生态保护红线划定方法

2015年5月环境保护部公布了《生态保护红线划定技术指南》，适用于各区域生态红线的划定。本节仅介绍生态保护红线划定技术流程和划定范围，具体划定方法可参考《生态保护红线划定技术指南》。

#### 7.3.6.1 技术流程

（1）生态保护红线划定范围识别

依据《全国主体功能区规划》《全国生态功能区划》《全国生态脆弱区保护规划纲要》《全国海洋功能区划》《中国生物多样性保护战略与行动计划（2011—2030年）》等国家文件和地方相关空间规划，结合经济社会发展规划和生态环境保护规划，识别生态保护的重点区域，确定生态保护红线划定的重点范围。

（2）生态保护重要性评估

依据生态保护相关规范性文件和技术方法，对生态保护区域进行生态系统服务重要性评估和生态敏感性与脆弱性评估，明确生态保护目标与重点，确定生态保护重要区域。

（3）生态保护红线划定方案确定

对不同类型生态保护红线进行空间叠加，形成生态保护红线建议方案。根据生态保护相关法律法规与管理政策，土地利用与经济发展现状与规划，综合分析生态保护红线划定的合理性和可行性，最终形成生态保护红线划定方案。

（4）生态保护红线边界核定

根据生态保护红线划定方案，开展地面调查，明确生态保护红线地块分布范围，勘定生态红线边界走向和实地拐点坐标，核定生态保护红线边界。调查生态保护红线区各类基础信息，形成生态保护红线勘测定界图，建立生态保护红线勘界文本和登记表等。

#### 7.3.6.2 生态保护红线划定范围

依据《中华人民共和国环境保护法》，生态保护红线主要在以下生态保护区域进行划定。

(1) 重点生态功能区

① 陆地重点生态功能区。陆地重点生态功能区主要包括《全国主体功能区规划》和《全国生态功能区划》的各类重点生态功能区，具体包括水源涵养区、水土保持区、防风固沙区、生物多样性维护区等类型。

② 海洋重点生态功能区。海洋重点生态功能区主要包括海洋水产种质资源保护区、海洋特别保护区、重要滨海湿地、特殊保护海岛、自然景观与历史文化遗迹、珍稀濒危物种集中分布区、重要渔业水域等区域。

(2) 生态敏感区或脆弱区

① 陆地生态敏感区或脆弱区。陆地生态敏感区或脆弱区主要包括《全国生态功能区划》《全国主体功能区规划》及《全国生态脆弱区保护规划纲要》的各类生态敏感区或脆弱区，具体包括水土流失敏感区、土地沙化敏感区、石漠化敏感区、高寒生态脆弱区、干旱和半干旱生态脆弱区等。

② 海洋生态敏感区或脆弱区。海洋生态敏感区或脆弱区主要包括海岸带自然岸线、红树林、重要河口、重要砂质岸线和沙源保护海域、珊瑚礁及海草床等。

(3) 禁止开发区

禁止开发区主要包括国家级自然保护区、世界文化自然遗产、国家级风景名胜区、国家森林公园和国家地质公园等类型。

(4) 其他

其他未列入上述范围但具有重要生态功能或生态环境敏感、脆弱的区域，包括生态公益林、重要湿地和草原、极小种群生境等。

生态保护红线确定后，将划定成果汇总于表7-18中，连同红线分布图一并向社会公布，作为其他相关规划和项目开发建设的基础资料，依法进行保护。

表7-18 ××省/市生态保护红线区登记表

| 所在行政区域 | | 代码① | 名称 | 保护级别 | 类型 | 生态功能与保护目标 | 地理位置（四至描述、拐点坐标） | 区域面积/km² | 生态系统类型与特征 | 主要人为活动和生态环境问题 | 管控措施 | 备注 |
| --- | --- | --- | --- | --- | --- | --- | --- | --- | --- | --- | --- | --- |
| 市级 | 县级 | | | | | | | | | | | |
| | | | | | | | | | | | | |
| | | | | | | | | | | | | |

注：①代码编号方式为：类型代码+阿拉伯数字，其中阿拉伯数字从01开始进行编号。各类红线类型代码如下：A：水源涵养区；B：水土保持区；C：防风固沙区；D：生物多样性维护区，其他类型以此类推，如某县第2块水源涵养区，用A02表示，各地可结合实际情况自行扩展编码。

## 7.4 生态规划案例分析

本节以成都市龙泉驿区为例介绍生态规划方法❶。成都市龙泉驿区地处成都平原东部，

---

❶ 本案例以当时国家标准为准

是成都主城区对接成渝经济带的东门户,是中国西部国际汽车城、成都东部副中心城区。作为成都市的工业基地,龙泉驿区在全省县级经济综合考评中连续保持在全省十强县(区)行列。成都市龙泉驿生态区建设规划编制的目的旨在通过环境保护和建设规划,建立起生态安全格局,维持和恢复区域生态格局的连续性和完整性,最终实现区域性经济效益、社会效益、生态效益的可持续发展和高度统一。

### 7.4.1 成都市龙泉驿区生态环境现状

#### 7.4.1.1 自然环境

龙泉驿区属成都市管辖的十九个区(市)县之一,地处成都平原东部偏南。境内地貌低山、浅丘、平坝兼有,其中平原面积占55.7%,浅丘占1.96%,低山占38.55%。这里属亚热带湿润季风气候区,植被丰富,林果业及农业观光旅游业发达。

#### 7.4.1.2 社会、经济环境

龙泉驿区现共辖12个乡镇、街办。截至2007年末,全区户籍人口57.24万人,城市化水平为44.9%。全区GDP达到141.60亿元,比上年增长17.5%,一、二、三产业比例关系15.2∶50.0∶34.8。城市居民人均可支配收入13020元,农民人均纯收入6124元。

#### 7.4.1.3 生态现状

龙泉驿区境内地形复杂,山地坡陡,土层浅薄,是成都市水土流失较严重的地区。全区的中强度水土流失面积164.8km$^2$。主要森林植被类型为天然次生柏木、马尾松、青冈林,人工栽培的桤柏混交林、林农间作的经济林,森林覆盖率为37.4%。

龙泉驿区现有的集中式饮用水水源保护地有东风渠、宝狮湖、玉带湖、大田坝水库、大石山湾塘、洛带镇金龙湖、大坝水库、龙泉湖共8处。2007年集中式饮用水水源水质达标率为99.86%,村镇饮用水卫生合格率为74.4%。

#### 7.4.1.4 环境质量

(1)水环境现状

龙泉驿区芦溪河、陡沟河、秀水河、西江河河流出境断面水质受点污染源以及非点污染源的影响,河流水质不能达到国家《地表水环境质量标准》(GB 3838—2002)Ⅲ类水域标准。水环境污染呈现有机污染特征,与社会生活污水污染关联密切,说明龙泉驿区的水污染主要以生活污染为主。

(2)空气环境质量现状

根据龙泉驿区环境监测站2007年度对全区的大气监测结果统计表明,全区空气环境质量均能达到国家《环境空气质量标准》(GB 3095—1996)二级标准,大气环境质量良好。

(3)噪声环境质量现状

据龙泉驿区环境监测站2007年度噪声监测统计表明,各功能区声环境测点的等效声级都能够达到国家《城市区域环境噪声标准》(GB 3096—93)相应标准要求。

(4)主要污染源

①工业污染源。2007年龙泉驿全区环境统计重点工业污染源共103家。单位工业增加值新鲜水耗为11.01m$^3$/万元,工业用水重复率为63%,工业企业污染物排放稳定达标率为90%,工业固废处理利用率为99.78%。

② 农业污染源。全区农用化肥施用强度（折纯）为 230kg/hm²；农用地膜使用数量 300t，回收率约 90%；主要农产品农药残留合格率约 88%。全区的 14 家规模化畜禽养殖场均建有沼气池，通过沼气的方式对畜禽粪便进行综合利用，产生的沼渣及废水用来施肥和灌溉，规模化畜禽养殖场粪便综合利用率为 90%。

③ 城镇生活污染源。2007 年，龙泉驿区城镇生活污水产生量为 45330t/d。目前龙泉驿区除了龙泉街办外，其余 11 个街办、乡镇没有统一的生活污水管网规划。全区当时仅有一座成龙水质净化厂（日处理规模 $2\times10^4$ t/d），城镇污水集中处理率仅为 62.2%。

2007 年，龙泉驿区城镇生活垃圾产生量为 109t/d。城镇生活垃圾统一送往成都市固体废物卫生处置场集中处理，城镇生活垃圾无害化处理率保持在 100%。

#### 7.4.1.5 生态环境综合评价

根据我国《生态环境状况评价技术规范（试行）》和第 7.2.2 节介绍的方法，计算得到龙泉驿区生态环境质量指数为 59.25，因此，龙泉驿区的生态环境质量等级为良。表明龙泉驿区植被覆盖度较高，生物多样性较丰富，适合人类生存，生态环境质量较好。

### 7.4.2 龙泉驿生态区建设的目标分析

#### 7.4.2.1 生态区建设的目标

计划用 6～7 年时间，使龙泉驿区建成完善的环境基础设施，监督管理能力进一步得到加强，农村面源污染得到有效控制，生态环境恶化趋势得到遏制，环境质量功能区达标并有所改善，生态功能保护区的生态功能恢复，初步形成以生态产业为主体的生态经济框架，达到生态区标准要求并通过验收。成为"绿色生态新区"，逐步实现资源、环境与经济社会协调发展。

龙泉驿生态区建设各项评价指标达标状况见表 7-19。

表 7-19 龙泉驿生态区建设指标一览表

| 项目 | 序号 | 名称 | 单位 | 2007 年现状 | 2013 年计划 | 2014 年计划 | 考核指标 |
|---|---|---|---|---|---|---|---|
| 经济发展 | 1 | 农民年人均纯收入 | 元/人 | 6124 | 10000 | 11000 | ≥6000 |
| | 2 | 城镇居民年人均可支配收入 | 元/人 | 13020 | 20000 | 21500 | — |
| | 3 | 单位 GDP 能耗（以标准煤计） | t/万元 | 1.22 | 0.90 | 0.88 | ≤0.9 |
| | 4 | 单位工业增加值新鲜水耗 | m³/万元 | 11.01 | 10 | 9.5 | ≤20 |
| | 5 | 农业灌溉水有效利用系数 | — | 0.60 | 0.64 | 0.65 | ≥0.55 |
| | 6 | 主要农产品中有机、绿色及无公害产品种植面积的比例 | % | 60 | 70 | 72 | ≥60 |
| 生态环境保护 | 7 | 空气环境质量 | — | 达到功能区标准 | 达到功能区标准 | 达到功能区标准 | 达到功能区标准 |
| | 8 | 水环境质量 | — | 未达到功能区标准 | 达到功能区标准 | 达到功能区标准 | |
| | 9 | 噪声环境质量 | — | 达到功能区标准 | 达到功能区标准 | 达到功能区标准 | |

续表

| 项目 | 序号 | 名称 | 单位 | 2007年现状 | 2013年计划 | 2014年计划 | 考核指标 |
|---|---|---|---|---|---|---|---|
| 生态环境保护 | 10 | 化学需氧量（COD）排放强度 | kg/万元 | 3.2 | 2.9 | 2.8 | <3.5且不超过国家总量控制指标 |
| | 11 | 二氧化硫（SO$_2$）排放强度 | kg/万元 | 4.3 | 3.9 | 3.8 | <4.5且不超过国家总量控制指标 |
| | 12 | 工业企业污染物排放稳定达标率 | % | 90 | 94 | 95 | — |
| | 13 | 城镇污水集中处理率 | % | 62.2 | 87 | 90 | ≥80 |
| | 14 | 工业用水重复率 | % | 63 | 82 | 85 | ≥80 |
| | 15 | 城镇生活垃圾无害化处理率 | % | 100 | 100 | 100 | ≥90 |
| | 16 | 工业固体废物处置利用率 | % | 99.78 | 100 | 100 | ≥90且无危险废物排放 |
| | 17 | 森林覆盖率平原地区 | % | 37.4 | 45 | 47 | ≥18 |
| | 18 | 受保护地区占国土面积比例（平原地区） | % | 10 | 14 | 15 | ≥15 |
| | 19 | 城市人均公共绿地面积 集镇人均公共绿地面积 | m$^2$ | 15.69 9 | 18 11 | 19 12 | ≥12 |
| | 20 | 适宜农户沼气普及率 | % | 54 | 59 | 60 | — |
| | 21 | 农村生活用能中清洁能源所占比例 | % | 55 | 60 | 61 | — |
| | 22 | 农村生活用能中新能源所占比例 | % | 50 | 57 | 60 | ≥50 |
| | 23 | 秸秆综合利用率 | % | 95 | 97 | 98 | ≥95 |
| | 24 | 农用塑料薄膜回收率 | % | 90 | 95 | 96 | — |
| | 25 | 规模化畜禽养殖场粪便综合利用率 | % | 90 | 95 | 96 | ≥95 |
| | 26 | 化肥施用强度（折纯） | kg/hm$^2$ | 230 | 215 | 210 | <250 |
| | 27 | 集中式饮用水源水质达标率 | % | 99.86 | 100 | 100 | 100 |
| | 28 | 村镇饮用水卫生合格率 | % | 74.4 | 99 | 100 | 100 |
| | 29 | 农村卫生厕所普及率 | % | 90 | 95 | 96 | ≥95 |
| | 30 | 应当实施强制性清洁生产企业通过的验收比例 | % | 100 | 100 | 100 | |
| | 31 | 环境保护投资占GDP的比例 | % | 2.72 | 4.6 | 5.0 | ≥3.5 |
| 社会进步 | 32 | 人口自然增长率 | % | 0.003 | 0.002 | 0.001 | 符合国家或当地政策 |
| | 33 | 城市化水平 | % | 44.9 | 48.5 | 49 | |
| | 34 | 公众对环境的满意率 | % | 96 | 97 | 98 | >95 |

#### 7.4.2.2 差距和问题分析

龙泉驿区是成都市东部的门户，是成都市向东向南发展战略的主体区域，地理位置优越。依托成都国家级经济技术开发区的主导产业集群和配套产业群体的发展，经济实力雄厚，丰富的农林资源和经久不衰的农业观光旅游带来了勃勃生机，也为生态区的建设创造了良好条件。但是，产业布局不尽合理，水资源相对匮乏和环保基础设施建设的滞后也给生态区的创建提出了严峻的挑战。

从指标分析来看，差距较小的指标有城镇污水集中处理率和规模化畜禽养殖场粪便综合利用率；差距较大的指标有单位 GDP 能耗、受保护地区占国土面积比例、水环境质量等，短时期得到改善的困难很大。

### 7.4.3 龙泉驿生态区建设的生态功能区划

龙泉驿区可划分为三个生态功能区：龙泉山低山丘陵农林土壤保持、水源涵养生态功能区；平原都市农业经济生态功能区；城镇与新型工业生产生态功能区。

(1) 龙泉山低山丘陵农林土壤保持、水源涵养生态功能区

该区位于龙泉驿区东部及南部，主要包括龙泉山区、水库水源涵养地、水源保护地及南部丘陵各乡镇。区内生态环境系统具有一定的脆弱性，主要采用"土地生态利用"的模式，即以生态水土保持保护和林业景观利用为主，并与农牧协调利用相结合。

(2) 平原都市农业经济生态功能区

该区处于龙泉山以西，成渝高速公路以北的波状平原区，区内交通发达，各项基础设施均较完善，为经济相对发达地区。目前该区主要经济活动为工业和种植农业，以"明蜀王陵""洛带千年古镇"为首的旅游业也有很大市场。

(3) 城镇与新型工业生产生态功能区

该区以国家级经济技术开发区为中心，包括龙泉街办、大面街办、柏合镇的部分地区。该区交通发达，基础设施条件好，集中了龙泉驿区大多数的高新技术产业，布局比较合理，商业及服务业较发达，近年来各项事业发展迅速。

### 7.4.4 龙泉驿生态区建设的主要领域和重点任务

#### 7.4.4.1 以循环经济为核心的生态产业体系建设

(1) 发展生态农业

加快农业产业化进程，推动现代农业发展；以黄土生态农业科技示范园为重点，积极发展生态农业；建设农业特色产业带；建立"养殖-沼气-沃土-种植"生态循环经济模式。

(2) 发展生态工业

以经济技术开发区为依托，做大做强"一主二优"的优势产业集群，建设全国一流的经济技术开发区；落实节能减排的战略部署，建设生态工业园区；发展以汽车产业为核心的循环经济，推行清洁生产。

(3) 发展生态服务业

加快重点生态旅游景区建设；全力打造观光休闲产业带；以成都文化产业示范园为重点，发展文化产业；以北部物流示范园为载体，发展现代物流业。

#### 7.4.4.2 自然资源与生态环境体系建设

(1) 重点资源开发与保护

① 特色农业资源的开发和保护。重点对水蜜桃、枇杷、梨、葡萄等品牌产品进行有效的开发和保护。进一步加强无公害水果基地和优质早熟梨、水蜜桃、枇杷基地和良繁基地建设。

② 饮用水水源保护。加强饮用水防治，建立水源区水质管理保护机制，加强水源保护区水环境监督性监测，制定科学合理的饮用水水源地环境保护规划以保障饮用水水源的水质安全。

③ 水资源开发利用的生态环境保护。

④ 天然林资源保护。

⑤ 森林生态系统保护、开发、维持和发展。

⑥ 野生动物资源保护。

(2) 环境污染治理

① 水污染防治。加快城镇污水管网建设，加快龙泉驿区城区雨污分流；加快平安、西河、陡沟河、芦溪河等污水处理厂建设，使城镇生活污水集中处理率在2014年达到90%；进行河道综合整治工程，到2014年，水环境质量能够稳定达到国家Ⅲ类水质标准。

② 加强大气环境治理力度。加大能源结构调整力度，在城区全面普及清洁能源，提高工业企业使用清洁能源的比例；实行工业向园区集中。到2014年，大气环境质量达到国家二级标准。

③ 综合整治声环境，营造城乡居民舒适的生活环境。

④ 固体废物处置。规划在洛带镇的成都市固体废物卫生处置场周边建设焚烧发电厂、危废焚烧厂、餐饮垃圾处理厂、粪便处理厂、污泥处理设施等。

(3) 自然生态保护与建设

① 响应成都"198"生态绿化圈规划，"扇叶"筑起大成都绿色生态圈。成都"198"生态绿化圈规划是在三环路以外外环路以内呈环状带的区域内，规划形成145km$^2$的生态绿地，同时对外环路外侧500m范围展开全面植绿和景观改造。龙泉驿区将建设涉及十陵街办、大面街办的外环路外侧的500m生态绿化带。

② 加强对受保护地区的建设和管理。对全区集中式饮用水水源进行调查和划定；划定生态功能保护区；打造龙泉山国家级森林公园和十陵森林公园，发展以山水、花果为特色的休闲型观光旅游业。

③ 加强生物多样性保护和研究。

④ 加强生态体系建设，构建立体生态格局。

⑤ 生态环境预防监测体系建设和保护管理信息系统建设工程。

(4) 农村和农业生态环境保护与建设

① 加强农村环境建设，推进新农村建设示范点工作。加快乡村道路改造，推动公交普及化。加快天然气专用输送管道建设，提高村镇天然气普及率。加快启动新型社区建设，配套完善基础设施。加大农村环境整治，加快"三改两建一配套"工程建设。到2014年，农村卫生厕所普及率达到96%。

② 积极开展环境优美乡镇和生态文明村的创建活动。在2013年之前，龙泉驿区12个街办、镇（乡）都将完成全国环境优美乡镇的创建工作并通过验收。到2010年建成30个生

态小康新村，2 万户庭院生态户，初步形成和谐的社会主义新农村。

③ 农村能源建设。按照村镇建设规划，加快推广"一池三改"工作。推广猪-沼-气模式，进一步扩大农村户用沼气规模。推广秸秆过腹还田和人畜粪便发酵产沼还田技术和农作物秸秆气化技术，提高能源自给能力。到 2014 年，农村生活用能中以沼气为代表的新能源使用比例达到 60%。

④ 搞好农村饮水安全工程，加强农田水利设施综合整治改造。实施农村饮用水安全工程，建设并完善水源地环境保护的硬件设施，完善污染预防措施，防止水源受到污染。

⑤ 畜禽养殖业和农业面源污染控制。在畜禽养殖业方面，实行"养殖-沼气-沃土-种植"生态循环经济模式；完善规模化养殖场污水和粪便的污染防治设施。在种植业方面，结合有机、绿色、无公害基地的建设。

#### 7.4.4.3 生态人居体系建设

(1) 优化城镇功能区布局与景观结构建设

优化整合发展空间，完善都市新区城镇发展体系，加强城市基础设施建设，努力构建"一主两重三片多点"城镇发展新格局、"两湖一山"旅游开发格局，将龙泉驿区建设成为富有地域特色、独具山水园林魅力、面向休闲旅游的生态型园林新城。

(2) 城镇环境保护基础设施建设与环境综合整治

完成平安、西河、芦溪河、陡沟河等污水处理厂及配套管网工程；扩大成都市固体废物卫生处置场集中处理规模；建设多个环卫专用停车场。

(3) 创建环境优美乡镇

根据省级和国家级环境优美乡镇的指标和建设要求，按照先易后难的原则，指导督促在十二个乡镇（街办）逐步开展环境优美乡镇的创建。

(4) 绿色社区、生态村建设

对标绿色社区、生态村建设的指标和要求，将生态创建引向深入，全面开展生态区的细胞工程建设并取得成效。

(5) 公共基础、服务设施建设

加强城镇和乡村水电气、卫生文化、通信网络等公共设施和服务设施建设，提高城乡生活的便捷度和幸福感。

#### 7.4.4.4 生态文化体系建设

(1) 倡导绿色生产和绿色消费

制定企业发展导向指南，鼓励企业进行绿色技术创新；大力推行清洁生产和 ISO 14001 环境管理体系认证，建立完善企业绿色管理考核制度，以企业为主体推进绿色生产；建立无公害蔬菜生产基地，生产安全、绿色、无公害食品。

提倡绿色文明生活方式和消费观念，引导消费观念向节约资源、减少污染、环保选购、重复使用转变。

(2) 生态环境保护知识普及与教育

加强全民生态教育，普及生态保护知识；创建绿色学校，提高公众的参与能力。

#### 7.4.4.5 能力保障体系建设

能力保障体系建设包括科技支撑能力建设；环境安全预测、预警、预报系统建设；环境管理能力保障；环境意识形态保障；完善可持续发展的科学、民主决策机制。

### 7.4.5 龙泉驿生态区建设的重点项目

根据龙泉驿生态区建设的总体目标、主要任务和建设步骤，计划在生态产业、自然资源与生态环境、生态人居、生态文化和能力保障体系五大主要建设领域，集中力量组织实施一批重点建设项目，共计74个项目，总投资约67亿元。

#### 7.4.5.1 生态产业体系建设重点项目

以循环经济为核心的生态产业体系包括生态农业、生态工业及生态服务业的建设，共3个产业的21个子项目，投资概算312750万元。

#### 7.4.5.2 自然资源与生态环境体系建设重点项目

包括水保工程、饮用水水源保护区保护工程、退耕还林和天然林资源保护工程、污水处理厂建设、河道综合整治、河流生态廊道建设等重点建设项目，共计26个子项目，预计总投资200949万元。

#### 7.4.5.3 生态人居体系建设重点工程

包括园林绿地系统建设、重要城镇景观建设、基础设施建设、服务设施建设、环保基础设施建设、生态小康新农村及环境优美乡镇创建及生态小区工程，共计15个子项目，投资合计153060万元。

#### 7.4.5.4 生态文化体系建设重点工程

包括生态教育体系建设工程、文化设施建设与保护工程、文化网络体系建设工程，共计6个子项目，投资合计1480万元。

#### 7.4.5.5 能力保障体系建设重点项目

包括环保系统自身能力、环境监测能力、生态环境事故应急系统、环境质量自动监测系统及工业污染源监控系统的建设，共6个子项目，投资概算2050万元。

### 7.4.6 龙泉驿生态区建设目标的可达性分析

在生态区建设的33个考核指标中，已达标指标共27个。随着龙泉驿区经济、社会和资源环境协调发展，已达标指标均能在保持现有水平的基础上往好的方向发展。

通过龙泉驿区能源结构的继续调整，淘汰落后生产能力，禁止在区内新建不符合国家产业政策的生产项目，并逐步用经济手段促进企业节能降耗，使得全区单位GDP能耗到2013年降至0.90吨标准煤/万元，能够达到国家级生态区建设指标要求。通过城区雨污分流管网建设、城镇污水处理厂建设以及重点河流水质综合整治，使地表水环境质量得到有效改善，2013年龙泉驿区地表水环境质量稳定达到三类水质要求的目标可行。龙泉驿区通过划定饮用水水源保护区、加快省级花果山风景名胜区和龙泉湖风景名胜区的规划建设和保护，加强十陵森林公园和龙泉山森林公园建设的投入力度，到2014年，受保护地区的比例将提高到15%，村镇饮用水卫生合格率达到100%，达到考核指标要求。

### 7.4.7 龙泉驿生态区建设的效益分析与评价

#### 7.4.7.1 投资经费

龙泉驿生态区建设涉及生态产业体系建设、自然资源与生态环境体系建设、生态人居体系建设、生态文化体系建设及能力保障体系建设等重点领域，共计 74 个项目，总投资约 67 亿元。

#### 7.4.7.2 效益分析

① 经济效益：经济健康快速发展；产业结构不断优化；循环经济促进经济发展，促进环保产业的发展。

② 生态环境效益：生态环境明显改善，人居环境质量大大提高；城乡污染得到控制；能源消耗降低；环境污染治理能力有所提高；经济发展与生态环境保护不断协调。

③ 社会效益：全民生态素养逐步提高，生态意识不断增强；人民生活质量得到提高；社会环境日趋和谐；城市品位提升，社会凝聚力增强。

### 7.4.8 规划实施的保障措施

保障措施包括法制保障、组织保障、资金保障、技术保障、社会保障等。

## 复习思考题

1. 简述生态规划及其内容。它与污染控制规划有何不同？
2. 生态规划的分析方法有哪些？举一例说明在规划中如何应用。
3. 何为生态足迹？如何进行生态足迹分析？
4. 如何开展生态服务功能重要性和生态敏感性分析？它们与生态功能分区有何联系？
5. 什么是生态红线？哪些区域应纳入生态红线严格保护？
6. 怎样开展城市生态规划？主要包括哪些内容？
7. 查阅文献进行生态规划案例分析，说明其主要目标和措施。

# 第 8 章　区域环境管理

环境管理的方法和手段丰富多样,但开展环境管理要从宏观决策入手,以人与自然和谐、提高生态文明水平为指导思想,考虑合理的开发布局和结构优化,在宏观决策指导下,采用科学的方法和手段,针对具体区域和对象开展微观的环境管理,这是做好生态环境保护和管理工作的总体思路。

## 8.1　末端控制为基础的环境管理模式

### 8.1.1　末端控制的环境管理模式

#### 8.1.1.1　末端控制的含义

末端控制又称末端治理或末端处理,是指在生产过程的终端或者是在废物排放到自然界之前,采取一系列措施对其进行物理、化学或生物过程的处理,以减少排放到环境中的废物总量。当前基于末端控制的环境管理方法主要是浓度控制和总量控制。

末端控制模式的环境管理手段是在最后制造工序或排污口建立各种防治环境污染的设施来处理污染,如建污水处理站,安装除尘、脱硫装置等以"过滤器"为代表的末端控制装置与设备,为固体废物配置焚烧炉或修建填埋场等方式来满足政策与法规对废物的排放标准的要求。这种环境管理模式是以"管道控制污染"思想为核心,强调的是对排放物的末端管理。

20 世纪 50 年代以来,随着制造业的快速发展与技术革新速度的加快,人类所依赖的资源与生产的产品范围得到扩大,人工合成的各种化学物质被不断地生产与制造,引发了严重的环境污染问题;同时制造过程中能源与资源消耗大,排放了大量的废物,环境的容纳与循环能力不能承载,造成环境问题日益突出。为此,各国政府制定了一系列的环境污染法律法规、排放标准,对企业进入环境的工业废物的最高允许量进行限制,对企业污染和破坏环境的行为进行限制和控制。

随着污染者负担原则的提出,各国法律都规定了企业对其排放污染物的行为必须承担经济责任,凡是污染物的排放量超过了规定的排放标准,都需要缴纳超标排污费,造成环境损害的,需要承担治理污染的费用并赔偿相应的损失。在这一阶段,面对严厉的法律、法规、标准、政策,企业只能遵循相关的制度约束,以便能够在制度约束的范围内进行经营活动,但采取的污染控制手段并未因此而改变。

#### 8.1.1.2　末端控制的特点

末端控制在环境管理发展过程中是一个重要的阶段,直接而具体,它有利于消除污染事件,也在一定程度上减缓了生产活动对环境污染和破坏的趋势。末端控制的环境管理模式是在生产活动的末端实施管控,具有以下基本特征:

① 末端控制是线性经济的产物，是一种由"资源-产品-废物排放"单方向流程组成的开环式系统。

② 对废物的处理与污染的控制强调的是对企业自身制造过程中的废物的控制，而对分销过程与消费者使用过程中所产生的废物则不予以考虑与控制。

③ 其环境管理的目标是通过对制造过程中的废物与污染的控制，达到规制最低排放标准与最大排放量的要求，规避环境规制所产生的风险。

#### 8.1.1.3 末端控制的局限性

由于末端治理是一种治标的措施，投资大、效果差，而且末端治理投资一般难以在投资期限内收回，再加上常年运转费用，在法制尚不健全的强制性管理环境中，容易滋长企业的消极性。随着时间的推移、工业化进程的加速，末端控制的局限性也日益显露，主要表现为如下几个方面：

① 末端处理技术常常使污染物从一种环境介质转移到另一种环境介质。常用的污染控制技术只解决工艺中产生并受法律约束的第一代污染物，而忽视了废物处理中或处理后产生的第二代污染问题。如烟气脱硫、除尘形成大量废渣，废水集中处理产生大量污泥等，所以不能根除污染。

② 现行环境保护法规、管理、投资、科技等占支配地位的污染排放的监控，是单纯的就事论事的污染控制，而没有对面临全球系统的环境威胁提出适当的解决办法。

③ 经济社会的高速发展，新老环境问题交织，环境污染呈现复合型的特点。末端治理难度大，处理污染的设施投资大、运行费用高，使企业生产成本上升，经济效益下降。

④ 环境问题给世界各国带来了越来越沉重的经济负担，控制污染问题之复杂，所需资金之巨大远远超出了预料，用末端控制方式解决环境问题远比原来设想的要困难得多。

⑤ 经济社会发展还会造成严重的资源和生态问题，末端控制未涉及资源的有效利用，不能制止自然资源的浪费和生态环境的破坏。

⑥ 末端治理甚至未涉及产品的销售和使用。产品在分销与使用过程中产生了大量的废物，如日益受到关注的电子垃圾，已经对自然环境产生了巨大的环境压力。

自然系统自然降解、吸纳和消除废物的能力是有限的，以管道控制为核心的末端控制的环境管理模式不能实现人与自然的和谐发展。所以，要真正解决污染问题需要实施过程控制，减少污染的产生，从根本上解决环境问题。

### 8.1.2 浓度控制

#### 8.1.2.1 浓度控制的定义

浓度控制是指以控制污染源排放口排出污染物的浓度为核心的环境管理的方法体系。其核心内容为国家制定环境污染物排放标准，规定企业排放的废气和废水中各种污染物的浓度不得超过国家规定的限值。此外，还有不同行业污染物排放标准和省级污染物排放标准。浓度控制一直是环境管理政策的核心，至今仍然是我国污染控制的主要手段之一。例如，我国现行环境管理制度中的"排污收费"是依据污染物浓度排放标准来进行收费的，"三同时"和环境影响评价等制度也都是以浓度排放标准为主要评价标准。

#### 8.1.2.2 浓度控制的方法和手段

以浓度控制为核心的环境管理，主要依据污染物排放标准，即污水综合排放标准、大气污染物排放标准、行业排放标准等，监测对照排出的污染物浓度，以控制污染物排放量。其管理模式主要是监控排污单位排放口的达标状况，以此来作为环境管理的技术手段和依据，结合环境影响评价制度、"三同时制度"、"排污收费"制度的实施，实现区域环境管理的目标任务。就环保管理部门来说，其主要任务和流程为：制定污染物排放标准和环境质量标准，并颁布实施；对排污单位污染防治措施进行检查和监测；对管辖区域环境质量进行监测；编制环境整治规划和管理方案；组织协调和监督管理。浓度控制环境管理模式见图8-1。

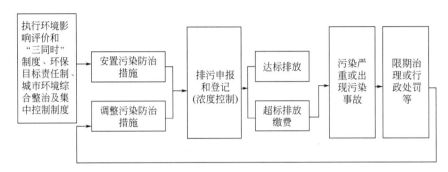

图 8-1　浓度控制环境管理模式

#### 8.1.2.3　浓度控制法的特点

控制污染源排放浓度的方法，是我国20世纪70～80年代环境管理中一直执行的管理方法，在我国环境保护管理初期起到了重要作用，并进一步推动了我国环境管理体系的发展和完善。浓度控制法的优点在于：直观简单，可操作性强，管理方便；易于检查和控制排污单位的环境行为。

作为一种末端控制的环境管理手段，浓度控制法的弊端表现在：不能从环境质量要求出发，仅采取控制相应污染物排放的方法，使污染源的监控和环境质量执行要求脱节，污染源排放浓度达标后也会引起环境质量的不利变化。

### 8.1.3　总量控制

#### 8.1.3.1　总量控制的提出

总量控制方法自20世纪70年代末由日本提出以后，在日本、美国等国家得到了广泛应用，并取得了良好的效果。20世纪90年代中期后，我国开始推行污染物排放总量控制措施。污染物排放总量控制（以下简称总量控制）正式作为我国环境保护的一项重大举措，出现在1996年全国人大通过的《中华人民共和国国民经济和社会发展"九五"计划和2010年远景目标纲要》中。原国家环保局为落实"九五"环保目标，编制了《"九五"期间全国主要污染物排放总量控制计划》。总量控制作为"九五"期间环保工作的重大举措之一，标志着我国环境管理的一个重大转变，在我国环境管理中发挥了重要作用。

#### 8.1.3.2　总量控制的定义

总量控制是污染物排放总量控制的简称，它将某一控制区域作为一个完整的系统，采取措施将排入这一区域内的污染物总量控制在一定数量之内，以满足该区域的环境质量要求。

总量控制是以环境质量目标为基本依据，对区域内各污染源的污染物排放总量实施控制的管理制度。在实施总量控制时，污染物的排放总量应不大于允许排放总量。区域的允许排污量应当等于该区域环境允许的纳污量，环境允许纳污量则由环境允许负荷量和环境自净容量确定。总量控制管理与实际的环境质量目标相联系，在排污量的控制上宽严适度，可避免浓度控制所引起的不合理稀释排放，有利于区域污染控制费用的最小化。

#### 8.1.3.3 总量控制的方法和类型

总量控制管理方法是以环境质量标准为基准，合理确定区域和各排污单位污染物允许排放总量，以确保区域环境质量达标的管理方法。总量控制的基本方法与步骤包括：根据环境功能区划分，确定总量控制区域，选取控制点（控制断面）；经验确定或计算环境容量，核定区域污染物允许排污总量；按照各种污染源对环境质量的影响程度和污染源贡献率，按照一定的原则和方法，将允许排污总量分配到具体的排污单位；对排污单位核发排污许可证，实行排污总量管理；对排污单位进行监督监测，制定总量控制管理政策和措施。

总量控制包含3个方面的内容，一是排放污染物的总质量，二是排放污染物总量的地域范围，三是排放污染物的时间跨度。因此，总量控制是指以控制一定时段内一定区域中排污单位排放污染物的总质量为核心的环境管理方法体系。这里的时段可以是10年、5年、1年、1季或者1月；区域可以是全国、大区域流域、省，也可以是城市或城市内划定的区域，但一般为地理上的连续区域。

在总量控制管理实践中，根据区域允许排放总量确定的不同，可以分为三种类型：

(1) 目标总量控制

以排放限制为控制基点，从污染源可控性研究入手，进行总量控制负荷分配。目标总量控制的优点是：不需要过高的技术和复杂的研究过程，资金投入少；能充分利用现有的污染排放数据和环境状况数据；控制目标易确定，可节省决策过程的交易成本；可以充分利用现有的政策和法规，容易获得各级政府支持。但目标总量控制在污染物排放量与环境质量未建立明确的响应关系前，不能明确污染物排放对环境造成的损害及其对人体的损害和带来的经济损失。所以，目标总量控制的"目标"实际上是不准确的。

(2) 容量总量控制

以环境质量标准为控制基点，从污染源可控性、环境目标可达性两方面进行总量控制负荷分配。容量总量控制从环境质量要求出发，运用环境容量理论和环境质量模型，计算环境允许的纳污量和污染物的允许排放量，优化分配污染负荷，确定出切实可行的总量控制方案。容量总量控制充分考虑污染物排放与环境质量目标间的输入响应关系，将污染源的控制水平与环境质量直接联系起来，这也是容量总量控制的优势所在。

(3) 行业总量控制

以能源、资源合理利用为控制基点，从最佳生产工艺和实用处理技术两方面进行总量控制负荷分配。根据行业特点和技术经济条件确定污染物允许排放总量，并合理分配到具体排污单位，有利于行业环境管理。

我国目前的总量控制主要采用目标总量控制，同时辅以部分的容量总量控制。具体地说，在宏观层面，即全国范围实施目标总量控制，从国家，省、自治区、直辖市，到辖区的市、区、县逐级下达的总量控制指标，按照污染物来源，核定分配污染源总量控制指标；在中微观尺度，针对某些区域，如"三河""三湖""两区"和环境保护重点城市的空气、地面水环境功能区，实施容量总量控制。

#### 8.1.3.4 总量控制的基本原则

一般来说，实施总量控制应遵循以下基本原则。

(1) 服从总目标，略留余地的原则

服从全国下达的总目标，做好污染物测算工作，在总量指标分解时要略留余地。

(2) 分级管理的原则

环境质量的改善是各级政府及所属有关部门的职责，总量控制必须依靠各级政府及其所属有关责任部门。因此，总量控制要按照地区和行业进行分解，做到各负其责，同时也作为考核各级政府和有关部门工作的指标。

(3) 等权分配和区别对待的原则

根据城市经济、社会发展规划和环境保护规划的规定，对城市不同的区域要考虑区域经济发展和污染状况，对总量分配采取区别对待的原则，各行业之间采取等权分配的原则。

(4) 突出重点的原则

对于重点污染企业、行业和地区要按照相应的扩散模型计算允许排放总量，颁发排污许可证；对其他污染较小的企业可按照浓度达标的简易方法计算。

(5) 服从区域环境质量的原则

凡是区域的环境质量指标超标严重的，不允许再上一般的生产项目；对于那些污染严重、能源资源浪费大、治理难度大、产业结构不合理的企业下决心进行调整。

(6) 以排污申报为基础的原则

将总量分配到污染源的过程中，要利用排污申报登记的数据作为总量分配的基础数据。

#### 8.1.3.5 总量控制实施成效

作为一项有别于浓度控制的环境管理方法，总量控制不仅建立了污染排放与环境质量之间的定量响应关系，便于同时控制污染排放和环境质量，而且还可以突破就事论事的污染控制技术手段的应用，通过影响经济增长的方式来控制污染。

① 促进地区经济、社会协调发展。总量控制更适于纳入经济、社会发展的综合决策之中。城市的不同功能区域对于污染的限制不同，将促使产生污染的工业从城市迁出或转产，使得城市土地得到更合理的利用。总量控制将是企业选址及经营的重要依据之一。城市布局的合理化将为新产业的发展提供机遇。

② 提高政府的环境管理水平。总量控制将使环保目标更加明确和更具有可操作性，不仅使上级政府的要求更加明确，也使地方政府对排污单位的要求更加明确。总量控制对排污申报、排污许可证制度都提出了较高的要求，对环境影响评价、环境规划、环境监测（包括环境质量监测和污染源监测）也提出了较高的要求，这无疑将促进这些方面技术的发展。实施总量控制也将促进管理人员素质的提高。

③ 提高污染防治费用的效果。总量控制为排污单位污染防治提供了较大的选择空间，使排污单位有较多的机会选择污染防治方案。从治理达标、部分治理到购买排污权，这使得降低治理成本的机会大大增加。一般来说，污染物边际削减费用较低的污染源会优先得到治理。

④ 促进企业技术进步。总量控制指标逐步变严，例如每年实现 5% 的削减量要求，或者是总量控制指标的有偿转让等，都会刺激企业推进技术进步、选用清洁生产工艺，以降低污染控制成本。

⑤ 为新企业的发展提供机遇。总量控制为企业的扩建和新企业的进入提供了机会。例如，企业通过污染治理或技术进步超额削减的排放量的补偿或交易等，都给企业扩建和新企业的进入提供了发展机会。

## 8.2 污染预防为基础的环境管理模式

### 8.2.1 污染预防型的环境管理模式

#### 8.2.1.1 污染预防的由来

鉴于基于末端控制的环境管理模式的局限性，20世纪80年代中期，欧美国家将环境政策的重点转向以预防为主，提出了污染预防的概念和相关政策。该概念和配套政策的调控对象是污染的发生，目的是减少甚至消除产生污染的根源。这种减少污染废物及防止污染的策略，称为污染预防。在源头预防或减少污染物产生，不仅减少了处理费用与污染转移，实际上它能通过更有效地使用原材料，最终增强经济竞争力。

20世纪90年代前后，发达国家相继尝试运用如"废物最小化""污染预防""无废技术""源削减""零排放技术"和"环境友好技术"等方法和措施，来提高生产过程中的资源利用效率，削减污染物以减轻对环境和公众的危害。这些实践取得的良好的环境效益和经济效益，使人们认识到将环境保护渗透、结合到生产全过程中，从污染产生的源头进行预防的重要性及其深远意义。它不仅意味着对传统环境末端控制方式的调整，更为深刻的是蕴含着一场转变传统工业生产方式，乃至经济发展模式的革命。

美国国会曾于1984年通过《资源保护与恢复法——固体及有害废物修正案》，提出"废物最少化"政策。1990年10月美国国会通过了《污染预防法》，正式宣布污染预防是美国的国策，在国家层次上通过立法手段确认了污染的"源削减"政策。这是污染控制战略的一个根本性变革，在世界上引起了强烈的反响。1991年2月美国国家环境保护局发布了"污染预防战略"，至1991年4月，美国半数以上的州已有了自己的污染预防法律条文。《污染预防法》明确指出"源削减与废物管理和污染控制有原则区别，且更尽人意"，并全面表明了美国环境污染防治战略的优先顺序是："污染物应在源头尽可能地加以预防和削减；未能防止的污染物应尽可能地以对环境安全的方式进行再循环；未能通过预防和再循环消除的污染物应尽可能地以对环境安全的方式进行处理处置或排入环境，这只能作为最后的手段，也应以对环境安全的方式进行。"污染预防在各种国际组织，如经济合作与发展组织（OECD）、联合国环境规划署工业与环境规划活动中心（UNEP IE/PAC）和联合国工业发展组织（UNIDO）以及工业化国家已受到普遍重视。

#### 8.2.1.2 污染预防的定义

减少污染废物及防止污染的策略，称为污染预防。因此可以将污染预防定义为：在人类活动过程中，如材料、产品的制造，使用过程以及服务过程，采取消除或减少污染的控制措施，它包括不用或少用有害物质，采用无污染或少污染的制造技术与工艺等，以达到尽可能消除或减少各种生产、使用过程中产生的废物，最大限度地节约和有效利用能源和资源，减少对环境的污染。

污染预防是在可能的最大限度内减少生产场地产生的全部废物量。它包括通过源削减，提高能源效率，在生产中重复使用投入的原料以及降低水消耗量来合理利用资源。污染预防型的环境管理模式是当今环境管理战略上的一次重大转变。

ISO 14000标准中对"污染预防"的定义为：旨在避免、减少或控制污染而对各种过程、惯例、材料或产品采取措施，可包括再循环、处理、过程更改、控制机制、资源的有效利用和材料替代等。污染预防是环境管理体系承诺的内容之一，是组织处理和解决环境问题的基本原则，与我国解决环境问题的基本原则（预防为主，防治结合）也是一致的。按照优先度可以将其分为三个层次的污染预防方式：

① 高优先度：避免污染的产生。进行源头控制，采取无污染工艺，采用清洁的能源和原辅材料来组织生产活动，避免污染物质的产生。

② 中优先度：减少污染的产生。进行过程控制，组织可通过对产品的生命周期的全过程进行控制，实施清洁生产，采用先进工艺和设备提高能源和资源利用率，实现闭路循环等，尽可能减少每一环节污染物质的排放。

③ 低优先度：控制污染对环境的不利影响。通过采用污染治理设施对产生的污染物质进行末端治理，尽量减少其对环境的不利影响。

在开展污染预防工作时应按上述优先级的原则来选择采用污染预防措施（因为一般而言，优先度越高，污染控制的费用越低，且效果越好，从而其控制污染的效率就越高）。采用一种方式方法往往不能达到污染预防的目的，组织应结合自己的情况，综合采用源头控制、过程控制和末端治理来开展污染预防工作。

### 8.2.1.3　污染预防环境管理的内容

（1）源削减

源削减也叫源头控制，是针对末端控制而提出的一种控制方式，是指在"源头"削减或消除污染物，尽量减少污染物的产生量。实施源削减，包括减少在回收利用、处理或处置以前进入废物流或环境中的有害物质、污染物的数量的活动，以及减少这些有害物质、污染物的排放对公众健康和环境危害的活动。需要注意的是，污染物排放后的回收利用、处理、处置不是源削减，更显示出污染预防与过去的污染控制有截然的区别。

源削减的主要途径和手段是改变产品和改进工艺。其内容包括设备或技术改造，工艺或程序改革，产品的重新配制或重新设计，原料替代，以及改进内务管理、维修、培训或库存控制。源削减不会带来任何形式的废物管理（例如，再生利用和处理）。为了实施源削减计划，美国采取了包括：信息交换站、研究与开发、提供技术帮助/法规说明、提供现场技术帮助、对工业提供财政援助、对地方政府提供财政援助、废物交换、废物审计、举办研讨班和学习班、召开专业会议、调查和评价、出版简讯和刊物、审查预防计划、与学术界合作，促进污染预防、奖励计划等内容的污染预防计划。

（2）废物减量化

废物减量化（也称为废物最少化），指将产生的或随后处理、贮存或处置的有害废物量减少到可行的最低程度。其目的是减少有害废物的总体积或数量，或者降低有害废物的毒性，这将有利于减少有害废物对人体健康和未来的环境威胁，将有害废物的环境影响减少到最低限度。废物减量化包括源削减、重复利用、再生回收，以及减少有害物的体积和毒性，如削减废物产生的活动及废物产生后进行回收利用与减少废物体积和毒性的处理、处置，但不包括用来回收能源的废物处置和焚烧处理。"减量化"不一定要鼓励削减废物的生产量和废物本身的毒性，而仅要求减少需要处置的废物的体积和毒性。

废物减量化与末端治理相比，有明显的优越性，如据化工、轻工、纺织等十五个企业投资与削减量效益比较，废物减量化比末端治理，万元环境投资削减污染物负荷高3倍多。但由于废物的处理和回收利用，仍有可能造成对健康、安全和环境的危害，因而废物减量化往往是废物管理措施的改进，而不是消除它们。所以"废物减量化"仍然是一个与排放后的有害废物处理息息相关的术语，其实效性如同末端治理，仍有很大局限性。

(3) 循环经济

循环经济本质上是一种生态经济，就是把清洁生产和废物的综合利用融为一体的经济，它要求遵循生态规律和经济规律，按照自然生态系统物质循环和能量流动规律重构经济系统，使得经济系统和谐地纳入到类似于自然生态系统的物质循环过程中，在物质不断循环利用的基础上发展经济，建立起一种新的经济形态。

循环经济遵循"三R"原则（即减量化 reduce、再使用 reuse、再循环 recycle），在发展理念上就是要改变重开发、轻节约，片面追求 GDP 增长；重速度、轻效益；重外延扩张、轻内涵提高的传统的经济发展模式。把传统的依赖资源消耗的线性增长的经济，转变为依靠生态型资源循环来发展的经济。循环经济既是一种新的经济增长方式，也是一种新的污染治理模式，同时又是经济发展、资源节约与环境保护的一体化战略。

8.2.1.4　污染预防环境管理模式

污染预防环境管理模式的主要内容包括组织层面的环境管理、产品层面的环境管理和活动层面的环境管理。在后面的几节中将对这三个典型的污染预防环境管理模式进行详细的阐述。

## 8.2.2　组织层面的环境管理

从管理职能角度出发，"组织"一词具有双重意义：一是名词意义上的组织，主要指组织形态；二是动词意义上的组织，系指组织各项管理活动。本节所讨论的组织层面，则包含了这两方面的内容。作为组织层面环境管理的一项重要内容，清洁生产在工业污染从传统的末端治理转向污染预防为主的生产全过程控制中扮演了极其重要的角色。

8.2.2.1　环境绩效评估

环境绩效是指一个组织基于其环境方针、目标、指标，控制其环境因素所取得的可测量的环境管理体系成效。环境绩效评估是由独立的考核机构或考核人员，对被考核单位或项目的环境管理活动进行综合的、系统的审查、分析，并按照一定的标准评定环境管理活动的现状和潜力，对提高环境管理绩效提出建议，促进其改善环境管理、提高环境管理绩效的一种评估活动。

环境绩效评估的目标包括根本目标、具体目标和分项目标三个层次。改善环境管理，实现可持续发展是环境绩效评估的根本目标。具体目标可以概括为对环境管理各步骤的绩效情况进行考核评价，找出影响环境管理绩效的消极因素，提出建设性的考核意见，从而促使环境管理工作的高效进行。根据具体内容的不同，进一步地可以将具体目标分解为四类分项目标：评价环境法规政策的科学性和合理性，帮助法规政策制定部门制定更加科学合理的环境法规与制度；评价环境管理机构的设置和工作效率，揭示影响其工作效率的消极因素，提出改进建议；评价环境规划的科学性和合理性，有助于制订更加科学合理的环境规划；评价环境投资项目的经济性、效率性和效果性，为改善环境投资提出建设性意见。

环境绩效评估是一种用于内部管理的程序和工具，被设计用来提供给管理阶层一种可靠和可验明的资讯，以决定组织环境绩效是否符合组织管理阶层所设定的基准。正在施行环境管理的组织应就其环境政策、目标来设定环境绩效指标，再以其绩效基准来评估其环境绩效。环境绩效评估的内容主要包括规划环境行为评估、选择评估指标、数据收集及转换和报告沟通、审查和改进评估程序。

#### 8.2.2.2 循环经济

循环经济以资源高效利用和循环利用为核心；以"三R"为原则；以低消耗、低排放、高效率为基本特征；以生态产业链为发展载体；以清洁生产为重要手段，实现物质资源的有效利用和经济与生态的可持续发展。循环经济所指的"资源"不仅是自然资源，而且包括再生资源；所指的"能源"不仅是一般能源，如煤、石油、天然气等，而且包括太阳能、风能、潮汐能、地热能等绿色能源。循环经济注重推进资源、能源节约，资源综合利用和推行清洁生产，以便把经济活动对自然环境的影响降低到尽可能小的程度。

传统经济是一种由"资源-产品-污染排放"单向流动的线性经济，其特征是高开采、低利用、高排放。人们高强度地把地球上的物质和能源提取出来，然后又把污染物和废物大量地排放到水体、空气和土壤中，对资源的利用是粗放的和一次性的，通过把资源持续不断地变成废物来实现经济的数量型增长。与此不同，循环经济倡导的是一种与环境和谐的经济发展模式，它要求把经济活动组织成一个"资源-产品-再生资源"的反馈式流程，其特征是低开采、高利用、低排放。所有的物质和能源要能在这个不断进行的经济循环中得到合理和持久的利用，以把经济活动对自然环境的影响降低到尽可能小的程度。

先进国家在长期的实践中，逐步摸索形成了发展循环经济的四种基本模式：企业内部的循环经济模式；区域生态工业园区模式；社会层面上废物的回收再利用模式；社会循环经济体系，使循环经济在企业、区域和社会三个层面扎实有效地展开。

发展循环经济的基本途径包括：在资源开采环节，要大力提高资源综合开发和回收利用；在资源消耗环节，要大力提高资源利用效率；在废物产生环节，要开展资源综合利用，减少废物；在资源再生环节，要大力回收和循环利用各种废旧资源；在社会消费环节，要大力提倡绿色消费。

循环经济与生态经济推行的主要理念是：

① 新的系统观。循环经济与生态经济都是由人、自然资源和科学技术等要素构成的大系统。要求人类在考虑生产和消费时不能把自身置于这个大系统之外，而是将自己作为这个大系统的一部分来研究符合客观规律的经济原则。要从自然-经济大系统出发，对物质转化的全过程采取战略性、综合性、预防性措施，降低经济活动对资源环境的过度使用及对人类所造成的负面影响，使人类经济社会的循环与自然循环更好地融合起来，实现区域物质流、能量流、资金流的系统优化配置。

② 新的经济观。新的经济观就是用生态学和生态经济学规律来指导生产活动。经济活动要在生态可承受范围内进行，超过资源承载能力的循环是恶性循环，会造成生态系统退化。只有在资源承载能力之内的良性循环，才能使生态系统平衡地发展。循环经济是用先进生产技术、替代技术、减量技术、共生链接技术、废旧资源利用技术以及"零排放"技术等支撑的经济，不是传统的低水平物质循环利用方式下的经济。要求在建立循环经济的支撑技术体系上下功夫。

③ 新的价值观。在考虑自然资源时，不仅将其视为可利用的资源，而且是需要维持良性循环的生态系统；在考虑科学技术时，不仅考虑其对自然的开发能力，而且要充分考虑到它对生态系统的维系和修复能力，使之成为有益于环境的技术；在考虑人自身发展时，不仅考虑人对自然的改造能力，而且更重视人与自然和谐相处的能力，促进人的全面发展。

④ 新的生产观。新的生产观是要充分考虑自然生态系统的承载能力，尽可能地节约自然资源，不断提高自然资源的利用效率；是从生产的源头和全过程充分利用资源，使每个企业在生产过程中少投入、少排放、高利用，达到废物最小化、资源化、无害化；上游企业的废物成为下游企业的原料，实现区域或企业群的资源最有效利用；是用生态链条把工业与农业、生产与消费、城区与郊区、行业与行业有机结合起来，实现可持续生产和消费，逐步建成循环型社会。

⑤ 新的消费观。提倡绿色消费，也就是物质的适度消费、层次消费。绿色消费是一种与自然生态相平衡的、节约型的低消耗物质资料、产品、劳务和注重保健、环保的消费模式，而且是一种对环境不构成破坏或威胁的持续消费方式和消费习惯。在日常生活中，鼓励多次性、耐用性消费，减少一次性消费。在消费的同时还考虑到废物的资源化，建立循环生产和消费的观念。

#### 8.2.2.3 清洁生产

清洁生产是要从根本上解决工业污染的问题，即在污染前采取防止对策，而不是在污染后采取措施治理，将污染物消除在生产过程之中，实行工业生产全过程控制。一些国家在提出转变传统的生产发展模式和污染控制战略时，曾采用了不同的提法，如废物最少量化、无废少废工艺、清洁工艺、污染预防等等。但是这些概念不能包含上述多重含义，尤其不能确切表达当代融环境污染防治于生产可持续发展的新战略。为此，联合国环境规划署工业与环境规划活动中心（UNEP IE/PAC）综合各种说法，采用了"清洁生产"这一术语，来表征从原料、生产工艺到产品使用全过程的广义的污染防治途径，给出了以下定义：清洁生产是指将综合预防的环境保护策略持续应用于生产过程和产品中，以期减少对人类和环境的风险。

清洁生产是一种创造性的思想，该思想将整体预防的环境战略持续应用于生产过程、产品和服务中，以增加生态效率和减少对人类及环境的风险。清洁生产的途径是：

① 用低污染、无污染的原料替代有毒有害原料。

② 用清洁高效的生产工艺，使物耗能耗高效率地转化为产品。在使用过程中减少有害环境的废物排出，对生产过程中排放的废物和能源，实行再利用。

③ 向社会提供清洁商品，在使用过程中对人体和环境不产生污染危害或将有害影响降到最低限度。

④ 在商品使用寿命终结后，能够便于回收利用，不对环境造成污染或潜在威胁。

⑤ 完善企业管理，建立保障清洁生产的规章制度和操作规程，并监督其实施。

清洁生产是一种新的环保战略，也是一种全新的思维方式。推行清洁生产是社会经济发展的必然趋势，现阶段必须对清洁生产有明确的认识。参考国外实践，我国现阶段清洁生产的推动方式，要以行业中环境绩效、经济效益和技术水平真正好的企业为龙头，由他们对其他企业产生直接影响，带动其他企业开展清洁生产。推进清洁生产应遵从以下基本原则：

① 调控性：政府的宏观调控和扶持是清洁生产成功推行的关键。政府在市场竞争中起着引导、培育、管理和调控的作用，规范清洁生产市场行为，营造公平竞争的市场环境，从而使清洁生产在全国大范围内有序推进。

② 自愿性：清洁生产应本着企业自愿实施的原则，通过建立和完善市场机制下的清洁生产运作模式，依靠企业自身利益来驱动。

③ 综合性：清洁生产是一种预防污染的环境战略，具有很强的包容力，需要不同的工

具去贯彻和体现。在清洁生产的推进过程中,需以清洁生产思想为指导,将清洁生产审计、环境管理体系、环境标志等环境管理工具有机地结合起来,互相支持、取长补短,达到完整的统一。

④ 现实性:制订清洁生产推进措施应充分考虑中国当前的生态形势、资源状况、环保要求及经济发展需求等。

⑤ 广泛性:我国当前农业污染严重,以服务行业为主的城市污染问题日益突出,推进农业清洁生产和区域清洁生产已势在必行。

⑥ 前瞻性:作为先进的预防性环境保护战略,清洁生产服务体系的设计应体现前瞻性。

⑦ 动态性:清洁生产是持续改进的过程,是动态发展的。

### 8.2.3 产品层面的环境管理

产品是环境管理的基本要素,而产品层面的环境管理主要是从管理的协调职能出发,重点研究单个产品及其在生命周期不同阶段的环境影响,并通过面向环境的产品设计,来协调发展与环境的矛盾。因此,产品层面的环境管理主要涉及工业企业的污染预防和 ISO 14000 系列标准认证两部分内容。

#### 8.2.3.1 产品生态设计

产品作为联系生产与生活的一个中介,对当前人类所面临的生态环境问题有着不可推卸的责任。产品生态设计是20世纪90年代初提出的关于产品设计的新概念,也称为"绿色设计"。产品生态设计是一种新的设计理念,其以产品环境特性为目标,以生命周期评价为工具,综合考虑产品整个生命周期相关的生态环境问题,设计出对环境友好的,又能满足人的需求的新产品。设计方法和步骤包括四个阶段:产品生态辨识,产品生态诊断,产品生态定义,产品生态评价。

产品设计是一个将人的某种目的或需要转换为一个具体的物理形式或工具的过程。传统的产品设计理论与方法,是以人为中心,从满足人的需求和解决问题为出发点进行的,而无视后续的产品生产及使用过程中的资源和能源的消耗以及对环境的影响。因此,对传统的产品开发设计的理论与方法必须进行改革与创新。各种产品的具体设计方案千差万别,但从设计的程序和方法论的角度看,一般都包括产品功能需求分析,产品规格定义,设计方案实施,参考产品评价四个阶段。在传统的产品设计中,针对以上情况主要考虑的因子有市场消费需求、产品质量、成本、制造技术的可行性等技术和经济因子,而没有将生态环境因子作为产品开发设计的一个重要指标。所以在产品生态设计中就必须引入新的思想和方法:

① 从"以人为中心"的产品设计转向既考虑人的需求,又考虑生态系统的安全的生态设计。

② 从产品开发概念阶段,就引进生态环境变量,并与传统的设计因子如成本、质量、技术可行性、经济有效性等进行综合考虑。

③ 将产品的生态环境特性看作是提高产品市场竞争力的一个重要因素,在产品开发中考虑生态环境问题,并不是要完全忽略其他因子。因为产品的生态特性是包含在产品中的潜在特性,如果仅仅考虑生态因子,产品就很难进入市场,其结果产品的潜在生态特性也就无法实现。

产品生态设计即利用生态学的思想,在产品开发阶段综合考虑与产品相关的生态环境问题,设计出对环境友好的,又能满足人的需求的一种新的产品的设计方法。其基本理论基础是产业生态学中的工业代谢理论与生命周期评价。在具体实施上，就是将工业生产过程比拟为一个自然生态系统，对系统的输入（能源与原材料）与产出（产品与废物）进行综合平衡。而在这一平衡过程中需要进行"从摇篮到坟墓"的整个寿命期的分析，即从最初的原材料的采掘到最终产品用后的处理。产品生态设计需要设计人员、生态学家、环境学家共同参与，通力合作。未来的"生态工厂"将是工业生产的标准模式，而产品生态设计也将是未来产品开发的主流。产品生态设计的出现是可持续发展思想在全球得到共识与普及的结果，尤其是产业生态学的兴起，将带来一场新的产业革命，不但改变传统的产品生产模式，也将改变现有的产品消费方式。因此从产品的开发设计阶段就进行生态设计，既可增强产品在未来市场中的竞争力，也直接推动了产业生态学的发展。

#### 8.2.3.2 生命周期评价

生命周期评价起源于1969年美国中西部研究所受可口可乐委托，对饮料容器从原材料采掘到废物最终处理的全过程进行的跟踪与定量分析。生命周期评价已经纳入 ISO14000 环境管理系列标准而成为国际上环境管理和产品设计的一个重要支持工具。根据 ISO14040：1999 的定义，生命周期评价是指对一个产品系统的生命周期中输入、输出及其潜在环境影响的汇编和评价，具体包括互相联系、不断重复进行的四个步骤：目的与范围的确定、生命清单分析、生命周期影响评价和生命周期解释。生命周期评价是一种用于评估产品在其整个生命周期中，即从原材料的获取、产品的生产直至产品使用后的处置，对环境影响的技术和方法。

作为新的环境管理工具和预防性的环境保护手段，生命周期评价主要应用在通过确定和定量化研究能量和物质利用及废物的环境排放来评估一种产品、工序和生产活动造成的环境负载；评价能源材料利用和废物排放的影响以及评价环境改善的方法。生命周期评价的过程是：首先辨识和量化整个生命周期阶段中能量和物质的消耗以及环境释放，然后评价这些消耗和释放对环境的影响，最后辨识和评价减少这些影响的机会。

生命周期评价是建立在具体的环境编目数据基础之上的，这也是生命周期评价方法最基本的特性之一，是实现生命周期评价客观性和科学性的必要保证，是进行量化计算和分析的基础。生命循环的概念是生命周期评价方法最基本的特性之一，是全面和深入地认识产品环境影响的基础，是得出正确结论和做出正确决策的前提。也正是由于生命循环概念在整个方法中的重要性，这个方法才以生命循环来命名。从评估对象的角度来说，生命周期评价是一种评价产品在整个寿命周期中造成的环境影响的方法。

与其他的行政和法律管理手段不同，生命周期评价方法作为一种环境管理工具，有着自身的特点。首先，生命周期评价方法不是要求企业被动地接受检查和监督，而是鼓励企业发挥主动性，将环境因素结合到企业的决策过程中。其次，生命周期评价建立在生命循环概念和环境编目数据的基础上，从而可以系统地、充分地阐述与产品系统相关的环境影响，进而才可能寻找和辨别环境改善的时机和途径。这体现了环境保护手段由简单粗放向复杂精细发展的趋势。

#### 8.2.3.3 产品环境标志

产品环境标志是一种标在产品或其包装上的标签，是产品的"证明性商标"，它表明该产品不仅质量合格，而且在生产、使用和处理处置过程中符合特定的环境保护要求，与同类产品相比，具有低毒少害、节约资源等环境优势。

发展产品环境标志的最终目的是保护环境，它通过两个具体步骤得以实现：一是通过产品环境标志向消费者传递一个信息，告诉消费者哪些产品有益于环境，并引导消费者购买、使用这类产品；二是通过消费者的选择和市场竞争，引导企业自觉调整产品结构，采用清洁生产工艺，使企业环境保护行为遵守法律法规，生产对环境有益的产品。

世界上第一个正式的环境标志是西德于1978年推出的蓝色天使。继德国之后，加拿大、日本、法国、丹麦、芬兰、冰岛、挪威、瑞典及美国等也相继实施了环境标志工作。进入20世纪90年代，环境危机依然存在，尤其在发展中国家日趋严重。各国意识到环境保护是全体人类的共同责任，而不是某个国家的事。国际标准化组织（ISO）于1993年成立了环境管理技术委员会，以协调规范国际上环境标志的术语和检测方法。1994年5月17日，由国家环保局、国家质量技术监督局、国家进出口商品检验局领导和知名专家组成的中国环境标志产品认证委员会（CCEL）正式成立。该委员会是我国对产品的环境行为进行认证并授予环境标志的唯一机构。在委员会成立之初，首批通过的7个环境标志认证标准之一的"水性涂料"就涉及建材行业的产品认证，此后相继出台的"黏合剂""磷石膏"和"无石棉板材"标准也涉及建材产品。1998年，在建材行业中推行环境标志计划被委员会列入正式议程，并作为今后工作的重点之一。这一举动预示着中国建材行业绿色时代的到来。

产品环境标志的目标包括：①为消费者提供准确的信息；②增强消费者的环境意识；③促进销售；④推动生产模式的转变；⑤保护环境。

产品环境标志计划在不同的国家设计和实施的过程中，出现了不同的类型，在ISO 14024中将它们分为三类。

（1）类型Ⅰ即批准印记型

这是大多数国家采用的类型，其特点是：①自愿参加；②以准则、标准为基础；③包含生命周期的考虑；④有第三方认证。

（2）类型Ⅱ即自我声明型

这种类型的特点在于：①可由制造商、进口商、批发商、零售商或任何从中获益的人对产品的环境性能作出自我声明；②这种自我声明可在产品上或者在产品的包装上以文字、图案、图表等形式来表示，也可表示在产品的广告上或者产品名册上；③无需第三方认证。

（3）类型Ⅲ即单项性能认证型

这些单项性能有：可再循环性、可再循环的成分、可再循环的比例，节能、节水、减少挥发性有机化合物排放，可持续的森林等。目前，美国少数私人认证机构开展这项工作。由于厂商对它的兴趣有所增加，这一类型的标准还有扩大的趋势。因此，在ISO 14000系列标准中专门为此制定了ISO 14025标准。

各种环境标志图案见图8-2。

德国
蓝色天使环境标志
(a)

中国环境标志
Ⅰ型
(b)

中国环境标志
Ⅱ型
(c)

中国环境标志
Ⅲ型
(d)

2008年北京奥运会
环境标志
(e)

图8-2 各种环境标志图案

## 8.2.4 活动层面的环境管理

活动层面的环境管理主要体现管理的控制职能，着眼于阐明各类环境管理的内容、程序和要求，而可持续发展的战略和其所倡导的全过程控制思想则贯穿于各类环境管理之中。我国的环境可持续发展战略包括三个方面：一是污染防治与生态保护并重；二是以防为主，实施全过程控制；三是以区域环境综合治理带动区域环境保护。以防为主，实施全过程控制包括三个方面的内容。

#### 8.2.4.1 经济决策的全过程控制

经济决策是可持续发展决策的重要组成部分，它涉及环境与发展的各个方面，已不是传统意义上的纯经济领域的决策问题。对经济决策进行全过程控制是实施环境污染与生态破坏全过程控制的先决条件，它要求建立环境与发展综合决策机制，对区域经济政策进行环境影响评价，在宏观经济决策层次将未来可能的环境污染与生态破坏问题控制在最低的限度。我国 2003 年颁布的《中华人民共和国环境影响评价法》明确规定，对规划的环境影响评价，则是经济决策全过程控制的重要保障。

#### 8.2.4.2 物质流通领域的全过程控制

物质流通是在生产和消费两个领域中完成的，污染物也是在这两个领域中产生的。对污染物的全过程控制包括生产领域和消费领域的全过程控制。生产领域全过程控制是从资源的开发与管理开始，到产品的开发、生产方向的确定、生产方式的选择、企业生产管理对策的选择等。消费领域的全过程控制包括消费方式选择、消费结构调整、消费市场管理、消费过程的环境保护对策选择以及消费后产品回收和处置等。现在世界上很多国家，包括中国在内都先后建立了环境标志产品制度，实行产品的市场环境准入。然而，产品进入市场后，还要运用经济法规手段，加强环境管理，如推行垃圾袋装化、部分固体废物的押金制、消费型的污染付费制度等。

#### 8.2.4.3 企业生产的全过程控制

企业是环境污染与破坏的制造者，实施企业生产的全过程控制是有效防治工业污染的关键，要通过 ISO 14001 认证和清洁生产来实现。清洁生产是国家环境政策、产业政策、资源政策、经济政策和环境科技等在污染防治方面的综合体现，是实施污染物总量控制的根本性措施，是贯彻"三同步、三统一"大政方针，转变企业投资方向，解决工业环境问题，推进经济持续增长的根本途径和最终出路。

## 8.3 城市环境管理

近年来，党中央、国务院就深入推进新型城镇化建设作出了一系列重大决策部署，我国城镇化水平快速提高。截至 2018 年底，我国城镇人口达到 8.31 亿人，城镇化水平 59.58%，比上年末提高 1.06%。城市经济的快速发展和城市化水平的进一步提高使城市环境保护工作面临更大的压力。

城市环境保护一直是我国环境保护工作的重点，政府采取了一系列的政策、措施来治理污染，改善城市环境质量。2017 年全国环境污染治理投资为 9539 亿元，比上年增长 3.5%，占当年 GDP 的 1.15%，达历史最高。其中，建设项目"三同时"的环保投资为 2771.7 亿元，工业污染源的污染治理投资达到681.5亿元，投资金额总体呈现上升态势。随着我国加大污染治理投资和加强城市基础设施建设，城市环境保护压力得到一定缓解，2018年全国废水排放总量699.7亿吨，比上一年减少1.6%。全国废气中二氧化硫排放量875.4万吨，比上一年减少20.6%。但由于城市人口的迅速增长、工业化水平不断提高等综合因素的作用，城市环境保护的任务仍然十分艰巨。

### 8.3.1 我国的城市环境状况

我国城市环境污染一直比较严重。近年来在建设生态文明、推进高质量发展的时代背景下，随着我国污染防治攻坚战的持续开展，在各级政府和其他社会力量的共同努力下，城市环境保护工作取得了一定的成效：城市环境恶化的趋势在总体上得到了控制，城市基础设施不断加强，部分城市的环境质量得到了显著的改善。但是，我国城市环境的总体情况不容乐观，城市水污染和大气污染一直处于较高水平，垃圾处理水平低，噪声污染严重，城市环境保护工作仍面临着巨大的压力和挑战。

#### 8.3.1.1 城市水环境状况

受经济结构调整、产业技术进步与污染控制措施得力等综合因素的影响，我国废水排放量总体上呈下降趋势。2018年全国废水排放总量699.7亿吨，比上一年减少1.6%。废水中化学需氧量排放量1021.97万吨，比上年减少2.3%；氨氮排放量139.51万吨，比上年减少1.6%；总磷排放量11.84万吨，比上年减少15.1%。与工业废水排放情况不同，近年来随着城市化进程的加快和城市生活水平的提高，生活污水排放量不断增加。1999年全国城市生活污水排放量首次超过工业污水，占全国污水排放总量的52.9%，成为城市水环境的主要污染源。从2010年到2017年我国城镇生活污水排放量自354亿吨增长至600亿吨左右。

近年来，城市污水处理率稳步上升，2018年处理率达到94.5%，极大地缓解了城市污水对水体的直接污染。

#### 8.3.1.2 城市大气环境状况

近年来我国空气质量逐步改善，但城市的大气污染仍一直保持较高水平。随着城市规模的不断扩张和机动车数量的迅速增加，机动车尾气引起的空气污染问题日益严重，特别是北京、上海、广州等大城市，机动车尾气已经成为城市大气污染的首要原因。

2018年，全国城市空气质量总体上较上年有所好转，但部分城市污染依然严重。在监测的338个地级及以上城市中有121个城市空气质量达标，占全部城市数的35.8%；217个城市空气质量超标，占64.2%。338个城市发生重度污染1899天次、严重污染822天次，以$PM_{2.5}$为首要污染物的天数占重度及以上污染天数的59.2%，以$PM_{10}$为首要污染物的占37.2%，以$O_3$为首要污染物的占3.6%。若不扣除沙尘影响，2018年338个城市中，环境空气质量达标城市比例为33.7%，超标城市比例为66.3%，$PM_{2.5}$和$PM_{10}$平均浓度分别为$41\mu g/m^3$和$78\mu g/m^3$，分别比2017年下降6.8%和2.5%。2018年，338个城市$SO_2$平均浓度为$14\mu g/m^3$，比2017年下降22.2%；超标天数比例不足0.1%，比上年减少0.3%。总的来说，统计城市的$SO_2$浓度均达到国家二级标准，但部分大城市$SO_2$浓度仍然相对较高。

#### 8.3.1.3 城市生活垃圾污染状况

随着城市人口的增加和生活水平的提高，我国城市生活垃圾的产生量越来越大，近几年的增长率一直保持在6%~8%的水平。历年来堆存的垃圾量已达70多亿吨，侵占了大量土地。许多城市出现不同程度的"垃圾围城"问题，垃圾一次污染和堆放过程中产生的二次污染问题依然严重,生活垃圾产生量的60%集中在全国50万以上人口的52个重点城市,同时,中小城市的垃圾产量也呈增长趋势。目前,城市生活垃圾增长速度很快,约有2/3的城市处在垃圾的包围之中。

我国城市垃圾收集和处理的主要特点是:以混合收集为主,大多数未实施垃圾分类和分选;处理以填埋为主(占整个处理量的58%),其次是焚烧(占整个处理量的40%),而类似于高温堆肥的其他处理方法占整个处理量的2%。目前,我国城市垃圾处理中存在的主要问题包括:垃圾处理设施不足;垃圾处理设施技术水平较为落后;垃圾处理和堆放过程中占用土地和二次污染问题比较突出;垃圾分类和分选率低,对垃圾的有效处理不利。

#### 8.3.1.4 城市噪声污染状况

城市噪声污染是城市环境污染的一个重要方面。目前,我国城市声环境总体质量良好。2018年,全国城市的区域环境噪声平均值54.4dB(A),交通干线噪声平均值67.0dB(A),比上年分别上升了0.5dB(A)和下降了0.1dB(A)。

#### 8.3.1.5 城市固体废物状况

城市固体废物是我国城市环境问题的日渐重要的一个方面。固体废物可以分为一般工业固体废物和危险废物。2017年我国城市一般工业固体废物产生量为33.2亿吨,较上年增加7.2%,综合利用量为18.1亿吨,综合利用率达到54.5%,比上年减少4.9%,而处置量和贮存量为8.0亿吨和7.8亿吨,分别占总产生量的24.1%和23.5%。危险废物产生总量为0.7亿吨,比上年增加0.16亿吨,其综合利用量达0.4亿吨,综合利用率为57.1%,比上年增加5.4%,处置率和贮存率分别为36.8%和12.6%。

我国在城市固体废物处理方法上,虽然提出了卫生填埋法、垃圾焚烧法、高温堆肥法和资源再利用法,但由于我国需处理的固体废物量大,设备较为落后等问题,容易产生二次污染,对周边环境造成影响。

### 8.3.2 城市环境保护目标及指标

#### 8.3.2.1 城市环境保护目标

城市环境保护历来是我国环境保护工作的重点。在国家环境保护"十三五"规划中,制订了环境保护的总体目标:生态环境质量总体改善,具体指环境质量不降级、不退化;主要环境质量指标大幅度好转;突出环境问题明显改善;部分区域率先达标。

到2020年,生态环境质量总体改善。生产和生活方式绿色、低碳水平上升,主要污染物排放总量大幅减少,环境风险得到有效控制,生物多样性下降势头得到基本控制,生态系统稳定性明显增强,生态安全屏障基本形成,生态环境领域国家治理体系和治理能力现代化取得重大进展,生态文明建设水平与全面建成小康社会目标相适应。

#### 8.3.2.2 城市环境保护指标

① 城区空气主要污染物年平均浓度值达到国家二级标准,且主要污染物日平均浓度达到二级标准的天数占全年总天数的85%以上。

② 市辖区内水质达到相应水体环境功能要求,全市域跨界断面出境水质达到要求。

③ 集中式饮用水水源地水质优良比例达到100%,城市生活污水集中处理率≥80%,缺水城市污水再生利用率≥20%。

④ 区域环境噪声平均值≤60dB(A),交通干线噪声平均值≤70dB(A)。

⑤ 建成区绿化覆盖率≥35%,城镇人均公园绿地面积≥15m²,公众绿色出行率≥50%。

⑥ 一般工业固体废物处置利用率≥90%,生活垃圾无害化处理率≥85%。

⑦ 80％城市（地级及以上）环境监察、监测、信息、宣教能力达到标准化水平。

### 8.3.3 城市环境管理对策和措施

#### 8.3.3.1 实施环境保护目标责任制，推动城市环境质量改善

环境保护目标责任制是我国环境保护的八项制度之一，对污染防治和城市环境改善起着十分重要的作用，是城市环境保护实施综合决策的基础。我国《环境保护法》明确规定："地方各级人民政府，应当对本辖区的环境质量负责，采取措施改善环境质量。"这一规定的具体实施方式是以签订责任书的形式，规定省长、市长、县长在任期内的环境目标和任务，并作为对其进行政绩考核的内容之一，由此引起地方和城市主管领导对环境问题的重视。实施该制度是实现地区和城市环境质量改善的关键。

#### 8.3.3.2 开展城市环境综合整治及定量考核

城市环境综合整治定量考核已经成为我国城市环境管理的一项重要制度。我国的城市环境保护已经由污染源治理和工业污染综合防治进入城市环境综合整治的阶段。

城市环境综合整治的主要内容涉及城市工业污染防治、城市基础设施建设和城市环境管理三个方面，具体内容包括制定环境综合整治计划并将其纳入城市建设总体规划，合理调整产业结构和综合布局，加快城市基础设施建设，改变和调整城市的能源结构，发展集中供热，保护并节约水资源，加快发展城市污水处理，大力开展城市绿化，改革城市环境管理体制，加大城市环境保护投入等。重点介绍了以下措施：

(1) 调整城市产业结构和产业布局，改善城市环境

① 限制工业，特别是污染较重的产业在城区内发展。

② 在城区内实施"退二进三"战略，将污染较重的工业企业整体或部分实施搬迁。

③ 对迁出地区进行再开发，扶持第三产业的发展，促进城市经济的整体发展；同时，迁出地的土地销售收入，也可以为新厂建设和运行更加有效的污染治理设施提供资金支持。

(2) 加强城市基础设施建设，提高污染防治水平

① 加强城市污水处理厂建设。2017年全年我国污水处理投入资金达到520.53亿元，全国已建成污水处理厂2209座，污水处理能力为15743.0万 $m^3/d$，但城市生活污水排放量逐年增加，废水处理的形势依然严峻。2019年住房和城乡建设部、生态环境部、发展改革委印发了《城镇污水处理提质增效三年行动方案（2019—2021年）》，要求加快补齐城镇污水收集和处理设施短板，尽快实现污水管网全覆盖、全收集、全处理。

② 抓好大气污染治理工作。在城市室内推行管道供气、罐装煤气，改造民用炉，提高城市气化率，整顿煤炭市场，控制劣煤流入市内，逐步调整城市能源结构；大力发展集中供热、联片供暖，对供热网范围内的分散锅炉限期拆除；对重点污染企业限期治理，确保达标排污；加快汽车尾气的治理工作，控制机动车排气污染；加强对建筑施工工地的扬尘管理；植树绿化，实现门前绿化和道路硬化。

③ 城市垃圾的无害化处理。我国生活垃圾无害化处理率为97.7％，已达到较高处理水平，但处置过程中仍存在二次污染的风险，危险废物的处置任务仍十分繁重。因此城市政府要根据本地的实际情况，选用更为适宜的垃圾处理技术，进一步提高城市生活垃圾处理设施的建设和处理技术水平。2018年国务院办公厅印发了《"无废城市"建设试点工作方案》，要求通过绿色生产和生活方式，减少废物产生，实现废物的综合循环利用，减小末端处理的压力和风险。

实施城市环境综合整治定量考核制度，激励城市政府开展城市环境综合整治的积极性，促进城市环境管理制度的改善。考核工作主要由各级环保部门执行，年度考核结果通过报

刊、年鉴等各种媒体向社会公布。

### 8.3.3.3 创建生态文明示范区

为了认真贯彻党的十八大关于大力推进生态文明建设的战略部署，根据《国务院关于加快发展节能环保产业的意见》，国家发改委、生态环境部等多部委联合发文，在全国范围内开展国家生态文明先行示范区建设，探索符合我国国情的生态文明建设模式。各地积极响应，继2014年福建省成为全国第一个生态文明先行示范区以来，2021年受到生态环境部命名的生态示范区已达到160余个。

生态文明示范区建设包括八个方面的内容。旨在通过建设形成符合主体功能定位的开发格局，资源循环利用体系初步建立，节能减排和碳强度指标下降，资源产出率、单位建设用地生产总值、万元工业增加值用水量、农业灌溉水有效利用系数、城镇（乡）生活污水处理率、生活垃圾无害化处理率等处于前列，城镇供水水源地全面达标，森林、草原、湖泊、湿地等面积逐步增加、质量逐步提高，水土流失和沙化、荒漠化、石漠化土地面积明显减少，耕地质量稳步提高，物种得到有效保护，覆盖全社会的生态文化体系基本建立，绿色生活方式普遍推行，最严格的耕地保护制度、水资源管理制度、环境保护制度得到有效落实，生态文明制度建设取得重大突破，形成可复制、可推广的生态文明建设典型模式。

### 8.3.3.4 探索低碳城市建设试点

气候变化深刻影响着人类生存和发展，是世界各国共同面临的重大挑战。积极应对气候变化，是我国经济社会发展的一项重大战略，也是加快经济发展方式转变和经济结构调整的重大机遇。国家发改委于2010年7月发布《关于开展低碳省区和低碳城市试点工作的通知》，目前已开展了三批低碳试点城市建设，涵盖了全国31个省市自治区，目前中国低碳城市试点工作取得了积极的成效。

一是通过开展低碳城市试点，在低碳发展目标方面发挥了引领作用。低碳试点城市的单位GDP二氧化碳排放下降率和碳强度下降幅度也显著高于全国平均碳强度降幅，说明这些试点在产业转型、能源转型、提升发展质量效益方面取得了积极成效。第二批低碳城市试点都提出了碳排放峰值目标和路线图，并带动了大部分第一批的试点也提出了碳排放峰值目标，形成了对产业结构转型、能源结构优化、技术进步创新、生活方式转变的倒逼机制。试点地区的带动作用，对实现中国2030年碳排放峰值目标具有重大的意义。

二是通过开展低碳试点，各地对低碳发展理念的科学认识方面有了较大提高，各地更加注重绿色低碳与经济社会发展的协调推进，对转变传统的粗放型发展理念发挥了重要作用。同时，这些试点地区关于经济、社会、能源、碳排放、环境保护等方面的基础数据分析和路径研究方面的能力建设也得到了很大提升，政府、企业、社会公众的绿色低碳意识也得以提升，为通过理论指导实践推动实现绿色低碳发展奠定了良好基础。

三是通过开展低碳城市试点，对低碳发展其他工作起到了积极带动作用。例如，中国近些年开展的7个省市碳交易试点都来自这42个国家低碳省区低碳城市试点，探索利用碳交易市场机制推动实行绿色低碳发展。各个试点都在探索绿色低碳发展道路方面做了很大努力，在产业转型、能源转型、技术进步、低碳生活方式引导以及推动绿色低碳发展、加强生态文明建设的体制机制创新方面都做了许多工作，各有特色。

### 8.3.3.5 开展城市土壤环境管理

我国对土壤环境愈发重视。2016年《土壤污染防治行动计划》发布以来，生态环境部陆续制定发布了《污染地块土壤环境管理办法（试行）》《工矿用地土壤环境管理办法（试行)》《土壤环境质量 建设用地土壤污染风险管控标准(试行)》等与城市土壤环境安全相关的法规标准。这些导则、办法、标准的出台,确立了建设用地土壤环境管理的基本框架和技术路线,初步建立了城市土壤环境管理的法规标准体系,起到严格建设用地准入,预防污染地块产生,促进污染地块治理和修复,保障城市人居环境安全的作用。2019 年 1 月 1 日,我国首部正式实施的《土壤污染防治法》,更是从立法上解决了"谁负责、谁监管、谁污染谁治理及如何治理"等问题,明确规定了农业农村部对土壤污染防治的监管责任、风险评估,农用地土壤管控、修复方式及安全利用等职责范围。

#### 8.3.3.6 落实污染防治三个"十条",提高城市环境保护部门的管理水平

为了贯彻落实"五位一体"总体战略布局,建设生态文明和美丽中国,打好污染防治攻坚战,2013 年以来,国家先后发布了《大气污染防治行动计划》《水污染防治行动计划》和《土壤污染防治行动计划》(简称三个"十条"),并投入大量资金和技术,启动中央环保督察,极大推动了污染治理和环境改善。

城市环保部门承担着城市环境管理执法监督的重要职责,同时环境管理是专业性、技能性很强的工作,要求工作人员的政策水平和业务素质要适应新时代要求并不断提高。为了适应目前城市化进程不断加快和城市环境管理现代化、科学化、规范化的需要,提高环保部门城市环境管理能力,急需通过定期检查、专项检查、集中培训等形式,加强新时期国家有关生态文明和环境保护政策、技术指南的学习和落实,提高城市环境管理水平。

### 8.3.4 城市环境管理案例

**城市黑臭水体整治——江西省南昌市:孺子亭公园重现"徐亭烟柳"美景**

南昌市西湖(孺子亭公园)位于南昌市中心,因园内建有孺子亭而得名,乃"豫章十景"之一的"徐亭烟柳"。2001 年,为解决西湖周边暴雨期间的积水问题,当地政府把西湖作为调蓄池收集周边暴雨期间的积水,却导致西湖沉积了大量的淤泥,水质不断恶化,影响周边居民的生活环境。

为改善西湖水质,提高城市形象,自 2016 年 12 月起,南昌市西湖区实施孺子亭公园污水治理及整体改造工程,项目总投资 1 亿元,其中水环境整治耗资 2500 万元。改造后的公园总占地面积 64 亩(15 亩=1hm$^2$,下同),其中水域面积 32 亩。

整治工程 2017 年 12 月底竣工。在此次改造中,南昌市西湖区政府立足长远发展,提高起点标准,将西湖水环境治理与孺子亭公园提升的改造和周边业态环境的整治统筹考虑、综合实施,秉承"湖城相连、诗画入境、古今交融、智慧共享"的理念,结合海绵城市建设,通过控源截污、内源治理、生态治理、水体活化、水岸一体等系统治理,解决西湖水体黑臭的问题,修复水环境、重建水生态,实现了水清岸绿、鱼翔浅底的目标。

通过综合整治,不仅实现了水环境的治理,也以水环境整治为着力点切实地推动了周边区域的环境整治,全面提升、优化了区域的整体环境,使黑臭水体的治理不仅是简单的水环境治理,更是城市环境提升的重要契机,为人民群众提供优质的生态产品和公共空间,切实落实以人民为中心的发展思想。

## 8.4 农村环境管理

### 8.4.1 我国农村的环境状况

农村环境是农村经济乃至城市经济发展的物质基础,是农村居民生活和发展的基本条

件。因此，保护和改善农村环境成为乡村振兴中重要的一环。我国个别农村地区存在着农村工业化、农业副业化、村镇发展无序化和离农人口"两栖化"等现象，个别农村居民点还存在空置、闲置多，利用率低；扩张无序、布局散乱，缺乏有效管理；村貌"旧、脏、乱、差"，缺乏配套设施等众多问题。

当前，我国农村的环境问题主要表现在以下几个方面。

#### 8.4.1.1 农业生产活动对农村环境的影响

（1）现代化农业生产造成的污染

我国人多地少，土地资源的开发已接近极限，化肥、农药的使用成为提高单位土地产出水平的重要途径，加之化肥、农药使用量相对较大的果蔬生产发展迅猛，使得我国已成为世界上使用化肥、农药数量最大的国家。根据《2018年中国生态环境状况公报》，按耕地面积计算，我国化肥使用量达到 $43t/km^2$，远远超过发达国家为防止化肥对土壤和水体造成危害而设置的单位面积使用量安全上限；我国水稻、玉米、小麦三大粮食作物化肥利用率为37.8%，比2015年增加了2.6%；农药利用率为38.8%，比2015年增加了2.2%。但流失的化肥和农药仍然是造成地下水富营养化和污染的主要因素。

由于大棚农业的普及，地膜污染也在加剧。我国的地膜用量和覆盖面积已居世界首位。2015年，我国地膜覆盖面积达2.75亿亩，使用量达145.5万吨。随着中西部农业现代化，这类污染也在中西部粮食主产区存在。

（2）农业生态系统恶化，自然灾害频发

根据生态环境部《2018年中国生态环境状况公报》，与上年相比，我国耕地、园地、林地、牧草地分别减少0.03%、0.37%、0.04%、0.02%，建设用地增加1.22%，城镇村及工矿用地增加1.06%，耕地净减少4万公顷。土壤侵蚀总面积294.9万平方千米，占普查总面积的31.1%。其中，水力侵蚀面积129.3万平方千米，风力侵蚀面积165.6万平方千米。全国荒漠化土地面积达到261.16万平方千米，约41.6%的荒漠化土地分布在人口密集的地区。其中沙化土地面积为182.6万平方千米，占总面积的69.93%；水蚀荒漠化面积为25.1万平方千米，占总面积的9.58%；盐渍化面积为17.18万平方千米，占总面积的6.58%；冻融荒漠化面积为36.33万平方千米，占总面积的13.91%。荒漠化的发展不但使土地利用价值降低，而且造成气候恶劣等影响，严重威胁着邻近地区的农业生产。

#### 8.4.1.2 乡镇企业和集约化养殖对农村环境的影响

随着乡镇经济的发展，我国乡镇企业也得到了蓬勃发展。我国乡镇企业具有数量多、规模小、布点分散、行业复杂等特点，尤其是随着城市工业向农村转移，有导致农村环境问题恶化的风险。乡镇企业生产排放的污染物，如废气、废水、废渣、尘、噪声等，对农业生产产生明显影响。如能源利用中大量的含硫废气排入环境，造成农作物大量减产，给农业生态环境造成了持久的影响。此外，水泥厂、玻璃厂、陶瓷厂生产过程中逸出的粉尘对农作物和林木也有严重危害。

2017年我国首个《全国国土规划纲要（2016—2030年）》中提出，农村人居生态环境的保护，重点是划定并严守生态保护红线，生态保护红线一旦划定，严格禁止不符合主体功能的产业和项目落地。

近年来集约化畜禽养殖带来的污染问题日益严重。在人口密集地区尤其是发达地区，居民消费能力强，农牧业的发展空间受到限制，集约化畜禽类养殖场迅速发展。对环境影响较大的大中型集约化畜禽类养殖场，约80%分布在人口比较集中、水系较发达的东部沿海地区和诸多大城市周围。由于这些地区可以利用的环境容量小，加之规模没有得到有效控制，布局上没有注意避开人口聚居区和生态功能区，环境危害较大。例如，畜禽粪便年产生量达27亿吨，是工业固体废物产生量的2~3倍，80%的规模化畜禽养殖场没有污染治理设施。集约化养殖场的污染危害不仅会带来地表水的有机污染和富营养化，而且危及地下水源，还有恶臭。畜禽粪便中所含病原体也会对人体造成更直接的威胁。

#### 8.4.1.3 农村日常生活对农村环境的影响

小城镇与农村聚居点产生大量生活污染。据测算，全国农村每年产生生活垃圾接近3亿吨，生活污水90多亿吨，人粪尿年产生量为2.6亿吨，很多未经处理，一些地区生活垃圾和污水随意倾倒、丢弃、排放，给人民的生活和生产活动带来极大不便，对身体健康造成严重威胁。

个别地区农村饮用水存在较大安全隐患。全国尚有3.23亿农村人口存在饮用水不安全风险，其中各类饮水水质不安全的有2.27亿人，水量不足、取水不方便以及供水保证率低的近9600万人。有相当比例的农村饮用水水源地没有得到有效保护，污染治理尚需进一步加强，监测监管尚需加大力度。

### 8.4.2 农村环境保护的目标和内容

#### 8.4.2.1 农村环境保护的目标

农村的环境保护是中国环境保护工作的重要领域，也是当前环境保护工作的薄弱环节。近年来，国家高度重视农村环境保护工作，先后出台了《中共中央国务院关于推进社会主义新农村建设的若干意见》《关于加强农村环境保护工作的意见》，指出到2020年，实现我国农村改革发展基本目标：资源节约型、环境友好型农业生产体系基本形成，农村人居和生态环境明显改善，可持续发展能力不断增强。

2018年印发的《中共中央国务院关于实施乡村振兴战略的意见》指出乡村振兴，生态宜居是关键。必须尊重自然、顺应自然、保护自然，实现百姓富、生态美的统一。到2020年，农村基础设施建设深入推进，农村人居环境明显改善，美丽宜居乡村建设扎实推进；到2035年，乡村振兴取得决定性进展，农业农村现代化基本实现，城乡融合发展体制机制更加完善，乡风文明达到新高度，农村生态环境根本好转，美丽宜居乡村基本实现；到2050年，乡村全面振兴，农业强、农村美、农民富全面实现。

#### 8.4.2.2 农村环境保护的内容

(1) 加强农业水源保护

开展农业水环境综合治理是一项复杂的系统工程，需要工业、农业、林业等各个领域相互配合，采取多层次、综合性对策和措施加以解决。加强重点饮用水水源地、农业地区地下水和生产水源的保护，实现工业废水达标排放，以确保达到按水环境保护功能分区所要求的工业用水、渔业用水、游乐用水和农业灌溉用水标准。

(2) 加强土壤污染防治

土壤污染问题是指工业污水、农药、化肥和固体废物所造成的污染。防治工业污水对土壤的污染，主要措施是控制污水灌溉。防治农药对土壤的污染，要严格落实国务院颁布的《农药管理条例》。防治化肥对土壤和水体的污染，要推广科学施肥和秸秆还田技术，提倡和鼓励农民施用有机肥料。加强对向基本农田作为肥料提供的城市垃圾堆肥、污泥的监测和监督管理，避免二次污染。运用行政、经济和教育手段控制农用地膜对土壤的污染。对固体废物的堆放和处理实施严格管理，对垃圾场和填埋场的征地与建设实行严格土地审批与环保审批。

(3) 加强农田秸秆禁烧管理

农民通过原始的燃烧方法处理农作物秸秆，造成局部的大气污染，对航空、公路和铁路交通运输安全构成了威胁。加强农田秸秆禁烧的环境监督管理，要设立本地区的秸秆禁烧区域。要大力推广机械化秸秆还田、秸秆气化、秸秆饲料开发、秸秆微生物高温快速沤肥和秸秆工业原料开发等多种形式的综合利用。

(4) 发展生态农业

现代化农业使人类在资源和环境方面都付出了沉重代价，而生态农业是一种可持续发展的农业模式。生态农业可以推进区域农业可持续发展的综合管理；我国需要调整优化农业结构，可以在西北、西南、东北等地区开展大面积的农业生态工程建设；提高食物产量和保障食物安全；保护、合理利用与增值自然资源，提高生物能的利用率和废物循环转化；防治污染，扭转生态恶化，建立农业环境自净体系。

(5) 加强畜禽水产养殖污染防治

科学划定禁养、限养区域，改变人畜混居现象，改善农民生活环境。各地结合实际，确定时限，限期关闭、搬迁禁养区内的畜禽养殖场。新建、改建、扩建规模化畜禽养殖场必须严格执行环境影响评价和"三同时"制度，确保污染物排放达标。对现有不能达标排放的规模化畜禽养殖场实行限期治理，逾期未完成治理任务的，责令其停产整治。鼓励生态养殖场和养殖小区建设，通过发展沼气、生产有机肥等综合利用方式，实现养殖场废物的减量化、资源化、无害化。依据土地消纳能力，进行畜禽粪便还田。根据水质要求和水体承载能力，确定水产养殖的种类、数量，合理控制水库、湖泊网箱养殖规模，坚决禁止化肥养鱼。

(6) 加强农业环境法制建设

在个别农村地区，有部分人的环境意识和环境法制观念淡薄，不把环境污染和生态破坏的行为看成是一种经济违规行为。为了提高人们依法保护环境的自觉性，要加强农业环境保护立法，加大环境执法力度，加强环境法制教育。这样才能制定和出台地方性的农业环境保护法规和管理办法，有效遏制砍伐森林、浪费和破坏土地资源等违法行为，实现人们在环境保护问题上行为与动机的统一。

## 8.4.3 农村环境保护的措施

### 8.4.3.1 加强农村环境管理机构建设

基层环保机构队伍的建设，对加强日常环境监测，配合基层治理污染起到很重要的作用。环保机构设到县（市、区），农村环保能力尚需进一步加强，与农村环境保护所面临的任务严重不相适应。可以设立农村基层环保派出机构，在履行环境保护的行政管理和执法、专项整治、环境投诉调处、环保宣传等工作中，其发挥的主要作用如下。

① 进一步健全了环保监管体系，是环保工作重心下移，向农村延伸的有效途径。
② 强化了乡镇环境保护监控和对环境违法行为的查处力度。
③ 有效地提升了对基层环境事故和环保纠纷的调处能力。
④ 提高了工作效率和环保部门为民服务的形象。

⑤ 扩大了环保宣传面，切实提高了全社会的环保法制观念和环保意识。

#### 8.4.3.2 制订农村及乡镇环境规划

将农村环境保护规划纳入农业发展规划之中，明确政府及各部门环境保护的职责和权限，在地方政府的统一领导下开展管理。农村环境保护规划要以县为主体，乡镇为环境区域实施单位，要对乡镇环境和生态系统的现状进行全面的调查和评价，依据社会经济发展规划、界域发展规划、城镇建设总体规划以及国土规划等，对规划范围内的环境和生态系统的发展趋势以及可能出现的环境问题作出分析和预测，明确农业环境综合治理目标以及农、林、土地、水利、工业等部门的具体职责。

#### 8.4.3.3 加强乡镇企业环境管理

乡镇企业对农村环境的污染与日俱增，要通过监督管理使其污染与危害得到有效控制。解决好乡镇企业的环境保护问题主要有以下六项措施。

① 制订乡镇企业环境保护计划。各类污染性企业都应根据当地环境保护的战略目标和任务，制订相应的环境保护计划。

② 组建工业园区，实行规模经营，协调乡镇企业用地扩大与农业用地矛盾。

③ 建立适合于乡镇企业环境管理的法规、制度和措施体系，健全县、乡两级环境管理机构、县级环境监测站等科技服务支持体系。

④ 充分发挥市场经济体制的功能，利用经济杠杆的作用，调动乡镇企业治理污染、保护环境的积极性。

⑤ 开发并推广适合乡镇企业的污染防治技术。

⑥ 推行清洁生产，将污染消灭在生产之中。

#### 8.4.3.4 发展生态农业和绿色食品

(1) 生态农业模式

生态农业是在经济与环境协调发展的思想指导下，在总结和吸取了各种农业实践成功经验的基础上，根据生态学原理，应用现代科学技术方法所建立和发展起来的一种多层次、多结构、多功能的集约经营管理的综合农业生产体系。

我国自然资源类型及地理特征的多样性决定了生态农业模式的多样性。如根据各生物类群的生物学、生态学特征和生物之间的互利共生关系而合理组合的生物立体共生的生态农业系统；按照生态系统内能量流动和物质循环规律而设计的物质循环利用的生态农业系统；利用生物相生相克，人为地对生物种群进行调节的生态农业系统；通过植树造林、改良土壤、兴修水利、农田基本建设等措施对沙漠化、水土流失、土地碱化等主要环境问题进行治理的生态农业系统；运用生态规律把工、农、商联成一体，取得较高的经济效益和生态效益的区域整体规划的生态农业系统。

(2) 绿色食品

绿色食品是遵循可持续发展原则，按照特定生产方式，经专门机构认定，许可使用绿色食品标志商标的无污染的安全、优质、营养类食品。

绿色食品、绿色产品或产品原料产地必须符合绿色食品生态环境质量标准；农作物种植、畜禽饲养、水产养殖及食品加工必须符合绿色食品的生产操作规程；产品必须符合绿色食品质量和卫生标准；产品外观必须符合规定。

#### 8.4.3.5 创建生态乡镇

全国生态乡镇创建工作是建设国家生态市的重要基础，是推动农村环境保护工作的重要载体。2010 年环境保护部印发了《国家级生态乡镇申报及管理规定（试行）》，明确指出"全国环境优美乡镇"统一更名为"国家级生态乡镇"。新标准调整了一些详细规定。自 2012 年 1 月 1 日起，申报国家级生态乡镇要求必须达到本省生态乡镇建设指标一年以上，且 80% 以上的行政村达到市（地）级以上生态村建设标准，乡镇环境保护规划，经县人大或政府批准后实施两年以上。新标准更注重生态保护，突出生态示范建设。在审查与复核程序中，增加了各省提出复核申请前必须对申报乡镇进行公示的环节，增加了环境保护部对各省环保厅申报的乡镇不低于 15% 比例进行抽查，并对履职不到位的各省环保厅进行处罚的规定。环境保护部对国家级生态乡镇实行动态管理，每三年组织一次复查，要求加强国家级生态乡镇环境监管。

#### 8.4.3.6 落实乡村振兴战略 提高农村环境管理水平

2018 年，《中共中央国务院关于实施乡村振兴战略的意见》发布，要求到 2020 年农村基础设施建设深入推进，农村人居环境明显改善，美丽宜居乡村建设扎实推进，并对农村环境管理提出要求：统筹山水林田湖草系统治理；加强农村突出环境问题综合治理——农村饮用水水源保护，农村生活垃圾及污水、养殖业及种植业污染防治；建立市场化多元化生态补偿机制；提升农业农村环境监管能力。

各级生态环境部门应按照中央部署，加强机构和制度建设，以技术储备引导和监督管理为着力点，加大农村污染治理和生态环境保护力度，建设美丽富饶的新农村，重塑山清水秀的田园环境。

### 8.4.4 农村环境管理案例

**创建生态乡镇——临沧：花香客自来，村美产业兴**

那洛村是一个典型的傣族聚居村寨，依山傍水毗邻县城，发展特色乡村旅游的自然、区位优势极为显著。但长期以来，因为环境卫生、村庄绿化的滞后，坐拥优势资源的那洛村并未将生态红利转化为发展红利。"想要发展唯有改变。"那洛村村民小组长刀副祥介绍，"经过动员，我们家家户户都行动了起来，通过投工投劳'拆墙建绿'，确立定时清扫制度，原来遍地的垃圾不见了，硬化路修到了群众家门口，村组道路两旁随处可见的三角梅、樱花、野牡丹等装饰花卉让人赏心悦目。"

"花香客自来，村美产业兴。"那洛村人居环境的不断改善，吸引了全国各地的游客纷至沓来，这也极大地提振了当地老百姓的发展信心，除了发展传统的甘蔗、蔬菜、马铃薯等产业外，秋芒、枇杷、红柚、沃柑等特色水果产业和傣族制陶、漆器绘画等技艺的体验传承在当地也得到了长足的发展。2018 年，那洛村经济总收入达到了 510.23 万元，农民人均纯收入达 11023 元。

借着农村环境整治提升的东风，建设"鲜花盛开的村庄"，形成村美民富产业兴的胜景，这也是临沧全市村村寨寨共同的心声。2017 年 11 月以来，通过理清发展思路、编制村庄规划、着力补齐短板，以及在"七改三清""增花增果增绿增水"等"必修课"上下足功夫，临沧一批独具特色的"鲜花盛开的村庄"相继打造完成。

按照"园林下乡、景观进村"的绿化思路，各村组根据自己的实际情况和自身条件，在村庄原有绿化的基础上大力开展打造工作。沧源佤族自治县芒阳自然村结合实际、统筹规划，积极带领群众主动参与寨子的"垃圾整治、污水整治、庭院整治、厕所革命、移风易俗、公益设施管护"六项行动。在不断促进产业提质增效的同时，依托"荷塘月舍"沪滇项目建设，充分挖掘佤族风情文化资源，打造芒阳村文旅产业，增加农民收入。

为防止"千村一面"，各村组通过充分挖掘村落特色、文化底蕴、文物古迹等，依托非物质文化遗产保护与发展，在增加农民经济收入的同时也留住了田园乡愁，构建了"乡村处处是景区"的生态旅游新格局。

随着一个个"鲜花盛开的村庄"如雨后春笋般涌现，各村组基础设施建设不断夯实，乡风文明建设不断得到加强，乡村治理能力和水平不断提升，成为农民安居乐业的美丽新家园。目前临沧市正按照以点成线、以线连片、以片成体的思路，抓紧开展"鲜花盛开村庄"百村示范优选上报工作，为下一步全市各村组实现"产业美、环境美、乡风美"起到良好的示范引领作用，为实施乡村振兴战略开好头、起好步。

## 复习思考题

1. 何谓末端控制？其主要特征是什么？
2. 试客观评价末端控制传统环境管理模式实践的作用。
3. 何谓污染预防？它与末端控制的根本区别是什么？
4. 实施污染预防环境管理模式的主要途径有哪些？
5. 污染预防环境管理模式的基本内容有哪些？
6. 环境绩效评估的意义是什么？如何进行环境绩效评估？
7. 简述循环经济和清洁生产的主要内容。
8. 发达国家和发展中国家循环经济存在哪些异同？
9. 结合本章内容，谈谈你对产品生态设计战略的理解。
10. 试述产品环境标志的含义及其分类。
11. 城市环境管理和农村环境管理包括哪些内容？各有什么特点？

# 第 9 章 工业企业环境管理

## 9.1 工业企业环境管理概述

工业企业是社会经济活动中的重要部分,其主要作用是为社会提供物质性产品和服务。工业生产是物质的加工、转化过程,从环境中获取物资资源、能源,向环境输出需求的产品和随之产生的废物。它既是社会财富的创造者,同时也是自然环境资源的主要消耗者、环境污染与环境破坏的制造者。

企业的生存和发展依赖于环境、受制于环境,工业企业在生产过程中如果忽视环境保护要求,将可能对环境系统的结构、状态和功能造成极大的影响。因此,工业企业的环境管理,不仅是环境管理的重点,也是工业企业管理的一个重要组成部分,是企业实现社会、经济、生态可持续发展的有效保证。

### 9.1.1 工业企业环境管理的基本概念

工业企业环境管理是指企业以管理工程和环境工程为基础,运用行政、教育、法律、经济和技术等手段,对企业生产建设的全过程及其对生态、环境的影响进行综合的调节和控制,以削减污染物排放,使生产与环境协调发展,以求达到经济效益、社会效益与环境效益的统一。

环境管理涉及企业的各项决策和经营活动,需要企业各部门的参与和配合。随着环境科学的发展和技术的进步,以及人们环境意识的提高,工业企业环境管理正在经历从单纯生产经营型到综合决策型的转变,其内容和范围从原来局限于原料进厂和产品出厂环节,到如今的全过程管理,包括工业产品生产前管理到工业产品的后管理,其重点是管理产品生产的污染和产品使用的污染,不仅包括已经产生和存在的污染,还包括可能产生的污染防治内容。如图 9-1 所示。

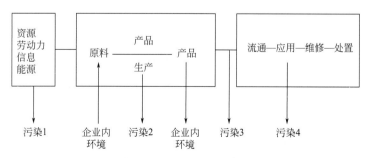

图 9-1 企业环境管理体系

### 9.1.2 实施工业企业环境管理的目的

工业企业实施环境管理的根本目的是通过在企业内部建立一套科学规范的环境管理体系，实现节能降耗、减少污染，将环境保护和市场直接联系起来，提高企业形象和开拓产品市场，使企业在生产运营过程中，把对环境的影响降至最低，实现经济效益和环境效益的双赢。

环境管理本身是动态的过程，随着经济社会的发展而发生变化，不存在标准的或一成不变的管理模式、管理方式和手段，因此，企业应当及时根据自身的实际情况进行调整，使环境管理的成效达到最优。

### 9.1.3 工业企业环境管理的内容

工业企业环境管理包括两方面的内容：一是企业作为管理对象而被其他管理主体如政府职能部门监督管理，即企业外部环境管理；二是企业作为管理主体对企业自身进行的监督管理，即企业内部环境管理。

#### 9.1.3.1 企业外部环境管理

企业外部环境管理的主体主要是政府职能部门，包括国家及各级地方政府的环境保护机构。他们依据国家环境保护的法律法规和政策要求，采取法律、经济、技术、行政和教育等手段，对企业实施环境监督管理。

政府对企业的环境管理包括三个方面的内容：企业建设过程管理、企业生产过程管理、企业环境管理体系建立和认证。

(1) 企业建设过程的环境管理

企业建设过程的环境管理分为 4 个阶段，包括筹划立项阶段、设计阶段、施工阶段、验收阶段。

根据《中华人民共和国环境影响评价法》，对建设项目选址、布局合理性等进行分析和论证，从源头上减少污染产生和不必要的资源消耗。我国要求建设项目严格执行"三同时"制度，要求环境保护设施和建设项目主体工程同时设计、同时施工、同时验收。

(2) 企业生产过程的环境管理

企业生产过程的环境管理包括对污染源的管理和环境审计。

① 对污染源的管理。政府职能部门对污染源的管理主要通过实施达标排放制度、总量控制制度、环境影响评价制度、排污收费制度来实行。

政府通过制定污染物排放系列标准要求企业实现减污减排，并且对企业征收排污费，促进企业改进工艺，实行清洁生产。

政府职能部门根据排污地点、数量和方式，对各控制区域不均等地分配环境容量并将其分配到排污企业，即实施污染物浓度总量控制，使区域环境质量达到规定的目标和标准。

政府职能部门根据已通过国家审查批复后的建设项目环境影响报告书（表）规定的对环境保护措施落实情况进行检查。

② 环境审计。环境审计是指审计机构接受政府授权或其他有关机关的委托，依据国家的环保法律、法规，对排放污染物的企业污染状况、治理状况以及污染治理专项资金使用情况，进行监督，并向授权人或委托人提交书面报告和建议的一种活动。

环境审计通过定期或不定期地审查企业污染状况、治理状况及污染治理专项资金的使用情况,以及治理后的效益,监督企业在此过程中的行为,促使企业加强环境管理,积极治理污染,使环境保护得到真正落实。环境审计的方法和程序参见本书第2.6节。

(3) 企业环境管理体系的建立和认证

鼓励企业建立和实施具有持续改进机制的环境管理体系,并通过有关机构对企业环境管理体系进行审核认证。环境管理体系审核,是指客观地获取审核证据并予以评价,以判断一个企业的环境管理体系是否符合该企业所规定的环境管理体系准则的一个系统化、文件化的核查过程。环境管理体系的建立和认证方法参见本书第9.5节。

#### 9.1.3.2 企业内部环境管理

企业内部环境管理同工业企业的计划管理、生产管理、技术管理、质量管理一样,是一项专业性的管理,主要内容有:

① 工业企业的环境计划管理,包括工业企业环境保护计划的制订、执行和检查,把污染治理和企业的生产经营结合起来,结合技术改造,最大限度地把"三废"消除在生产过程中,排放的污染物必须符合国家或地方规定的排放标准。

② 工业企业的环境质量管理,包括根据国家和地方颁布的环境标准组织污染源和环境质量状况的调查和评价,建立环境监测制度,对污染源进行监督,建立污染源档案,处理重大污染事故,并提出改进措施。

③ 工业企业的环境技术管理,包括组织制定环境保护技术操作规程,提出产品标准和工艺标准的环境保护要求,在生产过程中推行清洁生产,从末端治理向源头治理延伸,把污染治理和节能降耗、综合利用结合起来,实现"三废"资源化,并且实施从产品形成、包装运输到消费后的最终处理的全过程管理。

④ 工业企业的环境保护设备管理,包括选择技术上先进、经济上合理的防治环境污染的设备及提高能效和减污降碳的设备,建立和健全环境保护设备管理制度和管理措施。

### 9.1.4 工业企业环境管理的模式

工业企业环境管理的模式多种多样,如我国原来的一些优秀的企业如海尔、科龙、新飞、美菱等开始导入国际先进的环境管理模式,并逐渐形成了具有自身特色的一些环境管理模式。归纳起来,我国现有企业实施的环境管理模式主要有以下几种:

#### 9.1.4.1 传统管理模式

我国传统的环境管理模式是企业内部成立专门的职能部门(如环保科、环保处等)对企业生产过程中的污染进行监督治理,管理机制参见本书3.1.2.2工业企业环境管理体制模式。这种模式符合组织设计的基本原则,管理专业化程度高,但企业环境保护工作协调困难,导致环境保护工作开展的深度和广度不够,目前仅适用于经济实力较弱的企业。

#### 9.1.4.2 环境标准管理模式

环境标准管理模式是指以 ISO 14000 标准、HSE 标准、OHSAS 18001 标准为主的管理模式,以及将这些标准相结合的一些新的管理模式。

(1) ISO 14000 管理模式

ISO 14000 管理模式的基本内涵是:通过环境保护理念的宣传、环境管理制度的制定、企业技术设备的更新,对企业的各部门、各生产环节实施环境管理,以减轻环境影响,降低能源和原材料的消耗,减少甚至根除有毒有害物质的使用和产生,减少污染物的产生和排放，对环保实施全过程的监控，不断改善企业的环境行为。我国在 1996 年初成立了国家环保局环境管理体系审核中心（CCEMS），正式开始在我国推行 ISO 14000 的试点工作。在国际市场竞争和国家政策的指引下，我国一些先进企业如厦门 ABB 开关有限公司、上海高桥-巴斯夫分散体有限公司、海尔集团公司和北京松下彩色显像管有限公司率先成为我国首批通过 ISO 14000 认证的企业。实践表明，ISO 14000 管理模式有助于企业对环境进行系统的管理，提升企业的形象，从而增强企业的竞争力。通过 ISO 14000 认证极大地提高了这些企业的环境形象，使这些企业在市场竞争中处于领先地位，收到了良好的社会与经济效益。

（2）HSE 管理模式

HSE 管理模式主要应用在石油天然气行业，突出预防为主、领导承诺、全员参与、持续改进，把健康、安全与环境作为一个整体来管理。它是在企业现有的各种有关健康、安全和环境管理的组织机构、程序、过程和资源的基础上建立起来的管理体系，为企业实现可持续发展提供了一个结构化的运行机制，并为企业提供了一种不断改进表现和实现既定目标的内部管理工具。

该体系由现代管理思想、制度和措施联系在一起构成，能满足政府对健康、安全和环境的法律、法规要求；减少事故发生，保证员工的健康与安全，保护企业的财产不受损失；保护环境，满足可持续发展的要求；提高原材料和能源的利用率，保护自然资源；减少医疗、赔偿、财产损失费用，降低保险费用；满足公众的期望，保持良好的公共和社会关系，提升企业形象，从而为企业总方针、总目标的实现提供保证。

（3）QHSE 管理模式

QHSE 管理模式是指企业根据 ISO 9000、ISO 14000、OHSAS 18001、HSE 标准，对四种体系进行整合，建立并运行 QHSE 管理体系。该模式适用于石油石化行业企业，同时对其他行业生产性企业的环境管理也有借鉴意义。

该模式把质量、健康、安全、环境作为一个整体来管理，从整体上考虑 ISO 9001、ISO 14001、OHSAS 18001、HSE 标准的组织、过程、程序和资源，尽量合理设置和共同享用，以简化各项内部管理工作，防止相互冲突，实现相互协调，提高企业质量、健康、安全、环境管理的整体水平，最终有效实现企业的总体目标。

该模式的不足之处在于体系建立过程比较复杂，要处理好几个体系之间的关系。

（4）QOHSE 管理模式

QOHSE 管理模式适用于各行业企业，它是对 ISO 9001、ISO 14001、OHSAS 18001 这三种标准体系进行整合，建立并运行 QOHSE 管理体系。由于企业的环境、职业安全卫生、质量目标之间有不可分割的联系，而质量管理体系、环境管理体系、职业卫生管理体系三者基本思想和方法一致，建立管理体系的原则一致，管理体系运行模式一致，并体现了高度的兼容性。该模式与 QHSE 管理模式比较接近。

#### 9.1.4.3 绿色管理模式

绿色管理模式与上述两种模式的不同之处是不仅仅考虑企业内部的环境管理，还追求企业、社会、消费者三者利益平衡，将生态环境保护观念融入企业生产经营管理之中，将环境管理延伸到消费领域，从企业经营的各个环节着手来控制污染与节约资源，以实现企业的可持续发展，达到企业经济效益、社会效益、环境效益的有机统一。

绿色管理体系的具体内涵有：树立绿色价值观，将绿色经营理念导入企业的核心价值观之中；使用能够节约资源、避免和减少环境污染的绿色技术；实施绿色设计，把产品对环境的影响具体体现在产品设计中；开发符合环保要求的绿色产品；推行绿色生产，对生产全过程实施以节能、降耗、减污为目的的防治措施；开展绿色营销，将绿色管理思想贯穿于原料采购和产品设计、生产、销售到售后服务的各个营销环节。

该模式内涵丰富，以社会、消费者绿色需求为导向，将绿色理念贯穿于企业所有的生产经营活动，使企业环境管理的思想基础更加牢固，企业的环境活动更能得到落实。

## 9.2 工业企业环境管理方法和手段

### 9.2.1 工业企业环境管理的方法

#### 9.2.1.1 指令控制方法

指令控制方法是指通过行政干预和命令的方式，提出减污增效、达标排放、排污收费、污染物排放总量控制等多种行政手段，减少企业污染物排放，促进经济和环境的协调发展。

根据实施方式的不同，指令性控制方法可以分为行政、经济的方法。

(1) 行政管理方法

行政管理方法是指：制定行业准入政策限制新建和改扩建污染严重的企业，制定污染物排放标准和污染物排放总量控制指标，对各种污染排放行为进行全面监督管理，并对违法违规者给予严格的法律制裁和经济处罚，以此来实现对生产者和消费者污染物排放行为的有效控制。无论在发达国家还是在发展中国家，行政管理方法在环境管理政策领域中一直都是传统的、占主导地位的环境管理方法。

行政管理方法在污染控制效果的可达性与确定性方面存在着明显的优点，在环境管理工作中取得了显著的成效，并已形成较为完善的管理体系。但随着投资和生产主体的多元化，传统的指令控制手段在解决复杂的现代环境问题方面难以满足环境保护的更高要求，已暴露出愈来愈多的局限性。

行政管理方法的不足之处主要表现在以下几个方面：

① 行政管理方法往往缺乏灵活性和应变性，存在着效率较低、成本太高的问题。

② 因为行政管理方法无法顾及各个污染源之间客观存在着的边际污染治理费用差异，还会经常引起污染物治理费用在各污染源间的次优分布问题，不同地区在运用指令控制手段时，常常出现标准尺度不合适的问题。

③ 单纯的行政管理方法既不能促使那些已经实现达标排放的污染企业对新的污染控制技术与清洁生产工艺作出进一步的反应，同时也并不能完全实现环境费用的私人成本化，阻碍了市场资源配置功能的发挥，从而造成政府的财政和环境负担加重，缺乏一定的灵活性和经济效率。

(2) 经济管理方法

针对行政管理方法的局限性，企业环境管理逐渐将环境经济手段作为行政管理手段的有效补充，按照经济利益的原则，为环境管理目标的实现提供更强有力的经济刺激和技术革新动力。在环境管理政策领域中，经济管理方法主要是指环境收费，这是目前各国政府应用最为广泛的一种环境经济手段，包括排污收费、产品收费、使用者收费等形式。

① 排污收费。排污收费应用在水污染、大气污染、固体废物污染、噪声污染等控制的领域，它是指政府依据环境质量标准和污染物排放标准的要求，按照污染物的排放种类和数

量,依法向污染物的排放者征收排污费。排污费的征收不仅能有效刺激排污者加大对污染物的削减和治理力度,而且还能为政府的污染治理措施筹集资金,减轻政府的财政负担。因此,排污收费制度得到了各国政府的普遍采用。

② 产品收费。产品收费是指政府对那些在消费过程中产生环境污染与破坏的产品征收费用,征收对象主要包括润滑油、矿物燃料、农药、化肥、洗涤剂等在使用后会产生严重环境负效应的产品。产品收费一方面能够通过提高产品的价格来迫使消费者相应地减少对这类产品的使用量,进而引导生产者降低对这些产品的供给量;另一方面还可以为政府的相关污染防治措施筹集资金。目前产品收费在西方发达国家的应用范围十分广泛,并且已经取得了明显的污染控制效果。

③ 使用者收费。使用者收费在许多国家都已经得到了广泛应用。使用者收费是指政府按照污染物的排放种类和数量,向污染物集中处理设施的使用者收取费用,目前主要应用在征收城市生活污水处理费用和生活垃圾的收集与处理费用上,这种方法可以合理减轻政府的财政负担。

#### 9.2.1.2 自愿方法

自愿方法是污染企业或工业企业为改进环境管理主动做出的一种承诺。自愿协议方法源自日本,20世纪70年代在欧盟国家开始使用,80~90年代发展迅速,目前已经成为欧盟混合环境政策框架中的重要组成部分。自愿方法有两种主要类型:单方面承诺和协商协议。

① 单方面承诺:根据国家对环境管理的要求,企业主动提出采取减少污染排放、改善环境的措施,并通报各相关利益人。

② 协商协议:政府部门和企业之间通过协商达成协议,提出环境改善的目标和措施,明确各自的环境保护责任。

自愿协议式环境管理方法目前在我国只是处于初步的认知阶段。但总结国外企业的实施经验,我们可以在开发中国特色的自愿协议模式的基础上,鼓励企业进行自愿协议式环境管理方法的试点。

### 9.2.2 工业企业环境管理的手段

#### 9.2.2.1 宣传与教育

环境管理的宣传教育手段是运用环境教育、环境信息宣传、环境知识和技术培训等方法,以及社会舆论、公众的广泛参与和监督等来达到环境保护的目的。宣传教育是推广普及环境保护意识的重要手段,可以利用各种新闻传播媒介,提高公众对环保的认识;可以深入宣传环境保护的各项方针政策,强化环保基本国策的地位;可以宣传环保法规和制度,使人们建立环境法制观念,依法保护环境,依法监督管理。

#### 9.2.2.2 行政手段

在环境管理的诸多手段中,行政手段可谓是最早运用的"第一武器",是长期以来我国环境管理的主要手段。我国环境管理的八项基本制度,除排污收费制度和排污许可制度外,大多属于行政手段的内容。从企业层面运用行政手段管理环境的主要手段为制订环境管理目标、指标,并分解到各生产单元,进行监督考核,明确企业各级、各责任人的环境保护职责,并在生产和管理过程中具体落实。

#### 9.2.2.3 经济手段

经济手段是指企业内部的定额计奖,即生产主管部门把各项环境管理指标落实到基层各车间、工段、岗位、班组或个人,定期进行考评,基层各单位、岗位、责任者必须按照这些指标进行生产、管理活动,实现指标,完成任务。其生产、管理任务,受到这些指标的制约,即定额;根据指标完成情况,规定出奖励办法,即计奖。

在环境领域讨论的经济手段通常划分为两类:一类是侧重于政府干预的经济手段,如环境资源税、环境污染税、排污收费、产品收费、环保补贴、押金退款制度等;另一类是侧重于市场机制的经济手段,如自愿协商制度、排污权交易制度、污染者与受污染者的合并等。这些手段的应用对提高环境管理的成效起到了关键性的作用。

#### 9.2.2.4 科学技术手段

科学技术手段是要求环境管理部门推广科学的管理技术,排污单位采用最先进的治理技术,预防、发现和解决环境污染问题,有效预防和控制环境污染。科技手段是确定环境保护物质基础的重要工具,环境科技的进步,可以增强环境保护的生产力,加快环保进程,降低环保成本。科技手段有利于提高环境监测水平,合理分割环境资源,扩大经济手段应用范围。强化科技手段,应积极通过各种法规、标准和政策,促进环保科技的发展,将环保科技列为最优先的关键技术之一,注重发展生产全过程的污染控制技术,积极利用高新技术成果,加快推广使用,提高污染防治、生态保护和资源综合利用水平。

#### 9.2.2.5 强化污染源监管

加强对污染源的环境监管,督促污染防治设施正常运转,在污染物达标排放的基础上,实现排放总量控制与削减。规范污染源排污口的设置和管理,强化在线监控系统的建设,及时获取污染物排放量的数据和相关信息。对污染物排放超过规定的排放标准或超过总量的污染源,责令其限期整改或限期治理。逾期不能完成治理任务的,应依法予以关闭。督促热电厂实施脱硫工程,减少二氧化硫排放量。对"十五小"和"新五小"企业,以及设备简陋、污染严重、治理无望的企业,实行"关、停、并、转",减少能源消耗和污染物的排放。

#### 9.2.2.6 全力推动公众参与

从人类发展史来看,在环保等公共事务上,归根结底要靠公众素质的提高和环境意识的加强,即需要依赖公众的力量才能真正奏效。公众是环境最大的利益相关人,拥有保护环境的最大动机,只要有合适的渠道,就能释放出巨大能量。在中国目前的国情下,良性的公众参与不仅能弥补政府力量的不足,还能大大提高公众对政府政策的认同度,更能提升国民的公共道德素质。中国公众目前的环保参与程度还有待进一步提高,原因有个别人环保意识淡漠,同时尚需开发有效的参与机制。事实证明,只有公众都参与到环境保护中来,企业实施的环境管理才会真正发挥效益。

## 9.3 生命周期评价

### 9.3.1 生命周期评价的起源

生命周期评价最早可追溯到 20 世纪 60 年代,美国中西部研究所受可口可乐公司委托对饮料容器从原材料采掘到废物最终处理的全过程进行的跟踪与定量分析。20 世纪 70 年代,由于能源的短缺,许多制造商认识到提高能源利用效率的重要性,于是开发出一些方法来评估产品生命周期的能耗问题,以提高总能源利用效率。后来这些方法进一步扩大到资源和固体废物方面。到了 20 世纪 80 年代初,随着工业生产对环境影响的增加,以及严重环境事件的发生,企业要在更大的范围内更有效地考虑环境问题。另一方面,随着一些环境影响评价技术的发展,例如对温室效应和资源消耗等的环境影响定量评价方法的发展,生命周期评价方法日臻成熟。进入 20 世纪 90 年代后,由于"国际环境毒理学与化学学会"(SETAC)和欧洲"生命周期分析开发促进会"(SPOLD)的推动,该方法在全球范围内得到广泛应用。1992 年,SETAC 出台了生命周期评价的基本方法框架,1993 年国际标准化组织开始起草 ISO 14000 国际标准,正式将生命周期评价纳入该体系。

生命周期评价作为一种环境管理工具,不仅对当前的环境影响进行有效的定量化分析评价,而且对产品"从摇篮到坟墓"全过程所涉及的环境问题进行评价,是"面向产品环境管理"的重要支持工具。它既可用于企业产品开发与设计,利于企业环境管理,又可有效地支持政府环境管理部门的环境政策制定,同时还可提供明确的产品环境标志,指导消费者的环境产品消费行为。

## 9.3.2　生命周期评价的定义与类型

生命周期评价(life cycle assessment,简称 LCA)是用于评价产品在其整个生命周期中,即从原材料的获取、产品的生产和使用直至产品使用后的处置过程中对环境产生的影响的技术和方法。这种方法被认为是一种"从摇篮到坟墓"的全过程评价方法。作为新的环境管理工具和预防性的环境保护手段,生命周期评价主要应用在通过确定和定量化研究能量和物质利用及废物的环境排放来评估一种产品、工序和生产活动造成的环境负载;评价能源、材料利用和废物排放的影响以及评价环境改善。一个完整的生命周期评价过程,首先是辨识和量化整个生命周期阶段中能量和物质的消耗以及环境释放,然后评价这些消耗和释放对环境的影响,最后辨识和评价减少这些影响的机会。生命周期评价注重研究系统在生态健康、人类健康和资源消耗领域内的环境影响。

生命周期评价往往按照其技术复杂程度可分为三类。

① 概念型 LCA,又称为"生命周期思想"。概念型 LCA 是根据有限的(通常是定性的)清单分析评估环境影响,可帮助决策人员识别哪些产品在环境影响方面具有竞争优势,但不宜作为市场促销或公众传播的依据。

② 简化型 LCA,又称为"速成型 LCA"。简化型 LCA 涉及全部生命周期,但仅限于进行简化的评价,例如使用定性或定量的通用数据、标准的运输或能源生产模式、关键环境因素、潜在环境影响等方式,对评价结果进行可靠性分析。其结果多数用于内部评估和不要求提供正式报告的场合。

③ 详细型 LCA。此类型 LCA 包括 ISO 14040 所要求的目标与范围确定、清单分析、影响评价和结果解释四个阶段。常用于产品开发、环境声明(环境标志)、组织的营销和包装系统的选择等。

## 9.3.3　生命周期评价的技术程序

根据 ISO 14040 标准,生命周期评价的技术程序包括目标与范围的确定(goal and scope definition)、清单分析(inventory analysis)、影响评价(impact assessment)和结果解释(interpretation)四个阶段,生命周期评价技术框架如图 9-2 所示。

### 9.3.3.1　第一阶段:目标与范围的确定

目标与范围的确定是对生命周期评价的目标和范围进行界定,是生命周期评价中的第一

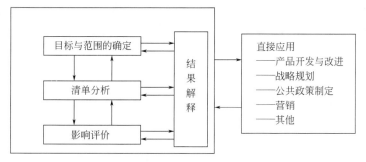

图 9-2 生命周期评价技术框架图

步,也是最关键的部分。该阶段主要是说明开展生命周期评价的目标和应用意图,确定生命周期评价范围,保证评价的广度、深度与要求的目标一致。评价范围确定应保证能满足评价目的,包括所评价的产品系统的功能单位、系统边界、数据分配程序、数据要求及原始数据质量要求等。确定目标和评价范围在生命周期评价中是一个反复的过程,可根据收集到的数据、信息及外界条件变化加以修正。

#### 9.3.3.2 第二阶段:清单分析

清单分析是对研究目标定义的整个生命周期系统中输入和输出数据(如原料使用、资源能源消耗、污染物排放等)建立清单,进行定量分析的过程。清单分析是 LCA 最重要的技术环节,也是四个部分中发展最完善的一个阶段。清单分析主要包括数据的收集和计算,以此来量化产品系统中的相关输入和输出。首先是根据目标与范围定义阶段所确定的评价范围建立生命周期模型,做好数据收集准备。然后进行单元过程数据收集,并根据收集的数据进行计算汇总得到产品生命周期的清单结果。

数据收集是开展清单分析和影响评价的基础工作,数据收集与后续的影响评价应相互响应,不应孤立起来。数据质量的评价关系到 LCA 结果的准确性及可靠性,目前,国内主要是对关键清单数据进行辨识研究和对清单结果进行不确定性评价。主要方法是利用数据质量指标评价表进行评分得到数据质量指标向量,然后用几何平均或者算术平均等方法将其转化为综合指标,再运用随机分布或建立回归模型来分析清单结果的不确定性。

#### 9.3.3.3 第三阶段:影响评价

生命周期影响评价是 LCA 的核心内容,是在清单分析的基础上,定量或定性分析资源能源消耗、生态破坏、人体健康损害等的影响程度。目前采用的影响评价方法的步骤为影响分类、特征化及量化评价、总环境影响潜力的计算。量化评价又包括标准化和加权评估两部分。环境影响分类体系主要包括 SETAC(国际环境毒理学与化学学会)分类体系、EDIP(工业产品环境设计)分类体系和中科院提出的简化分类体系三种。特征化即在系统内部按照分类体系将环境排放汇总数据分类后,对每一种环境影响类型总的影响负荷进行汇总。

(1) 影响分类

将数据清单分析中的输入输出数据归为资源消耗、生态影响和人体健康三大类,在每一类下又有许多子类,这些子类包括全球变暖、臭氧层破坏、酸化、光化学烟雾、水体富营养化、慢性职业健康影响、水生生态毒性等。这个分类是将清单中的数据按照对环境的影响进行归类解析。

(2) 特征化及量化评价

选择一个环境影响因子作为当量基准,而同一环境影响类型的其他影响因子与当量基准因子比较得到当量系数（当量因子），然后折合成基准因子的当量单位，再将同一环境影响类型的影响因子物质全部转化和汇总成为同一单元。产品环境影响潜值总和，即整个产品系统中所有环境排放影响的总和，用式（9-1）表示：

$$EP(j)=\sum EP(j)_i=\sum [Q(j)_i \times EF(j)_i] \qquad (9\text{-}1)$$

式中，$EP(j)$ 为该系统对第 $j$ 种潜在环境影响的贡献；$EP(j)_i$ 为第 $i$ 种排放物质对第 $j$ 种潜在环境影响的贡献；$Q(j)_i$ 为第 $i$ 种排放物质的排放量；$EF(j)_i$ 为第 $i$ 种排放物质对第 $j$ 种潜在环境影响的当量因子。

量化是在特征化求得环境影响类型的潜值总和后，为求得总环境影响潜力而进行的量化计算。为计算总环境影响潜力，必须求出各环境影响类型对环境造成影响的相对贡献大小，即各环境影响类型的权重系数。该研究采用目标距离法，即某种环境影响类型的严重性，用该效应当前水平与目标水平之间的距离来表征。该权重系数可用式（9-2）确定为：

$$WF(j)=\frac{ER(j)_{90}}{ER(j)_{T2000}} \qquad (9\text{-}2)$$

式中，$WF(j)$ 为第 $j$ 种环境影响类型的环境影响潜值的权重系数；$ER(j)_{90}$ 为 1990 年全球或地区某一环境影响类型环境影响潜值的总和，是权重系数的标准化基准；$ER(j)_{T2000}$ 为 2000 年全球或地区某一环境影响类型环境影响潜值的总和，是规定的削减目标值。

(3) 总环境影响潜力的计算

总环境影响潜力计算公式为：

$$EIL=\sum WF(j)\times EP(j) \qquad (9\text{-}3)$$

式中，EIL 为环境影响潜力；$WF(j)$ 为第 $j$ 种环境影响类型的环境影响潜值的权重系数；$EP(j)$ 为第 $j$ 种环境影响类型的环境影响潜值总和。总环境影响潜力或环境影响负荷（EIL）反映了所研究系统在其整个生命周期中对环境系统的压力大小。

#### 9.3.3.4 第四阶段：结果解释

生命周期评价结果解释是基于清单分析和影响评价的结果识别出产品生命周期中的重大问题，并对结果进行评估，包括完整性、敏感性和一致性检查，进而给出结论、局限和建议。如果仅仅是生命周期清单研究，则只考虑清单分析的结果。

### 9.3.4 生命周期评价在企业环境管理中的应用及案例

以瓷质餐具的瓦楞纸板包装企业为研究对象，运用生命周期评价方法，对其环境影响进行量化分析，进而为改进餐具包装提出建议。

#### 9.3.4.1 目标与范围确定

功能单位为生产一套骨质陶瓷餐具的完整瓦楞纸板包装箱。系统边界为从木材的供给到产品销售使用的整个过程，见图 9-3。生产过程产生的边角余料和最后的瓦楞纸箱可作为原纸的生产原料，按照 100% 循环利用的方式进行处理，因此不

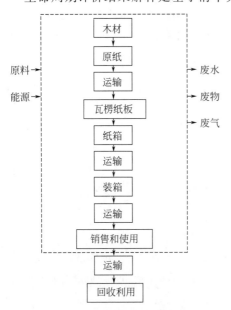

图 9-3 餐具包装 LCA 系统边界

产生废物。每个运输阶段的路程根据具体生产厂家的距离来进行计算。固体废物由于其处理方式多为就近运送到废品回收站进行处理，对环境产生的影响较小，所以其处理的环节未列入研究系统范围之内。研究中所用数据均是通过近几年的文献和国家相关标准整理而成。

### 9.3.4.2 清单分析

通过资料搜集，整理出系统边界内每功能单位包装产品加工运输过程的输入（资源消耗、能源消耗）数据清单见表 9-1，系统边界内每功能单位包装产品加工运输过程输出数据清单见表 9-2。

**表 9-1 一套餐具销售包装制造及运输过程输入数据清单**

| 类别 | 名称 | 造纸 | 制箱过程（合计） | 合计 |
|---|---|---|---|---|
| 原料 | 木材/(g/箱) | $6.89\times 10^{-1}$ | $3.85\times 10^{-1}$ | 1.07 |
| | 瓷土/(g/箱) | $1.19\times 10^{-2}$ | $6.64\times 10^{-3}$ | $1.85\times 10^{-2}$ |
| | 滑石粉/(g/箱) | $1.52\times 10^{-2}$ | $8.50\times 10^{-3}$ | $2.37\times 10^{-2}$ |
| | 碳酸钙/(g/箱) | $6.46\times 10^{-2}$ | $3.61\times 10^{-2}$ | $1.01\times 10^{-1}$ |
| | 硫酸铝/(g/箱) | $1.43\times 10^{-2}$ | $7.97\times 10^{-3}$ | $2.22\times 10^{-2}$ |
| | 原纸/(g/箱) | — | $4.29\times 10^{-1}$ | $4.29\times 10^{-1}$ |
| | 淀粉/(g/箱) | | $7.44\times 10^{-3}$ | $7.44\times 10^{-3}$ |
| | NaOH/(g/箱) | $8.28\times 10^{-2}$ | $4.71\times 10^{-2}$ | $1.30\times 10^{-1}$ |
| | $H_2SO_4$/(g/箱) | — | $2.21\times 10^{-3}$ | $2.21\times 10^{-3}$ |
| | 打包带/(g/箱) | — | $4.39\times 10^{-3}$ | $4.39\times 10^{-3}$ |
| | 水/(g/箱) | $1.11\times 10^{-2}$ | $7.30\times 10^{2}$ | $7.30\times 10^{2}$ |
| 能源 | 煤/(g/箱) | — | $7.86\times 10^{1}$ | $7.86\times 10^{1}$ |
| | 电/(MJ/箱) | 6.30 | 3.69 | 9.99 |
| | 柴油/(L/箱) | — | $1.47\times 10^{-2}$ | $1.47\times 10^{-2}$ |

**表 9-2 一套餐具销售包装制造及运输过程输出数据清单**  单位：kg

| 类型 | 排放类型 | 造纸 | 制箱输出 | 运输输出合计 | 合计 |
|---|---|---|---|---|---|
| 向大气排放 | 丁烷 | — | — | $1.96\times 10^{-6}$ | $1.96\times 10^{-6}$ |
| | $CO_2$ | 1.69 | 1.20 | $9.94\times 10^{-2}$ | 2.99 |
| | CO | — | — | $2.37\times 10^{-4}$ | $2.37\times 10^{-4}$ |
| | $C_2H_6$ | — | — | $6.36\times 10^{-6}$ | $6.36\times 10^{-6}$ |
| | $C_6H_{14}$ | — | — | $9.49\times 10^{-7}$ | $9.49\times 10^{-7}$ |
| | 其他烃类 | — | — | $3.33\times 10^{-4}$ | $3.33\times 10^{-4}$ |
| | $SO_2$ | $1.35\times 10^{-3}$ | $6.79\times 10^{-3}$ | — | $8.14\times 10^{-3}$ |
| | $SO_x$ | — | $1.59\times 10^{-5}$ | $3.83\times 10^{-4}$ | $3.99\times 10^{-4}$ |
| | HC | — | — | $5.60\times 10^{-7}$ | $5.60\times 10^{-7}$ |
| | $CH_4$ | — | $1.59\times 10^{-4}$ | $1.87\times 10^{-4}$ | $3.46\times 10^{-4}$ |
| | $N_2O$ | — | $1.61\times 10^{-4}$ | $1.11\times 10^{-5}$ | $1.72\times 10^{-4}$ |

续表

| 类型 | 排放类型 | 造纸 | 制箱输出 | 运输输出合计 | 合计 |
|---|---|---|---|---|---|
| 向大气排放 | $NO_x$ | $8.30×10^{-4}$ | — | $1.10×10^{-3}$ | $1.93×10^{-3}$ |
| | 颗粒物 | — | $1.62×10^{-3}$ | $1.64×10^{-4}$ | $1.79×10^{-3}$ |
| | 戊烷 | — | — | $4.79×10^{-6}$ | $4.79×10^{-6}$ |
| | 丙烷 | — | — | $4.11×10^{-6}$ | $4.11×10^{-6}$ |
| | HCl | — | — | $8.82×10^{-7}$ | $8.22×10^{-7}$ |
| 向水体排放 | 铵盐 | — | — | $2.28×10^{-6}$ | $2.28×10^{-6}$ |
| | $BOD_5$ | $1.11×10^{-4}$ | — | $1.23×10^{-6}$ | $1.12×10^{-4}$ |
| | COD | — | $2.39×10^{-1}$ | $9.22×10^{-6}$ | $2.39×10^{-1}$ |
| | 硝酸盐 | — | — | $3.95×10^{-6}$ | $3.95×10^{-6}$ |
| | N 含量 | — | $2.22×10^{-3}$ | — | $2.22×10^{-3}$ |
| | P 含量 | — | $1.96×10^{-4}$ | — | $1.96×10^{-4}$ |
| | 总有机碳（TOC） | — | — | $1.92×10^{-5}$ | $1.92×10^{-5}$ |
| 向土壤排放 | 边角余料 | $8.06×10^{-2}$ | — | — | $8.06×10^{-2}$ |
| | 灰和煤渣 | — | $1.53×10^{-2}$ | — | $1.53×10^{-2}$ |
| | 工业垃圾 | $1.46×10^{-1}$ | $1.71×10^{-6}$ | — | $1.46×10^{-1}$ |
| | 低放射性物质 | — | $2.17×10^{-7}$ | — | $2.17×10^{-7}$ |

#### 9.3.4.3 影响评价与分析

利用清单分析中的数据，进行归类和计算得到整个研究过程中对环境影响的量化评价。由清单分析结果（表 9-1、表 9-2），通过式（9-1）以及相应参数计算得出一套瓷质餐具的销售包装在该研究系统范围内的生命周期污染物排放影响潜值，见表 9-3。

表 9-3 环境影响潜值量化结果

| 影响类型 | | 环境影响潜值 | 分析结果/标准人当量 | | | |
|---|---|---|---|---|---|---|
| | | | 基准值 | 标准化值 | 权重 $WF_{T2000}$ | 加权后的环境影响潜值 |
| 全球变暖 | | 3.13 | 8700 | $3.59×10^{-4}$ | 0.83 | $2.98×10^{-4}$ |
| 酸化 | | $1.73×10^{-4}$ | 36 | $4.80×10^{-6}$ | 0.73 | $3.50×10^{-6}$ |
| 富营养化 | | $5.90×10^{-2}$ | 62 | $9.52×10^{-4}$ | 0.73 | $6.95×10^{-4}$ |
| 光化学烟雾 | | $1.62×10^{-4}$ | 0.65 | $2.49×10^{-4}$ | 0.53 | $1.32×10^{-4}$ |
| 固体废物 | | 1.98 | 251 | $7.87×10^{-3}$ | 0.62 | $4.88×10^{-3}$ |
| 粉尘和烟尘 | | $1.71×10^{-2}$ | 18 | $9.51×10^{-4}$ | 0.61 | $5.80×10^{-4}$ |
| 潜在健康影响 | | $9.29×10^{-1}$ | 358 | $2.60×10^{-3}$ | 1.99 | $5.17×10^{-3}$ |
| 资源消耗 | 煤 | $1.96×10^{-3}$ | 592 | $3.30×10^{-6}$ | 0.023 | $7.60×10^{-8}$ |
| | 石油 | 64.5 | 574 | $1.12×10^{-1}$ | 0.058 | $6.52×10^{-3}$ |

根据式（9-2）得出餐具包装生产加工及运输过程环境影响潜值加权分析结果，见表 9-4。

表 9-4　餐具包装生产加工及运输过程环境影响特征化结果　　　　　　　单位：箱

| 环境类型 | | 造纸 | 制箱输出 | 运输 | 合计 |
| --- | --- | --- | --- | --- | --- |
| 全球变暖 | | 1.72 | 1.26 | $1.52\times10^{-1}$ | 3.13 |
| 酸化 | | $1.93\times10^{-3}$ | $6.97\times10^{-3}$ | $1.17\times10^{-1}$ | $1.01\times10^{-2}$ |
| 富营养化 | | $1.14\times10^{-3}$ | $5.64\times10^{-2}$ | $1.49\times10^{-3}$ | $5.90\times10^{-2}$ |
| 光化学烟雾 | | — | $4.77\times10^{-6}$ | $1.57\times10^{-4}$ | $1.62\times10^{-4}$ |
| 固体废物 | | 1.37 | $6.06\times10^{-1}$ | — | 1.98 |
| 粉尘和烟尘 | | — | $1.70\times10^{-2}$ | $1.64\times10^{-4}$ | $1.71\times10^{-2}$ |
| 潜在健康影响 | | $1.54\times10^{-1}$ | $7.75\times10^{-1}$ | — | $9.29\times10^{-1}$ |
| 资源消耗 | 煤 | | 64.5 | | 64.5 |
| | 石油 | — | — | $1.96\times10^{-3}$ | $1.96\times10^{-3}$ |

根据式（9-3）计算出该餐具包装在系统范围内整个生命周期的环境影响潜力 EIL＝$1.83\times10^{-2}$，该环境影响负荷值反映了本项目所研究的全纸餐具包装在其整个生命周期中对环境系统的压力大小，且环境压力随环境影响负荷值的增加而增大。

#### 9.3.4.4　生命周期评价结果解释与建议

（1）结果解释

清单分析和影响评价结果表明，整个包装的生产、包装和运输过程的主要环境影响是资源消耗，其次是潜在健康影响和固体废物，影响最小的是酸化。全球变暖的影响主要集中在造纸和制备纸箱的过程中；酸化则主要集中在制箱的过程中；富营养化是由排放制胶机的清洗废水中含有淀粉等富营养物质和运输过程中排放汽车尾气造成的；光化学烟雾主要是在运输过程中排放汽车尾气造成的；固体废物主要是在纸箱成形过程中产生的边角余料和包装材料在废弃时产生的；粉尘和烟尘主要由运输过程中柴油经燃烧，排放到空气中的微小颗粒组成；潜在健康影响主要是指在造纸和制箱工艺中产生的 $SO_2$ 对人体健康有极大的危害；资源消耗集中在生产纸箱过程中煤和电的使用以及运输过程中柴油的消耗。

影响评价结果（表 9-4）中，资源消耗中的煤消耗、潜在健康影响（慢性疾病）即生物毒性、富营养化在制箱过程中所占的比例分别是 100%、83.4%、95.6%。包装产品产生的固体废物，基本上就是整个包装单位。

（2）建议

包装产品所产生的各环境影响类型的环境影响潜力主要集中在运输环节，而不是在包装产品本身生产加工以及回收过程中。由此，建议包装厂家应在距离产品生产厂家及销售地不远的地方，或者产品的生产厂商与附近的包装厂商进行合作，这样包装所产生的富营养化、酸化、光化学烟雾以及粉尘和烟尘对环境的负荷会减少。

## 9.4　清洁生产与全过程控制

### 9.4.1　清洁生产简介

清洁生产（cleaner production，简写 CP）是 20 世纪 80 年代以来发展起来的一种新的、创造性的保护环境的战略措施，其根本思想是从污染源头开始，将污染物消除在生产过程之中，实行工业生产全过程控制，达到从污染产生源开始减少生产和服务对人类和环境的风险的目的。

#### 9.4.1.1 清洁生产定义

联合国环境规划署对清洁生产的定义为：清洁生产是关于产品的生产过程的一种新的、创造性的思想，该思想将整体预防的环境战略持续应用于生产过程、产品和服务中，以增加生态效益和减少人类及环境的风险。

清洁生产的定义包含了两个全过程控制——生产全过程和产品整个生命周期全过程。对生产过程而言，清洁生产包括节约原材料和能源，淘汰有毒有害的原材料，并在全部排放物和废物离开生产过程以前，尽最大可能减少它们的排放量和毒性；对产品而言，清洁生产旨在减少产品整个生命周期过程中从原料的提取到产品的最终处置对人类和环境的影响。

#### 9.4.1.2 清洁生产推行现状

(1) 国际推行现状

早在20世纪80年代初，联合国工业发展组织就提出了将环境保护纳入该组织工作内容，之后又成立了国际清洁工艺协会，鼓励采用清洁工艺，提高资源、能源的转化率，减少使用有毒有害原材料，少排或不排废物。90年代，逐渐形成了在工业发展中实施综合环境预防战略，推行清洁生产的政策。联合国环境规划署于1992年10月召开了巴黎清洁生产部长级会议和高级研讨会议，指出目前工业不但面临着环境的挑战，同时也正获得新的市场机遇。清洁生产是实现可持续发展的关键因素，它既能避免排放废物带来的风险和处理、处置费用的增长，还会因提高资源利用率、降低产品成本而获得巨大的经济效益。

如今，面对环境污染日趋严重、资源日趋短缺的局面，从源头控制，减少原材料消耗和污染物排放的、新的经济增长模式逐步取代长期沿用的大量消耗资源和能源来推动经济增长的传统模式，清洁生产的理念逐渐被全球所认同。

(2) 国内实施现状

联合国环境规划署和工业发展组织的一系列活动，有力地在全世界范围内推行清洁生产，对我国推行清洁生产也是极大的促进。我国从1993年开始推行清洁生产，1993年原国家环保局和国家经贸委联合召开的第二次全国工业污染防治工作会议，明确提出了工业污染防治必须从单纯的末端治理向对生产全过程控制转变，实行清洁生产的要求。1996年国务院《关于环境保护若干问题的决定》再次明确新建、改建、扩建项目，技术起点要高，尽量采用能耗物耗小、污染物排放量少的清洁生产工艺。2003年1月1日起我国开始正式施行《中华人民共和国清洁生产促进法》，并在化工、石化、建材、印染、制革等污染相对较重的行业率先开展，在企业试点示范、宣传教育培训、机构建设、国际合作以及政策研究制定等方面都取得了较大进展。截至2004年底，全国已有三千多家企业通过了清洁生产审核。目前在我国推行清洁生产的主要行业是：石油炼制业、炼焦行业、制革行业（猪轻革）、钢铁行业、氮肥制造业、油脂工业（豆油和豆粕）、汽车涂装、燃煤电厂、水泥行业、烟草加工业、镍选矿业、电镀行业、啤酒行业、造纸制浆行业、中密度纤维板行业、乳品制造业（液态奶及全脂淡奶粉）等。

实施清洁生产，将污染物消除在生产过程中，可以降低污染治理设施的建设和运行费用，并可有效地解决污染转移问题，达到节约资源、减少污染、降低成本以及提高企业综合竞争能力的目的。通过对我国开展清洁生产审核的 219 家企业的统计，推行清洁生产后获得经济效益 5 亿多元，COD 排放量平均削减率达 40％以上，工业粉尘回收率达 95％。

### 9.4.2 清洁生产内容

清洁生产的主要思想是从源头上控制污染，其主要目标是：

① 通过资源的综合利用，短缺资源的代用，二次能源的利用，以及节能、降耗、节水，合理利用自然资源，减缓资源的耗竭。

② 减少废物和污染物的排放，促进工业产品的生产、消耗过程与环境相容，降低工业活动对人类和环境的风险。

因此，清洁生产可以概括为：清洁的能源和原材料、清洁的生产过程、清洁的产品。

#### 9.4.2.1 清洁的能源和原材料

使用清洁的能源和原材料是指选择无毒、低毒、少污染的能源，开展生产过程内部原材料的循环套用和回收利用，提高资源、能源的利用水平。清洁的能源主要包括常规能源的清洁利用（如采用各种方法对常规的能源如煤采取清洁利用的方法，如城市煤气化供气等）、可再生能源（如沼气）的利用、新能源的开发和各种节能技术的使用等。

#### 9.4.2.2 清洁的生产过程

清洁的生产过程是指选择无污染、少污染的替代产品和生产工艺，强化工艺设备、原材料贮运管理和生产组织管理，减少物料流失和"跑、冒、滴、漏"事故。

原料：尽量少用和不用有毒有害的原料，对物料进行内部循环利用。

中间产品：采用无毒无害的中间产品。

工艺和设备：选用少废、无废工艺和高效设备；结合技术改造，更新原料浪费大、污染严重的工艺与设备。

生产过程：完善生产管理，不断提高科学管理水平，尽量减少生产过程中的各种危险性因素，如高温、高压、低温、低压、易燃、易爆、强噪声、强振动等；采用可靠和简单的生产操作和控制方法。

污染物排放：对少量的、必须排放的污染物进行低费用、高能效的处置。

#### 9.4.2.3 清洁的产品

产品设计应考虑节约原材料和能源，少用昂贵和稀缺的原料；产品的包装合理；产品在使用过程中以及使用后不含危害人体健康和破坏生态环境的因素；产品使用后易于回收、重复使用和再生；产品使用寿命和使用功能合理。

### 9.4.3 清洁生产实施

#### 9.4.3.1 清洁生产的实施内容

清洁生产的实现需要具备两方面的条件：首先是环境管理制度的健全，让环境保护理念体现在全过程中；其次是生产技术的革新，采用新工艺、新材料、新方法，减少原材料的消耗和污染物的产生。

从清洁生产的实现条件分析，清洁生产的实施应该包括宏观政策要求和企业工业全过程污染预防。

(1) 宏观政策要求

在宏观上,清洁生产的提出和实施使环境进入决策,如工业行业的发展规划、工业布局、产业结构调整、技术推行以及管理模式的完善等都要体现污染预防的思想。我国许多行业和部门提出严格限制和禁止能源消耗高、资源浪费大、污染严重的产业及产品发展,对污染重、质量低、消耗高的产品实行"关、停、并、转"等,都体现了清洁生产战略对宏观调控的重要影响,也体现着工业管理部门对清洁生产的日益深刻的认识。

(2) 企业工业全过程污染预防

清洁生产的具体措施是用清洁的生产工艺技术,生产出清洁的产品,包括实施清洁生产工艺、建立环境管理体系、进行产品生态设计、产品全生命周期分析等。

针对某个企业而言,推行清洁生产主要应用清洁生产审计,即由企业对正在进行或计划进行的工业生产进行预防污染分析和评估。在检查有关单元操作、原材料、耗水、耗能和废物的来源、数量以及类型的基础上,通过全过程定量评估,运用投入-产出的经济学原理,找出不合理排污点位,确定削减排污方案,从而获得可观的经济效益和环境效益,提高企业管理水平。具体实施过程包括:

① 提出工作目标,制订工作计划。
② 制定方针,形成书面承诺。
③ 组建专业小组并培训。
④ 识别评价环境问题,确定重要环境问题。
⑤ 制定目标指标管理方案。
⑥ 建立文件化管理体系。
⑦ 实施清洁生产。
⑧ 监督检查。
⑨ 内部审核和管理评审。
⑩ 不符合纠正和预防。
⑪ 外部审核和清洁生产验收。
⑫ 持续改进清洁生产。

#### 9.4.3.2 实施清洁生产的效益分析

(1) 国外实施清洁生产的效益分析

荷兰在1998年实行的清洁生产项目中,在食品加工、电镀、金属加工和化学工业等5个行业10家企业中开展污染预防研究。结果表明,减少工业废物的产生和排放量潜力巨大,仅仅通过"加强内部管理"就能使废物削减25%~30%,通过改进工艺、革新技术,还能进一步削减30%~80%的废物。波兰在1992—1993年间,因实行清洁生产,全国的固废量、废水量、废气量和新鲜水用量就分别减少了22%、18%、24%和22%。由于实行清洁生产,美国自1970年以来人口增长了22%,国民生产总值增长了约75%,但是能源消耗仅仅增长不到10%,同时,大气中的铅、烟尘、一氧化碳和二氧化硫等污染物浓度大幅下降。

(2) 国内开展清洁生产的效益分析

我国自20世纪末提出清洁生产以来,北京、上海、山东、江苏等18个省市的219家企业实施了清洁生产,这些企业自实施清洁生产方案后,每年获得的经济效益达5亿元,环境效益更为明显。山东省已在造纸、纺织印染、石油化工、酿造、淀粉、氯碱、冶金、电子、机械制造、化工、制药等十余个行业,60多家企业进行了清洁生产审计。据统计,通过实施清洁生产的无/低费方案，废气排放量削减 10.0%，万元产值废气排放削减率为 9.36%；二氧化硫排放削减率为 16.9%，万元产值削减率为 34.2%；烟尘排放削减率为 17.9%，万元产值削减率为 15.1%；废水排放削减率为 27.5%，万元产值排放削减率为 22.5%；COD 排放削减率为 29.3%，万元产值排放削减率为 23.2%；固体废物排放削减率为 15.2%，万元产值削减率为 14.4%；企业年增加经济效益在数百万元到数千万元，经济效益增加率在 1%~5%。经济、环境效益均十分巨大。如果继续实施清洁生产的高费方案和持续实施清洁生产，企业的经济、环境和社会效益会进一步增加。

### 9.4.4 清洁生产实施案例

清洁生产克服了末端治理的固有缺陷，无论是思想观念、管理方式，还是技术工艺革新和设备维护与生产控制，都会得到较大的改善和提高，体现了可持续发展的要求，是工业文明的重要过程和标志。实践表明，实施清洁生产是协调经济发展和环境保护的最佳选择。

#### 9.4.4.1 造纸行业

山东某纸业集团股份有限公司，由于采用碱法草浆造纸工艺，生产过程中废水产生量为 510 万吨/年，其中黑液 29.7 万吨/年，外排废水 320 万吨/年，单位产品废水产生量 50 吨，黑液经碱回收进行处理，总排放废水中的 COD 浓度为 1100~1200mg/L，SS 浓度为 530mg/L，pH 为 6~9。为从源头减少污染物的产生和排放量，减轻末端治理负担，降低生产成本，该纸业集团股份有限公司于 1998 年在山东省清洁生产中心的清洁生产专家和国外行业专家的帮助下，进行了清洁生产审计，通过对审核重点车间——连蒸连漂的详细实测和全面的原因分析，从原材料与能源、设备、工艺技术、产品、管理和废物利用等方面进行攻关，共研制了清洁生产方案 33 项，并及时实施了 22 项方案。通过实施清洁生产的方案，公司在管理、技术工艺控制、产品质量、设备维护等方面都得到了提高，生产成本有较大程度的降低，年增加经济效益 578.63 万元，废水产生量削减 10%，废水中污染物量削减 15%。

#### 9.4.4.2 纺织印染行业

东营市某纺织印染有限责任公司以印花车间为审核重点，对全厂实施了清洁生产审计。经物料实测、现场察看和物料平衡分析，共研制了 47 项清洁生产方案，并实施了 32 个无/低费方案。方案实施后，浆料用量由 308kg/d 降至 283.4kg/d，固体废物排放量由 359.505kg/d 降至 341.53kg/d，色浆等助剂用量由 756.8kg/d 降至 516.8kg/d，新鲜水用量由 914.86t/d 降至 599.49 t/d，废水排放量由 832.75t/d 降至 517.38t/d；减少废水排放量 $1.407 \times 10^5$ t/a，减少废渣排放量 15~45t/a，同时减少了 COD 负荷，年增加收益 145.97 万元。

#### 9.4.4.3 炼油行业

山东某公司根据清洁生产审计结果，共研制了 100 多个污染预防方案，汇总筛选出了 62 个可提高经济效益、环境效益且技术可行的备选方案，并已逐步实施了其中 52 个方案。这些方案的实施，较大程度地降低了生产成本，原油利用率由审核前的 87.74% 增加到 94.56%，轻质油回收率由 46.62% 提高到 52.38%，新鲜水用量由 9.17 万吨/年减少到 6.05 万吨/年，废水排放量年削减 45.15 万吨，石油类污染物排放量年削减 6.88 吨，COD 排放量年削减 140.86 吨，$SO_2$ 排放量年削减 983.79 吨，年增加经济效益 6312.48 万元。

清洁生产是体现了预防污染的先进思想的环境战略，是对多年来主要依靠末端处理手段的环境保护指导思想的扬弃。在推进清洁生产的过程中，要以清洁生产为指针，将清洁生产审计、环境管理体系、生态设计、环境标志等环境管理工具结合起来，互相支持，取长补短，达到完整的统一。

## 9.5 环境管理标准体系 ISO 14000

作为可持续发展的一项具体配套措施——ISO 14000 国际环境管理系列标准，于 1996 年正式推出后，立即受到各国的高度重视和热烈反响。ISO 14000 国际环境管理系列标准，是通过在企业内部建立一套科学规范的环境管理体系，实现节能降耗、减少污染，将环境保护和市场直接联系起来，提高企业形象和开拓产品市场。

国际标准化组织于 1996 年 9 月推出 ISO 14001 标准，在刚刚推出的短短两年时间里，全球就有超过 1 万家企业获得 ISO 14001 认证，其增长势头之迅猛已经远远超出了 ISO 9000 标准出台初期的发展速度。截至 2003 年 12 月底，ISO 14000 标准已经被 113 个国家和地区采用，总共签发了 66070 张认证证书。

为了在我国大力推行 ISO 14000 系列标准，国务院批准成立"中国环境管理体系认证指导委员会"，统一组织、部署此项工作，并制定了一系列有利于 ISO 14000 标准健康发展的规范政策，实施一套程序、一个制度、一张证书，规范认证工作，保护企业利益。

### 9.5.1 ISO 14000 系列标准的内容

#### 9.5.1.1 概述

国际标准化组织 ISO（International Organization for Standardization）成立于 1946 年，总部设在瑞士日内瓦，由 100 多个国家的标准化组织构成。ISO 制定的标准为推荐标准，而非强制性标准。但是由于 ISO 颁布的标准在世界上具有很强的权威性、指导性和通用性，对世界标准化进程起着十分重要的作用，所以各国都非常重视 ISO 标准。

ISO 14000 标准是一个系列的环境管理标准，由国际标准化组织 ISO/TC 207 负责起草，于 1996 年 9 月开始陆续正式公布，它包括了环境管理体系、环境审核、环境标志、生命周期分析等国际环境管理领域内的许多焦点问题，旨在指导各类组织（企业、公司）表现正确的环境行为。ISO 14000 系列标准共预留 100 个标准号。该系列标准共分七个系列，其编号为 ISO 14001—14100（表 9-5）。

表 9-5  ISO 14000 系列标准 标准号分配表

| 分类 | 名称 | 标准号 |
| --- | --- | --- |
| SC1 | 环境管理体系（EMS） | 14001—14009 |
| SC2 | 环境审核（EA） | 14010—14019 |
| SC3 | 环境标志（EL） | 14020—14029 |
| SC4 | 环境行为评价（EPE） | 14030—14039 |
| SC5 | 生命周期评估（LCA） | 14040—14049 |
| SC6 | 术语和定义（T&D） | 14050—14059 |
| WG1 | 产品标准中的环境指标 | 14060 |
| — | 备用 | 14061—14100 |

9.5.1.2　ISO 14000 系列标准的分类

ISO 14000 是一个多标准组合系统，可以按照标准性质、标准功能进行分类。

(1) 按标准性质分类

按标准性质可以分为三类：基础标准（术语标准）、基本标准（环境管理体系、规范、原理、应用指南）、支持技术类标准或工具（包括环境审核、环境标志、环境行为评价、生命周期评估）。

(2) 按标准功能分类

按标准功能可以分为两类：评价组织（包括环境管理体系、环境行为评价、环境审核）、评价产品（包括生命周期评估、环境标志、产品标准中的环境指标）。如图 9-4 所示。

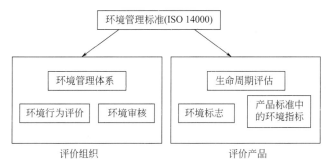

图 9-4　ISO 14000 系列标准按功能分类

9.5.1.3　ISO 14000 系列标准的主要内容

ISO 14000 系列标准目前已颁发了六项环境管理标准，包括：ISO 14001、ISO 14004、ISO 14010、ISO 14011、ISO 14012 和 ISO 14040。

(1) ISO 14001　《环境管理体系——规范及使用指南》

ISO 14001 是 ISO 14000 系列标准中的主体标准。它规定了组织建立环境管理体系的要求，明确了环境管理体系的诸要素，根据组织确定的环境方针目标、活动性质和运行条件把该标准的所有要求纳入组织的环境管理体系中。该项标准向组织提供的体系要素或要求，适用于任何类型和规模的组织。

(2) ISO 14004　《环境管理体系——原则、体系和支持技术通用指南》

ISO 14004 标准提供了环境管理体系要素，为建立和实施环境管理体系，加强环境管理体系与其他管理体系的协调提供可操作的建议和指导。它同时也向组织提供了如何有效地改进或保持的建议，使组织通过资源配置，职责分配以及对操作惯例、程序和过程的不断评价（评审或审核）来有序而合理地处理环境事务，从而确保组织确定并实现其环境目标，达到持续满足国家或国际要求的能力。

指南不是一项规范标准，只作为内部管理工具，不适用于环境管理体系认证和注册。

(3) ISO 14010：1996　《环境审核指南——通用原则》

ISO 14010 标准是 ISO 14000 系列标准中的一个环境审核通用标准，该标准定义了环境审核及有关术语，并阐述了环境审核通用原则，宗旨是向组织、审核员和委托方提供如何进行环境审核的一般原则，是验证和持续改进环境管理行为的重要措施。

(4) ISO 14011：1996　《环境审核指南——审核程序——环境管理体系审核》

ISO 14011 标准适用于实施环境管理体系的各种类型和规模的组织。该标准提供了进行环境管理体系审核的程序,以判定环境审核是否符合环境管理体系审核准则。

(5) ISO 14012:1996 《环境审核指南——环境审核员资格要求》

ISO 14012 标准提供了关于环境审核员和审核组长的资格要求,对内部审核员和外部审核员同样适用。

内部审核员和外部审核员都需具备同样的能力,但由于组织的规模、性质、复杂性和环境因素不同,组织内有关技能与经验的发展速度不同等原因,不要求必须达到标准中规定的所有具体要求。

(6) ISO 14040:1997 《生命周期评估——原则与框架》

ISO 14040 标准是环境管理系列标准中关于生命周期评价的第一个标准,该标准规定了开展和报告生命周期评价研究的总体框架、原则和要求。

### 9.5.2　ISO 14000 系列标准的作用

企业实施 ISO 14000 标准的目的就是规范企业的管理行为,使之建立并保持自我约束、自我调节、自我完善的运行机制,向全社会展示企业在环境保护、节约资源、协调环境与发展的关系、坚持走可持续发展道路等方面的宗旨。实施 ISO 14000 认证的主要作用体现在以下三个方面。

#### 9.5.2.1　消除国际贸易壁垒,增加国际竞争力

随着世界贸易市场的全球化,产品供应链也进入跨越国界阶段,适用于全球产业链的国际标准应运而生。世界贸易组织(WTO)的《贸易技术壁垒协议》明确承认国际标准是全球市场的技术基础,并敦促各国政府最大限度地使用国际标准以便预防不必要的贸易壁垒。ISO 14000 系列标准是国际间普遍承认和具有权威性的标准,通过 ISO 14000 这样的国际标准认证,对消除国际壁垒,增加企业的国际竞争力具有很重要的意义。

#### 9.5.2.2　优化企业成本,增加产品生态环境效益

传统企业对污染通常采用末端治理的方式,企业采用额外的补救行动和付出高昂的代价来处理和处置废物,这往往使所得的效益与花费的财力和物力不成正比。而 ISO 14001 标准所倡导的污染预防和持续改进的思想,鼓励企业从产品生命周期的全过程预防和控制污染,通过源头削减、清洁生产等手段实现环境效益和经济效益的统一。

一个设计完善、运行良好的环境管理体系能有效地识别节约成本的机会,并且以变更运行程序、改变产品设计和革新工艺、采用新技术及实行材料替代的方式从根本上降低成本或提高产品价值。

#### 9.5.2.3　确立绿色管理战略,提升企业形象

随着公众环境意识的不断提高,企业的环境形象正在成为影响消费者的重要因素,谁更关爱自然、保护环境,谁就更会在顾客心中留下富有责任感的印象,那么顾客就会更愿意购买其产品。形象性的环境管理制度以及对职业安全与健康的关注逐渐受到重视,企业经营发展将越来越重视加强环境管理。虽然 ISO 14001 标准并不证明某种特定产品是环境友好产品,但它表明制造商或服务提供者正在努力降低对环境的影响并不断改善自己的环境表现。在激烈竞争的市场上,公司的这一形象是新的卖点和有力的竞争武器。

### 9.5.3　企业 ISO 14000 管理体系的建立和实施

一般来说,企业从进行咨询到最终获得 ISO 14000 认证,所需的时间为半年到一年,所

需的费用在不同国家会有所区别。在美国，认证费用在 5 万～10 万美元之间，每年的追踪审核费约为 2.5 万美元。在中国，中小型企业的认证费用在 10 万元左右，大型企业会达到 20 万～30 万元。当然，这不包括认证过程中发现问题的技术改造资金和添置设备的资金。

#### 9.5.3.1 企业 ISO 14000 管理体系的建立

ISO 14000 环境管理体系的建立与实施是一项极其繁琐的工作，因其涵盖企业的每一个领域、部门及岗位。可以将其分解为下述五个阶段：项目准备、体系建立、体系实施（试运行）、环境管理体系审核（内审）、管理评审。

（1）项目准备阶段的工作内容有：最高管理者的承诺与支持，环境管理者代表的任命，组建工作组与内审组，与咨询机构和认证审核机构的接洽（主要是审核范围的确定），体系建立人员及内审员培训，计划（含时间表）的制订。

（2）体系建立阶段的工作内容有：环境方针的编制，初始环境评审，环境目标、指标与方案的制定，体系文件的编写、下发。其中初始环境评审与体系文件的编写是这一阶段的难点。

（3）体系实施（试运行）阶段的工作内容有：组织机构与职责的建立，培训意识与能力，信息沟通，文件控制，应急准备与响应，检查与纠正。

（4）环境管理体系审核（内审）。这里指企业内部自我审核。企业应按照相关控制程序文件要求开展环境管理体系审核。审核的范围应覆盖涉及的每个部门和要素。对于内审中发现的不符合方面和问题，应采取相应的措施进行纠正，并对效果进行追踪。

（5）管理评审。企业内部的管理评审必须由最高管理者亲自参加，并着重收集以下方面的信息：内审报告，以往审核报告，环境目标、指标和方案实施情况的相关资料，各相关部门的信息资料，组织的战略规划和发展规划。管理评审应形成文件性结论，以便于实施。

#### 9.5.3.2 企业 ISO 14000 管理体系的认证

（1）认证机构

按照国务院的指示精神，我国成立了中国环境管理体系认证指导委员会，负责指导 ISO 14000 系列标准在全国的实施工作，下设中国环境管理体系认证机构认可委员会和中国认证人员国家注册委员会环境管理专业委员会，分别负责环境管理体系认证机构的认可和环境管理体系审核员注册及培训机构的认可。企业 ISO 14000 管理体系的认证又称为管理体系的外部审核，必须由法定的环境管理体系认证机构和注册审核员实施。

（2）ISO 14000 标准认证申请条件

企业建立的环境管理体系要申请认证，必须满足以下基本条件：

遵守中国的环境法律、法规、标准和总量控制的要求；

申请方本年度无重大环境污染事故，污染物无严重超标排放情况；

申请方应已建立文件化的环境管理体系，并且运行良好，体系试运行满 3 个月。

（3）认证流程

环境管理体系审核就是客观地获取审核证据并予以评价，以判断一个组织或企业的环境管理体系是否符合环境管理体系审核准则的一个系统化并形成文件的验证过程。环境审核的主要步骤分为以下五步。

第一步：确定审核目的和审核范围。环境管理体系审核的目的在于对照环境管理体系审核准则中的要求来判断以下几项事项：

① 衡量受审核方环境管理体系运行及符合情况。
② 确定其环境管理体系是否得到了妥善的实施和保持。
③ 发现体系中可进一步改善的因素。
④ 评价组织内部管理评审是否能够保证环境管理体系的持续有效和适用。

第二步：确定审核准则。
① 衡量环境管理体系是否完善。
② 环境管理体系的活动是否正确。
③ 实施情况是否良好。
④ 体系是否充分适合于组织的环境方针和目标。

第三步：通过资料查阅和现场检查等收集信息并做出分析，以提供审核证据。

第四步：判断审核证据是否符合审核准则（注意证据与结论有可能受时间、资源的限制而有局限性和不确定性）。

第五步：提交审核报告，做出结论。

证书颁发 1 年后，表明企业已经按照 ISO 14000 标准建立起了环境管理体系。证书的有效期为 3 年，在 3 年内，认证机构还要对企业进行监督审核，以确保企业有效实施已经建立起来的环境管理体系。3 年期满之后，如果企业想继续获得证书，需要进行复审换证。

我国的企业正处在建立现代企业的变革过程中，经过 10 多年的发展，国内越来越多的行业和企业接受了环境和资源保护的理念，企业也逐渐认识到 ISO 14000 认证对国家、社会和企业发展的积极推动作用，特别是制造、建筑、医疗、旅游、商贸、运输等行业中，众多的企业早已经通过了认证，我国目前已经成为全球 ISO 14000 认证发证数量第二的国家。截至 2007 年底，据中国合格评定国家认可委员会的统计，我国累计有效的 ISO 14000 认证企业数量达到 30489 家，约占全球的五分之一。从我国已经通过试点认证的企业看，经济效益和环境效益都比较明显，如青岛海尔产品能够成功进入美国、欧洲市场，与成功通过 ISO 14000 认证有直接的关系。

## 9.5.4 实施 ISO 14000 系列标准的应用案例

（1）企业简介

河南新飞电器有限公司早在 1989 年就吹响了向 CFC（氟氯烃）替代研究进军的号角。他们制订了"胸怀蓝色理想，创造绿色世界"的环保计划，成立了 CFC 替代领导小组，主动将环境的需求纳入产品的设计开发之中。经过一年多的努力，在原国家科委和原轻工部的支持下，新飞削减发泡剂 CFC-11 用量 50％的试验获得成功。该项成果填补了我国电冰箱行业的空白，大大缩短了和发达国家的距离，标志着我国 CFC 物质替代研究取得长足进展。为表彰新飞在 CFC 替代方面取得的成就，原中国轻工总会和原国家环保局组织的多次全国性 CFC 替代会议都选在新飞召开；联合国将新飞定为削减 CFC-11 用量 50％示范样板工程。

成功进行降低 CFC-11 用量 50％试验不久，新飞即将该项成果用于产品的批量生产之中，几年来累计削减 CFC-11 用量 310 余吨，为实现 CFC 百分之百替代，走上全过程清洁生产道路积累了丰富的经验。

削减发泡剂 CFC-11 用量 50％试验成功并用于冰箱的批量生产后，新飞人清醒地认识到，绿色环保型是未来冰箱工业发展的大趋势，消费者需要代表未来潮流的绿色冰箱，新飞应该顺应时代发展新潮流，抢占市场竞争制高点。新飞毫不犹豫地向国际尖端技术发起了迅猛的冲击。经过分析比较，新飞果断地选择了"R-134a＋环戊烷"技术，在苦攻七年之后，终于站到了世界无氟冰箱的前沿，成为中国的"绿色先锋"。1996年1月，一条年产60万台的绿色冰箱生产线在新飞建成投产。新飞绿色冰箱耗电量比国家标准节约50%，噪声比国家同类产品平均水平低9分贝，因此一上市就受到消费者的普遍欢迎。在"中国首届保护臭氧层大会"上，新飞开发生产绿色冰箱的成功经验，被誉为当代的"补天女娲"，受到与会代表的高度评价，并被中国环境标志认证委员会授予"生产环境标志冰箱最多的企业，总数量位居全国第一"证书。研产绿色冰箱的成功，为新飞走上全过程清洁生产道路，实现可持续发展战略，奠定了坚实的基础。

（2）企业环境管理体系的建立和实施

按照既定的绿色发展战略，新飞迅速着手将自己的经营计划与国际标准接轨。他们于1996年11月3日成立了ISO 14001环境管理体系认证领导小组，邀请国内外著名环保专家进行指导，编写了十几万字的环境管理手册。首先投入巨资对原有的三条有氟冰箱生产线进行无氟技改，全面完成了无氟替代，新建的小冰箱生产线也按无氟标准设计，从而走上全过程清洁生产道路，绿色冰箱的生产能力也达到210万台。

同时，新飞花大力气对容易造成水、声、渣、气等环境污染的生产系统进行整改。投资112万元新建了九分厂的污水处理站，彻底改变了污水超标的现象；投资80余万元从意大利引进高级隔音材料，在厂区和居民区之间竖起隔音墙，使厂界噪声彻底达标；还先后建成水循环系统和节能设施，使企业的环境保护日益完善。此外，新飞主动加强对配套厂家和废旧物资购买方的环境控制，将环保列为一个重要的考核项目，凡是配套厂家或废旧物资购买方必须符合环境保护的要求并出具当地环保部门的证明，否则将停止合作。新飞从对各级领导及全体员工进行全员培训入手，使每个职工都了解ISO 14001环境管理体系系列标准的内涵和企业参与的必要性，从而在全公司形成了人人懂环保、人人讲环保的大好局面。

（3）认证情况

1997年6月28日，国家环境管理体系审核中心主任郑重宣布：河南新飞电器有限公司全面通过ISO 14001环境管理体系认证！从而，新飞成为全国第六家通过ISO 14001环境管理体系认证的企业。

## 复习思考题

1. 什么是工业企业环境管理？其主要内容有哪些？
2. 试述工业企业环境管理的主要方法和手段。
3. 试比较分析几种工业企业环境管理模式的特点。
4. 试述产品的生命周期设计程序。
5. 什么是清洁生产？它包括哪些内容？
6. 简述环境管理标准体系ISO 14000的主要内容。
7. 以案例形式，分析生命周期评价的应用领域。

# 第 10 章　自然资源环境管理

自然资源泛指存在于自然界、能为人类利用的自然条件（自然环境要素）。联合国环境规划署将其定义为：在一定的时间、地点条件下，能够产生经济价值，以提高人类当前和未来福利的自然环境因素和条件。自然资源通常包括矿物资源、土地资源、水资源、气候资源与生物资源等。它同人类社会有着密切联系，既是人类赖以生存的重要基础，又是社会生产的原料、燃料来源和生产布局的必要条件与场所。

自然资源在人与环境构成的大系统中具有极其特殊的地位与作用。首先，它是自然环境的组成部分，同时又是人类社会系统得以运行的不可缺少的部分。因此它是自然环境系统和人类社会系统之间十分重要的界面。作为自然环境的一部分，自然资源如山、水、森林、矿藏等是构成自然环境的基本骨架。自然资源的组配对自然的基本过程和状态有着决定性的作用。而作为人类社会经济活动的原材料，自然资源又是劳动的对象，是形成物质财富的源泉，是人类社会生存发展须臾不可或缺的物质。其次，自然资源是人类社会活动最重要的依托。人们为了自己的生存和发展，就要不断地开发自然资源。在工业文明的时代，开发自然资源的能力，几乎已不受怀疑地成了衡量"国力强弱"和"发达与否"的唯一标尺。人类沿着这个方向努力了二三百年，结果导致了自然环境的严重恶化和毁坏。

自然资源开发利用是人类社会系统和自然环境系统相互作用、相互冲突最严重的地方。因此，处理好自然资源的开发和保护的关系是处理好"人与环境"关系最关键的问题，是关系到人类社会持久生存、持续发展的大问题，当然也是环境管理学研究的重大问题。

本章仅以几类比较重要的自然资源为例，来说明自然资源环境管理的内容和方法。

## 10.1　水资源的保护与管理

### 10.1.1　水资源的概念与特点

#### 10.1.1.1　水资源的概念

本节所说的水资源，专指自然形成的淡水资源，其基本概念从它的水量、水质及水能三个应用价值方面来表现。

需要注意的是，自然界中的淡水水体，并不一定都能被称为水资源，因为它们并不一定都能具有经济学上的"资源"的作用。因此水资源仅指在一定时期内，能被人类直接或间接开发利用的那一部分水体。这种水资源主要指河流、湖泊、地下水和土壤水等淡水，个别地方还包括微咸水。这几种淡水资源合起来只占全球总水量的 0.32% 左右，所占比例虽小，但其重要性却极大。

#### 10.1.1.2 水资源的特点

(1) 循环再生性与总量有限性

水资源属可再生资源,在循环过程中可以不断恢复和更新。但由于其在循环过程中,要受到太阳辐射、下垫面、人类活动等条件的制约,因此每年更新的水量又是有限的。这里还需注意的是,虽然水资源具有可循环再生的特性,但这是从全球范围水资源的总体而言的。对一个具体的水体,如一个湖泊、一条河流,它完全可能干涸而不能再生。因此在开发利用水资源过程中,一定要注意不能破坏自然环境的水资源再生能力。

(2) 时空分布的不均匀性

由于水资源的主要补给来源是大气降水、地表径流和地下径流,它们都具有随机性和周期性(其年内与年际变化都很大),它们在地区分布上又很不均衡,因此在开发利用水资源时必须十分重视这一特点。

(3) 功能的广泛性和不可替代性

水资源既是生活资料又是生产资料,在国计民生中发挥了广泛而又重要的作用,如保证人畜饮用、农业灌溉、工业生产使用、航运、水力发电等。水资源这些作用和综合效益是其他任何自然资源无法替代的。认识不到这一点,就不能真正认识水资源的重要性。

(4) 利弊两重性

由于降水和径流的地区分布不平衡和时程分配不均匀,往往会出现洪、涝、旱、碱等自然灾害。如果开发利用不当,也会引起人为灾害,例如,垮坝、水土流失、次生盐渍化、水质污染、地下水枯竭、地面沉降、诱发地震等。这说明水资源具有明显的利弊两重性。因此,开发利用水资源时必须重视这一特点。

#### 10.1.1.3 世界水资源的分布及特点

水资源量是指全球水量中可为人类生存、发展所利用的水量,主要是指逐年可以得到更新的那部分淡水量。最能反映水资源数量和特征的是年降水量和河流的年径流量。年径流量不仅包括降水时产生的地表水,而且还包括地下水的补给。所以,世界各国通常采用多年平均径流量来表示水资源量。

包括南极冰川在内,世界各大洲陆地年径流总量为 $4.68 \times 10^4 \text{km}^3$ (表 10-1),折合平均径流深为 314mm。1971 年全世界人口为 36.4 亿人,人均年径流量为 $1.29 \times 10^4 \text{m}^3$;1982 年世界人口增加到 45 亿人,人均占有径流量减为 $1.04 \times 10^4 \text{m}^3$;1990 年世界人均水资源占有径流量下降为 $7.8 \times 10^3 \text{m}^3$;我国人均仅为 $2.3 \times 10^3 \text{m}^3$。1985 年年径流量超过 $1.0 \times 10^{11} \text{m}^3$ 的国家有巴西、加拿大、美国、印度尼西亚、中国、印度等,见表 10-2。世界上人均占有年径流量超过 $1.00 \times 10^4 \text{m}^3$ 的国家有 40 多个,其中加拿大最多,达 $1.296 \times 10^5 \text{m}^3$,其次为新西兰,达 $9.46 \times 10^4 \text{m}^3$。

表 10-1 各大洲的水资源

| 大陆连同岛屿 | 径流深/mm | 径流量/km³ | 占总径流量的比例/% | 面积/(×10⁴km²) | 径流模数/(s⁻¹·km⁻²) |
|---|---|---|---|---|---|
| 欧洲 | 306 | 3210 | 7 | 10500 | 9.7 |
| 亚洲 | 332 | 14410 | 31 | 43475 | 10.5 |
| 非洲 | 151 | 4570 | 10 | 30120 | 4.8 |
| 北美洲 | 339 | 8200 | 17 | 24200 | 10.7 |

续表

| 大陆连同岛屿 | 径流深/mm | 径流量/km³ | 占总径流量的比例/% | 面积/(×10⁴km²) | 径流模数/(s⁻¹·km⁻²) |
|---|---|---|---|---|---|
| 南美洲 | 661 | 11760 | 25 | 17800 | 21 |
| 大洋洲 | 2063 | 2388 | 5 | 8950 | 52.54 |
| 南极洲 | 156 | 2310 | 5 | 13980 | 5.2 |
| 总陆面 | 314 | 46848 | 100 | 149025 | 10.0 |

水资源在不同地区、不同年份和不同季节的分配是极不均衡的。目前世界上有60%的地区处于淡水不足的困境，40多个国家严重缺水。有的国家大量排放污水造成的水资源污染，不仅加剧了本国水资源不足的矛盾，而且使世界生态环境受到破坏，直接威胁着人类自身的健康和生存条件。根据全球气候条件变化与人口预测，到2025年，全球大约有1/3的人口将生活在用水紧张或水荒环境中。

表10-2 部分国家水资源状况（1985年）

| 项目 | 巴西 | 加拿大 | 美国 | 印度尼西亚 | 中国 | 印度 |
|---|---|---|---|---|---|---|
| 平均年径流量/(×10⁸m³) | 51912 | 31200 | 29702 | 28113 | 27115 | 17800 |
| 人口/(×10⁴人) | 11909 | 2409 | 22980 | 14750 | 103100 | 69389 |
| 人均水量/m³ | 43700 | 129600 | 12920 | 19000 | 2632 | 2450 |
| 耕地/(×10⁷hm²) | 3.23 | 4.30 | 18.94 | 1.64 | 10.00 | 16.47 |
| 公顷均水量/(m³/hm²) | 713.53 | 318.23 | 69.73 | 753.26 | 117.92 | 48.06 |

#### 10.1.1.4 我国水资源的分布及特点

(1) 总量多、人均占有量少

中国陆地水资源总量为 $2.8 \times 10^{12} \text{m}^3$，仅少于巴西、苏联、加拿大、美国和印度尼西亚，居世界第6位。多年平均降水量为648mm，年平均径流量为 $2.7 \times 10^{12} \text{m}^3$，地下水补给总量约 $8 \times 10^{11} \text{m}^3$，地表水和地下水相互转化和重复水量约 $7 \times 10^3 \text{m}^3$。但由于中国人口多，故人均占有量只有 $2632 \text{m}^3$，约为世界人均占有量的1/4。

(2) 地区分配不均、水土资源组配不平衡

总体上说来，我国陆地水资源的地区分布是东南多、西北少，由东南向西北逐渐递减。淮河、秦岭以南广大地区及云南、贵州、四川大部、西藏东南部为多水地区，年降水量大于800mm，最高为台湾东北部山地，达6000mm。在北方，吉林、辽宁两省的长白山区，年降水量也大于800mm，是北方仅有的多水地区。

东北西部、内蒙古、宁夏、青海、新疆、甘肃及西藏大部分地区是少水地区，一般年降水量少于400mm。新疆的塔里木盆地、吐鲁番盆地和青海的柴达木盆地中部，年降水量不足25mm，是中国降水量最少的地区。

淮北、华北、东北和山西、陕西大部，甘肃和青海东南部，新疆北部和西部山区，四川西北和西藏东部，年降水量在400～800mm之间，属多水地区与少水地区的过渡区。

另外，我国的水土资源的组配是很不平衡的，平均每公顷耕地的径流量为 $2.8 \times 10^4 \text{m}^3$。长江流域为全国平均值的1.4倍；珠江流域为全国平均值的2.4倍；淮河、黄河流域只有全

国平均值的 20%；辽河流域为全国平均值的 29.8%；海河、滦河流域为全国平均值的 13.4%。长江流域及其以南地区，水资源总量占全国的 81%，而耕地只占全国的 36%；黄河、淮河、海河流域，水资源总量仅为全国的 7.5%，而耕地却占全国的 36.5%。

（3）年内分配不均、年际变化很大

我国的降水受季风气候的影响，故径流量的年内分配不均。长江以南地区 3~6 月（或 4~7 月）的降水量约占全年降水量 60%；而长江以北地区 6~9 月的降水量，常占全年降水量的 80%，秋冬春则缺雪少雨。另外，在北方干旱、半干旱地区，一年的降水量往往集中在一两次历时很短的暴雨中。降水的过分集中，造成雨期大量弃水，非雨期水量缺乏。降水集中程度越高，旱涝灾害越重，可用水资源占水资源总量的比重也越少。

我国降水的年际变化很大，多雨年份与少雨年份往往相差数倍。如北京 1959 年的年降水量（1406mm）是 1869 年（242mm）的 5.81 倍。安徽（蚌埠站）1956 年的年降水量（1565mm）是 1922 年（376mm）的 4.16 倍。

（4）部分河流含沙量大

我国平均每年被河流带走的泥沙约 $35 \times 10^8$ t，年平均输沙量大于 $1000 \times 10^4$ t 的河流有 115 条。其中黄河年径流量为 $543 \times 10^8 m^3$，平均含沙量为 $37.6 kg/m^3$，多年平均年输沙量为 $16 \times 10^8$ t，居世界诸大河之冠。由于泥沙能吸附其他污染物，故水的含沙量大将会在造成河道淤塞、河床坡降变缓、水库淤积等一系列问题的同时，加重水的污染，进而增大了开发利用这部分水资源的难度。

## 10.1.2 水资源开发利用中的环境问题

### 10.1.2.1 环境问题的主要表现

水资源开发利用中的环境问题，是指水量、水质、水能发生了变化，导致水资源功能的衰减、损坏以至丧失。具体表现主要有：

① 河流、湖泊面积日益缩小，水文条件改变较大，从而使调洪、泄洪能力减弱，洪涝灾害加重、通航里程缩短，水产资源和风景资源受到不同程度的破坏。

② 水体污染日益严重，水生态环境受到严重破坏，影响了人体健康和生存质量，约束着流域社会经济的发展。

③ 地下水资源日渐枯竭，地面沉降现象屡见不鲜。我国河北沧州 1973 年地下水位降落漏斗为 $16 km^2$，中心水位埋深 33m，到 1980 年，漏斗已达 2700 $km^2$，中心水位埋深达 68m。这种现象还导致不少沿海地区地面沉降、海水入侵，地下水水质恶化，一些内陆碳酸岩地区也因此岩溶塌陷。

### 10.1.2.2 环境问题产生的主要原因

① 砍伐森林，破坏地表植被造成水土流失、水源枯竭，使河水的水量减少，输沙量增加，河道和湖泊淤塞。

② 围湖造田，使湖泊数量、面积均大幅度减少。如我国江汉平原，面积在 $50 hm^2$ 以上的湖泊的数量，20 世纪 80 年代就比 50 年代减少了 49.36%，总面积减少了 43.67%。其结果则是湖泊的各项功能都日渐衰退。

③ 随着人口的增加，经济的发展，工业、农业、生活的用水量（包括地下水的抽取量）与污水排放量均迅速增加，从而使水体污染日益严重，水资源量的分配愈加不合理。

### 10.1.3 水资源环境管理的原则和方法

#### 10.1.3.1 水资源环境管理的原则

① 保护水源。包括严禁在水源地和水源补给区砍伐森林、硬化路面、排放有毒、有害废水和生活污水等。

② 加强宏观调控，制定经济激励政策，合理分配用水。在用水内容上要注意在生活用水、工业用水、农业用水、生态用水等几方面的分配；在地域上要注意上、下游的分配；在时间上要注意丰、枯期之间的分配。

③ 鼓励节约用水，提高水资源的利用率。

④ 综合整治受污染的水体。

⑤ 不断完善水资源保护利用的法律法规，严格执法。

#### 10.1.3.2 水资源环境管理的方法

(1) 完善管理体制和管理组织机构，加强水资源的统一管理

水资源管理应把一定范围内的水（包括用水、污水、地面水、地下水、雨水以及农田排水等）以及水体周边的陆地作为一个整体来考虑，以加强对水资源的统一管理。应按水循环的自然规律和水资源具有多种功能的特点完善水资源统一管理机构。一般做法是：

① 完善国家级统一管理机构：其主要职能是组织和协调有关部门进行水资源现状的调查分析；预测水利事业的发展及其影响；制订和实施水资源分配计划、水资源远景发展规划以及综合防治水污染的政策和措施；监督和检查地方水资源管理机构的活动；组织开展有关科学研究工作以及提供情报资料等。

② 完善地方性水资源管理机构：按水系、流域或地理区域而不是按行政区域划分水资源管理区。地方性水资源管理机构的职能是根据我国颁布的有关法规，对管辖范围内水资源的开发利用、水质和水量进行监督和保护。具体职责是制订和实施水资源的发展规划；监督水资源的利用和保护；定期对地下水、地表水的状况进行分析；制订各种用水系统设计方案；审核水利和水库的建设许可证；检查用水计划的合理性；控制污水排放以及向司法机关对破坏水资源肇事者提起诉讼等。

(2) 树立水环境资源有偿使用的观点，并将其引入水资源开发利用与管理规划

任何单位、团体和个人都无权无偿开发利用属于国家所有的水资源。水资源有偿使用观点的具体体现，则是逐步开征环境税和排污税。

(3) 全面实行排放水污染物总量控制，推行许可证制度，实现水量与水质并重管理

水资源保护包含水质和水量两个方面，二者相互联系和制约。水资源的质量降低，就必然影响到水资源的开发利用，而且对人民的身心健康和自然生态环境造成危害。

水体污染降低了水资源的可利用度，加剧了水环境资源供需矛盾。对此，应大力推广清洁生产，将水污染防治工作从末端处理逐步转变为全过程管理，全面实行排放水污染物总量控制，推行许可证制度，完善和加强水环境监测监督管理工作，实现水量与水质并重管理。并根据经济和社会发展目标，进行多学科、多途径的水环境综合整治规划研究，探索出适合本地区当前技术经济条件的水环境资源保护措施的途径。

(4) 大力发展资源化处理利用系统

① 企业内部的资源化系统：如水循环系统；重金属，人工合成有机毒物的中间产物、副

产物和流失物的再利用系统等。

②企业外部（之间）的资源化系统：如一个企业的中间产物、副产物、"废物"转为另一个企业的原材料或半成品系统；城市、工业、农业的有机废物制造沼气、肥料供居民、农村或工业使用。

③外环境的资源化系统：如土地处理系统、氧化塘系统、污水养鱼系统、生态农场系统等。

（5）加强水利工程建设，积极开发新水源

由于水资源具有时空分布不均衡的特点，因此，必须加强水利工程的建设。如修建水库、人工回灌等以解决水资源年际变化大、年内分配不均的情况，使水资源得以保存和均衡利用。跨流域调水则是调节水资源在地区分布上的不均衡性的一个重要途径。但水利工程往往会破坏一个地区原有的生态平衡，因此要做好生态影响的评价工作，以避免和减少不可挽回的损失。

此外，还应积极进行新水源的开发研究工作，如海水淡化、抑制水面蒸发、房顶集水和污水资源化利用等。

## 10.2　矿产资源的保护与管理

### 10.2.1　矿产资源的概念与特点

#### 10.2.1.1　矿产资源的概念

矿产资源指经过地质成矿作用，使埋藏于地下或出露于地表，并具有开发利用价值的矿物或有用元素的含量达到具有工业利用价值的集合体。矿产资源是重要的自然资源，是社会生产发展的重要物质基础，现代社会人们的生产和生活都离不开矿产资源。矿产资源属于不可更新资源，其储量是有限的。目前世界已知的矿产有1600多种，其中80多种应用较广泛，可分为能源矿产（如煤、石油、地热）、金属矿产（如铁、锰、铜）、非金属矿产（如金刚石、石灰岩、黏土）和水气矿产（如地下水、矿泉水、气体二氧化碳）四大类。

#### 10.2.1.2　矿产资源的特点

（1）不可更新性

矿产资源属不可更新资源，是亿万年的地质作用形成的，在循环过程中不能恢复和更新，但有些可回收重新利用，如铜、铁、石棉、云母、矿物肥料等；而另一些属于物质转化的自然资源，如石油、煤、天然气等则完全不能重复利用。因此在开发利用矿产资源过程中，一定要注意矿产资源不可更新性，节约使用。

（2）空间分布的不均衡性

矿产资源空间分布的不均衡是其自然属性的体现，是地球演化过程中自然地质作用的结果，它们都具有随机性和周期性，表现为在地区分布上很不均衡，因此在开发利用矿产资源时必须十分重视这一特点。

（3）功能的广泛性和不可替代性

矿产资源是人类社会赖以生存和发展的不可缺少的物质基础，据统计，当今世界95%以上的能源和80%以上的工业原料都取自矿产资源。所以很多国家都将矿产资源视为重要的国土资源，当作衡量国家综合国力的一个重要指标。

#### 10.2.1.3 世界矿产资源的分布及特点

世界上的矿产资源的分布和开采主要在发展中国家,而消费量最多的是发达国家。

石油资源各地区储量及其所占世界份额差别很大。人口不足世界3%、仅占全球陆地面积4.21%的中东地区石油储量为925亿吨,占世界储量的65%。

煤炭资源空间分布较为普遍。主要分布在三大地带:世界最大煤带是在亚欧大陆中部,从我国华北向西经新疆、横贯中亚及欧洲大陆,直到英国;北美大陆的美国和加拿大;南半球的澳大利亚和南非。

铁矿主要分布在俄罗斯、中国、巴西、澳大利亚、加拿大、印度等国。欧洲有库尔斯克铁矿(俄罗斯)、洛林铁矿(法国)、基律纳铁矿(瑞典)和英国奔宁山脉附近的铁矿,美国的铁矿主要分布在五大湖西部,印度的铁矿主要集中在德干高原的东北部。

其他矿产资源中,铝土矿主要分布在南美洲、非洲和亚太地区;铜矿分布较普遍,但主要集中在南美和北美的东环太平洋成矿带上;世界主要产金国有南非、俄罗斯、加拿大、美国、澳大利亚、中国、巴西、巴布亚新几内亚、印度尼西亚等国家。

#### 10.2.1.4 我国矿产资源的分布及特点

(1) 矿产资源总量丰富、品种齐全,但人均占有量少

中国已发现了173种矿产,具有查明资源储量的矿产162种,已发现矿床、矿点20多万处,其中有查明资源储量的矿产地1.8万余处。煤、稀土、钨、锡、钽、钒、锑、菱镁矿、钛、萤石、重晶石、石墨、膨润土、滑石、芒硝、石膏等20多种矿产,无论在数量上或质量上都具有明显的优势,有较强的国际竞争能力。但是中国人均矿产资源拥有量少,仅为世界人均的58%,列世界第53位。

(2) 大多矿产资源质量差,贫矿多,富矿、易选的矿少

与其他主要矿产资源国相比,中国矿产资源的质量很不理想,从总体上讲,中国大宗矿产,特别是短缺矿产的质量较差,在国际市场中竞争力较弱,制约其开发利用。

(3) 一些重要矿产短缺或探明储量不足

中国石油、天然气、铁矿、锰矿、铬铁矿、铜矿、铝土矿、钾盐等重要矿产短缺或探明储量不足,这些重要矿产的消费对国外资源的依赖程度比较大,2006年中国石油消费对进口的依赖程度已经达到47.3%。

(4) 成分复杂的共(伴)生矿多,大大增加了开发利用的技术难度

据统计,中国有80多种矿产是共(伴)生矿,以有色金属最为普遍。虽然共(伴)生矿的潜在价值较大,甚至超过主要组分的价值,但其开发利用的技术难度亦大,选冶复杂,成本高,因而竞争力低。

(5) 矿产资源地理分布不均衡,产区与加工消费区错位

由于地质成矿条件不同,导致中国部分重要矿产分布特别集中。90%的煤炭查明资源储量集中于华北、西北和西南,这些地区的工业产值占全国工业总产值不到30%,而东北、华东和中南地区的煤炭资源仅占全国10%左右,其工业产值却占全国的70%多;70%的磷矿查明资源储量集中于云、贵、川、鄂四省;铁矿主要集中在辽、冀、川、晋等省,其开发利用也受到一定程度的限制。北煤南调、西煤东运、西电东送和南磷北调的局面将长期存在。

(6) 能源矿产结构性矛盾突出

2005年中国一次能源消费结构中,煤炭占68.7%,石油占21.2%,天然气占2.8%,水电占7.3%。煤炭消费所占比例过大,能源效率低,煤炭燃烧还带来严重的环境问题。

## 10.2.2 矿产资源开发利用中的环境问题

(1) 植被破坏、水土流失、生态环境恶化

由于大量的采矿活动及开采后的复垦还田程度低,很多矿区的生态环境遭到严重破坏。许多地方存在矿石私挖滥采现象,造成水土严重流失,特别典型的是南方离子型稀土矿床,漫山遍野地露天挖矿,使山体植被与含有植物养分的腐殖土层及红色黏土层被大量剥光,土地已失去了原有的生态平衡。有些冶炼企业产生的尾砂,在不经过任何处理情况下大量排放。按离子型稀土品位 0.08%,矿体平均厚度 6m,其采出矿石的稀土回收率 70% 计算,生产 1 吨稀土 (92%) 所损失的植被表面积 160 $m^2$,产出尾砂 1200$m^3$。矿区要恢复到原来的生态环境,需要大量的资金投入。

(2) 地质环境问题日益严重

矿山在开采过程中不同程度地引起地表下沉、塌陷、岩体开裂、山体滑坡等地质环境问题。凡煤矿采用壁式采矿法,金属、非金属矿采用崩落采矿法均会引起大面积的采空区地面塌陷,使房屋开裂,道路下沉,铁路、水利等工程设施遭到破坏,庄稼无法耕种,电力、通信线路故障时有发生;在建材矿山和金属矿山等露天采矿场,采场剥离地表造成边坡不稳,地压失去平衡,导致危岩崩落,山体滑坡;由于地下水开采和矿山疏干排水的影响,采空区地表发生岩溶塌陷,形成许多塌坑,甚至是塌陷群,严重的会形成长百余米、宽数十米的不连续的塌陷带。由矿山开采活动诱发的地质灾害,已日趋严重,严重地危及附近群众的生命财产安全。

(3) 工业固体废物成灾

矿产资源的开发利用过程中所产生的废石主要有煤矸石、冶炼渣、粉煤灰、炉渣、选矿生产中产生的尾矿等。这些废石排放后残存堆积于矿区附近,侵占和破坏了大量土地资源,现仅全国金属矿山堆存的尾矿就达到了 50 亿吨。煤矿生产的矸石量约占产量 10%,每年新产生矸石约 1 亿吨。绝大多数小矿山没有排石场和尾矿库,废石和尾砂随意排放,不仅占用土地,还造成水土流失,堵塞河道和形成泥石流。

(4) 水污染比较严重

一方面,矿山开采过程中对水源的破坏比较严重,由于矿山地下开采的疏干排水导致区域地下水位下降,出现大面积疏干漏斗,使地表水和地下水动态平衡遭到破坏,以致水源枯竭或者河流断流。另一方面,矿山企业和选矿厂在生产过程中产生了大量的废水,选矿废水不经处理随意排放,污染了水质和土壤。有色金属选矿厂排放的废水不但含有重金属离子,而且还含有硫、磷等,污染了区域内的水资源和土质。黄金矿山选矿,剧毒的氰化物以及溶于水中的金属离子大量排放,污染了矿区周围的河流、湖泊、地下水和农田,对环境危害极大。硫铁矿生产过程中排放的废石经雨水冲洗后形成酸性水,污染河流和农田。

(5) 空气污染

一些地方小煤矿滥采乱挖,随意堆放,造成煤炭自燃,形成地下火龙,煤炭自燃过程中产生的大量有害气体,严重污染了空气。洗煤厂排放的煤尘、焦化厂及土焦厂的油烟、水泥厂的烟尘等,对周围的人畜健康造成严重危害。

## 10.2.3 矿产资源环境管理的原则和方法

加强矿产资源环境管理是一个刻不容缓的工作,在管理过程中,必须坚持以下原则和

方法：

(1) 依法加强资源开发的管理

各级政府及有关资源管理部门应加强矿山开采过程中的生态环境恢复治理的管理。对矿产资源的勘查、开发实行统一规划，合理布局，综合勘查，合理开采和综合利用，严格勘查、开采审批登记，坚持"在保护中开发、在开发中保护"的原则，强化人们的矿区生态保护意识。整顿矿业秩序，坚决制止乱采滥挖、破坏资源和生态环境的行为，取缔无证开采，关闭开采规模小、资源利用率低、企业效益差的矿点，逐步使矿产资源开发活动纳入法制化轨道。

(2) 加强矿产资源的综合利用

要加强矿产资源的综合利用或回收利用，积极发展矿产品深加工业，大力发展环保业，开发污染防治产品系列，努力提高矿产资源的综合利用效益，从根本上减少资源利用中的污染物排放。一些矿业企业开发研究出的"剥离-分类采矿-土地复垦-环境治理"一体化采矿生产工艺技术，即根据矿区地质特点，在传统剥离采矿的基础上，改进剥土采矿工艺，采取分步剥离、分类采矿和资源回收的方法进行选择性剥离开采，综合利用多种矿产资源，可大大提高矿产资源的综合利用效益。

(3) 实行生态环境经济补偿政策

坚持"谁开发，谁保护，谁利用，谁补偿"的原则，实行生态环境补偿政策，向对生态环境造成直接影响的组织和个人征收生态环境补偿费，使矿山开采企业和个人能有效地、自觉地合理开发利用矿产资源和保护生态环境，实现经济效益和生态效益相统一。

(4) 加大对矿山科技进步的投资，提高矿产资源开发的科学技术水平

要逐步实行改革强制化技术改造和技术革新政策，努力提高矿山开采水平，更新改造设备和生产工艺，提高矿山企业采选"三率"指标，降低能耗，减少采矿过程的损失，是保护矿区生态环境、减轻破坏的重要措施。

(5) 加强矿区生态环境恢复重建的管理

各矿区应设立资源开发、生态破坏活动重建工作的管理协调机构，把生态环境重建工作纳入国民经济发展计划，坚持"谁破坏，谁治理"的原则，加快生态环境恢复重建的速度，积极推进矿山生态环境恢复重建保证金制度。新建矿山要把环境治理和土地复垦项目纳入建设总投资预算，将生产工艺过程中的生态环境治理费纳入成本，不欠或少欠新账，实现矿产资源开发区与生态环境保护区相协调的良性循环发展。

(6) 严格执行矿山地质环境影响评价、建设项目环境影响评价制度

新建矿山及矿区，应严格执行矿山地质环境影响评价和建设项目环境影响评价制度，先评价，后建设。对不符合规划要求的新建矿山一律不予审批，从根本上消除今后的矿区对生态环境的影响。

## 10.3 森林资源的保护与管理

### 10.3.1 森林资源的概念与特点

#### 10.3.1.1 森林资源的概念

森林资源是森林和林业生产地域上的土地和生物的总称。包括林木、林下植物、野生动

物、微生物、土壤和气候等自然资源。林业用地包括乔木林地、疏林地、灌木林地、林中空地、采伐迹地、火烧迹地、苗圃和国家规划的林地等。

森林是地球上最大的陆地生态系统，是维持地球生态系统的重要因素。它具有多种功能和效益，如涵养水源、保持水土、调节气候、保护农田、减免水、旱、风、沙等自然灾害，净化空气，防治污染，庇护野生动植物等。

森林是可枯竭的再生性自然资源，只要合理利用就能自然更新，永续利用。但是森林资源的合理利用必须在保护生态平衡的前提下进行木材和其他林副产品以及野生动植物资源的利用和繁育。只有这样才能充分发挥森林资源的多种功能，才能做到愈用愈好，青山常在。

#### 10.3.1.2 森林资源的特点

森林资源是陆地上最重要的生物资源，它具有如下特点：

(1) 空间分布广，生物生产力高

森林占地球陆地面积约22%，森林的第一净生产力较陆地任何其他生态系统都高，比如热带雨林年产生物量就达$500t/m^2$。从陆地生物总量来看，整个陆地生态系统中的总量为$1.8×10^{12}t$，其中森林生物总量即达$1.6×10^{12}t$，占整个陆地生物总量的90%左右。

(2) 结构复杂，多样性高

森林内既包括有生命的物质，如动物、植物及微生物等，也包含无生命的物质，如光、水、热、土壤等，它们相互依存，共同作用，形成了不同层次的生物结构。

(3) 再生能力强

森林资源不但具有种子更新能力，而且还可进行无性繁殖，实施人工更新或天然更新。同时，森林具有很强的生物竞争力，在一定条件下能自行恢复在植被中的优势地位。

#### 10.3.1.3 我国森林资源的特点

(1) 自然条件好，树种丰富

我国地域幅员辽阔，地形条件、气候条件多种多样，适合多种植物生长，故我国森林树种特别丰富。我国分布着高等植物32000种，其中特有珍稀野生植物就达10000余种，林间栖息着特有野生动物100余种。种类的丰富程度仅次于马来西亚和巴西。另外，我国是木本植物最为丰富的国家之一，共有115科、302属、7000多种；世界上95%以上的木本植物属在我国都有代表种分布。还有，在我国的森林中，属于本土特有种的植物共有3科、196属、1000多种。因此，从物种总数和生物特有性的角度，我国被列为世界上12个"生物高度多样性"的国家之一。

(2) 森林资源绝对数量大，相对数量小，分布不均

我国森林资源面积的总量很大，现有林地$13370×10^4 hm^2$，蓄积量为$101.37×10^8 m^3$，位于世界前列，雄居亚洲之首。但由于人口众多，人均占有林地面积、森林蓄积量、年木材消耗量和森林覆盖率分别相当于世界平均数的19.8%、11.5%、17.6%和56.2%。

我国森林的空间分布不均，大多集中在东北和西南国有林区以及东南部亚热带和热带地区。东北、西南林区主要是天然防护林、用材林的分布地，有林地和人工造林地则以南方集体林区为主。由于我国很多森林生态系统不够完备，森林资源易遭受旱、涝、风、沙、霜、雹等自然灾害的破坏。

(3) 森林资源结构欠佳，采伐利用不便

我国现有的森林资源，在树种结构方面，针叶林比例过少，从而降低了林木的经济生产

价值，给森林资源的持续发展增加了难度；在林种结构方面，用材林的面积、蓄积比例过大，防护林及经济林、特用林比例过少，从而影响着森林资源的多种功能的充分、持续的发挥；在林龄结构方面，我国目前的用材林中，幼龄林偏多，使得近期可供采伐利用的森林资源偏少。这样的结构再加上人口增长和经济发展的压力，我国的森林资源将长期面临短缺的局面，严重影响社会的生存压力和持续发展。

（4）森林资源质量较差，利用率低

我国目前森林资源的林地生产力不高，如全国林地平均蓄积量每公顷仅为 $75.05m^3$，只相当于世界平均水平的 64.7%；在林业用地上，我国有林地面积仅占林业用地面积的 42.2%；在现有林中，人工造林保存率低，人工林生产率低，消耗量大于生长量；在对待天然林问题上，珍贵树种的面积以及生态系统的功能在迅速持续下降。

### 10.3.2　森林资源开发利用中的环境问题

#### 10.3.2.1　导致涵养水源能力下降，引发洪水灾害

印度和尼泊尔的森林破坏，很可能就是印度和孟加拉国洪水泛滥成灾的主要原因。印度每年防治洪水的费用就高达 1.4 亿美元到 7.5 亿美元。1988 年 5—9 月，孟加拉国遇到百年来最大的一次洪水，淹没了 2/3 的国土，死亡 1842 人，50 万人感染疾病；同年 8 月，非洲多数国家遭到水灾，苏丹喀土穆地区有 200 万人受害；11 月底，泰国南部又暴雨成灾，淹死数百人。这些突发的灾难，虽有其特定的气候因素和地理条件，但科学家们一致认为，最直接的因素是森林被大规模破坏。

#### 10.3.2.2　引发水土流失，导致土地沙化

由于森林的破坏，每年有大量的肥沃土壤流失，加速了土地沙漠化的进程。目前世界上平均每分钟就有 $10hm^2$ 土地变成沙漠。哥伦比亚每年损失土壤 $4\times10^8 t$；埃塞俄比亚每年损失土壤 $10\times10^8 t$；印度每年损失土壤 $60\times10^8 t$；我国每年表土流失量达 $50\times10^8 t$。据长江宜昌站的资料统计，长江的平均含沙量由过去的 $1.16kg/m^3$，增加到 $1.47kg/m^3$，年输沙量由 $5.2\times10^8 t$ 增加到 $6.6\times10^8 t$，增加了 27%。

#### 10.3.2.3　导致调节能力下降，引发气候异常

森林的破坏降低了自然界消耗二氧化碳的能力，也是温室效应加剧的一个重要原因。比如一公顷的阔叶林每天就能吸收 1000kg 二氧化碳，产生 730kg 氧气。另外，森林资源的破坏，还降低了森林生态系统调节水分、热量的能力，致使有些地区缺雨少水，有些地区连年干旱，严重影响人类的生产、生活。

#### 10.3.2.4　导致野生动植物的栖息地丧失，生物多样性锐减

森林是许多野生动植物的栖息地，保护森林就保护了生物物种，也就保护了生物多样性。森林破坏会使动植物失去栖息繁衍的场所，使很多野生动植物数量大大减少，甚至濒临灭绝。

### 10.3.3　森林资源环境管理的原则和方法

#### 10.3.3.1　森林资源保护利用的原则

① 生态功能与经济功能相结合的原则。森林既有生态功能，又有经济功能，它在向社会提供以林木为主的物质产品的同时也向社会提供良好的环境服务，这两个功能应是统一

的。但由于一个实物不能同时发挥两种功能，因此在实际生活中二者又常常是矛盾的。针对这一特殊情况，森林资源保护和利用的原则必须是将上述两个功能结合起来。

② 行政手段与市场运作手段相结合的原则。森林是自然环境系统的要素和生态屏障，保护森林资源的生态功能就是保护全民的利益，因此政府有责任用行政手段来限制对森林资源的破坏性利用。另一方面，森林又是社会经济系统的重要生产要素，是社会生产、生活所必不可少的原材料，它必须按市场经济规律运作才能获得应有的经济效益。因此，森林资源保护、利用的原则必须是行政手段与市场运作手段的结合。

③ 坚持"以林为主，多种经营，采育平衡，综合利用"，尊重自然规律和经济规律的原则。

#### 10.3.3.2 森林资源环境管理的方法

(1) 实行森林资源有偿采伐，建立林业投入补偿机制

森林的生态功能与经济功能都是有价值的，而且都在人类社会的经济生活中体现了自己的价值。然而在人类的社会生活中森林长期得不到回报，森林资源的再生产的经费变成国家财政中的公益性支出。我国自1949年以来，在生态林建设中投入了大量的资金，例如，建立了三北防护林，长江中上游防护林以及大量的江河水源涵养林、农田防护林、城镇风景林等。但由于财政收入的紧缺，国家的投入远远不能保证森林再生产的需要，致使经营生态林的国营和集体林业单位不仅得不到应有的经济补偿，每年还要承担大量的建设和管理费用，致使这些林业单位逐步陷入了严重的经济危困之中。

建立林业投入补偿机制是客观的要求。因为森林生态效益既然是一种商品，商品有价，就必须遵循等价交换的原则。为便于操作，目前可从以下几个方面先入手：

一是依靠森林生态和经济功能从事生产经营活动有收入的项目，如已征收水费的大中型水库、水力发电站、水产养殖单位等，可以采用现行水费、电费、营业费中附加的办法，或者在这些单位的年收入中划出一定比例返还给林业部门，作为对林业建设投入的补偿。

二是大型农田防护林、江河湖海防护林体系的森林生态效益的消费者，也应向国家缴纳补偿费。由于这类受益者很多，且在地域上分布很广，经济补偿要落实到具体单位和个人，工作量很大，为此，可在财政预算中专列生态林补偿费项目。

三是有些开发建设活动，如开矿、采煤、采油、大型基建工程等，则除应规定缴纳征占用林地的有关费用外，还应对生态效益的损失进行补偿。补偿的方法可采用在每吨煤（油）的价格中附加，或者由基建单位纳入工程预算，给予一次性补偿。

(2) 利用森林景观优势，发展森林旅游

随着社会经济的迅速发展，世界人口，特别是城市人口的急剧增加，越来越多的人向往大自然，希望到大森林、大自然中，去调节精神、消除疲劳，探奇揽胜，丰富生活，达到增进身心健康、愉悦精神的目的。因此森林旅游已成为世界各国旅游业发展的一个热点，这也给森林资源的利用与保护提供了一个良好的契机。

自美国1872年建立起世界上第一个国家森林公园后，各国相继建立起自己的森林公园和自然保护区。澳大利亚是世界上森林公园最多、面积最大的国家之一，森林公园总面积达$1673 \times 10^4 hm^2$。泰国建立自然保护区265个，其中大部分都开展森林旅游业务。日本建立的森林公园占全国森林面积的15%，每年有8亿人次涌向森林公园进行森林浴。走向大森林，观赏大自然，已成为人们旅游活动的重要内容。

发展森林旅游业在满足人类回归自然要求的同时也带来可观的经济收益。据统计，1980

年世界旅游总人数为 16.5 亿人次，旅游总收入达 5500 亿美元。森林旅游业的发展还带动了商业、酒店、旅馆、食品加工及运输业的发展。

森林旅游在促进当地经济发展的同时，也为森林资源的保护与利用筹集了资金，为森林利用补偿机制的建立提供了保证，为森林资源管理开辟了新的途径。它可以把森林资源的利用与保护有机地结合起来，寓管理于利用，既发挥了森林的生态、景观作用，又利用旅游收益来加强管理，增加投入，更好地保护和更新森林资源。因此，发展森林旅游是森林资源管理中的一种有效的经济手段。

(3) 改革林业经营与管理的机制

森林资源的利用和保护是密不可分的，森林资源的破坏往往是利用不当造成的。因此，为了保护森林资源必须改革林业的经营管理机制。

通过租赁、兑换等形式有偿流转林地，使森林资源经营权重组，可能是一个值得探索的新做法。另外，在山区实行山林经营股份合作制，把山林所有权与经营权分离，引导林农走集约化经营的道路，形成利益风险共同体。这样，不但可以开辟多种融资渠道，减少保护森林对国家财政的压力，而且可以融利用和保护为一体。其具体实现方式可根据山脉水系，以现有大片林区和林业重点县为基础，以散生的国有林场和乡村林场为依托，实行国家与集体、集体与集体、集体与个人的横向联合。集体投山、农户投劳、部门投资、国家补助、林业科研单位出技术，形成宏大的社会系统工程。与此同时，还可以进一步改革行政管理体制，通过创办山地开发型实体，有效地转变机关工作职能。

## 10.4 生物多样性的保护与管理

### 10.4.1 生物多样性的概念及其作用

#### 10.4.1.1 生物多样性的概念

"生物多样性"（Biological Diversity，Biodiversity）一词出现在 20 世纪 80 年代初。一般认为，生物多样性是地球上所有生物包括植物、动物和微生物及其所构成的综合体。1995 年，联合国环境规划署在《全球生物多样性评估》一书中将生物多样性定义为：生物多样性是生物和它们组成的系统的总体多样性和变异性。1992 年联合国环境与发展大会通过的《生物多样性公约》把生物多样性解释为：生物多样性是指所有来源的活的生物体中的变异性，这些来源包括陆地、海洋和其他水生生态系统及其所构成的生态综合体，这包括物种内、物种间和生态系统的多样性。

目前，大家公认的生物多样性的三个主要层次是遗传多样性、物种多样性和生态系统多样性，其中遗传多样性也称基因多样性。基因多样性又包括分子、细胞和个体三个水平上的遗传变异度，是生命进化和物种分化的基础。物种多样性是指在一定区域内某一面积上物种的数目及其变异程度，常用物种丰度（Species Richness）表示。生态系统多样性既存在于生态系统内部，也存在于生态系统之间。在前一种情况下，一个生态系统由不同物种组成，它们的结构特点多种多样，执行功能不同，因而在生态过程中的作用也很不一致。在后一种情况下，在各地区不同地理背景中形成的多样的生境中分布着不同的生态系统。保持生态系统的多样性，维持各生态系统的生态过程对于所有生物的生存、进化和发展，对于维持遗传多样性和物种多样性都是必不可少、至关重要的。

生物多样性还有许多其他的表达方式,如物种的相对多度、种群的年龄结构,一个区域的群落或生态系统的格局随时间的改变,等等,但上述三个层次是最主要的。

#### 10.4.1.2 生物多样性的作用

(1) 直接使用价值

直接使用价值即被人类作为资源直接使用的价值,它又可分为两类。第一类是实物价值,即生物为人类生产活动提供了燃料、木材等原材料,为人类生存繁衍提供了食物、衣服、医药等生活用品。单就药物来说,发展中国家 80% 的人口依赖植物或动物提供的传统药物,西方医药中使用的药物有 40% 含有最初在野生植物中发现的物质。第二类是非实物价值,主要包括生物多样性在旅游观赏、科学文化、畜力使用等方面提供的服务价值。

(2) 间接使用价值

间接使用价值指能支持和保护社会经济活动及人类生命财产的环境调节功能,有人将其叫做生态功能。自然生态系统在有机质生产、二氧化碳固定、氧气释放、营养物质的固定与循环、重要污染物的降解等方面为人类社会的生存发展发挥着极为重要和不可替代的作用。从局部来看,当前生物多样性的调节功能表现为涵养水源、巩固堤岸、防止侵蚀、降低洪峰、调节气候等,这类价值目前还很难像直接价值那样可以进行比较精确的定量计算。

(3) 选择价值(潜在价值)

选择价值即为后代人提供选择机会的价值。对于许多植物、动物和微生物物种,目前它们的使用价值还不清楚,有待于进一步去发现、研究和利用。如果这些物种遭到破坏,后代人就再没有机会加以选择利用。

### 10.4.2 生物多样性的变化情况

#### 10.4.2.1 全球生物多样性概况

全球生物多样性是巨大的。到目前为止,人们已经鉴定出大约 $170 \times 10^4$ 种左右的物种,但科学家在研究鱼类、某些植物类群,特别是热带雨林中的无脊椎动物时又常常发现数量巨大的新物种。目前,科学家们估计全球物种总数在 $5000 \times 10^4$ 到 $1 \times 10^8$ 之间。表 10-3 列出《世界资源报告》中的物种统计表。由于许多新物种的不断发现,表中有些数据已经有了很大的变化。

表 10-3 全球物种数目分类

| 类 别 | 确定种类数 | 估计种类数 |
| --- | --- | --- |
| 哺乳动物 | 4710 | 43000 |
| 鸟类 | 8715 | 9000 |
| 爬行动物 | 5115 | 6000 |
| 两栖动物 | 3215 | 35000 |
| 鱼类 | 21000 | 23000 |
| 无脊椎动物 | 1300000 | 4004000 |
| 维管植物 | 250000 | 280000 |
| 非维管植物 | 150000 | 200000 |
| 总计 | 1742755 | 4600000 |

#### 10.4.2.2 中国生物多样性概况

我国国土辽阔，海域宽广，自然条件复杂多样，加之有较古老的地质历史，孕育了极其丰富的植物、动物和微生物物种及其丰富多彩的生态组合，是全球12个"巨大多样性国家"之一。我国是地球上种子植物区系起源中心之一，承袭了北方第三纪、古地中海及古南大陆的区系成分；动物则汇合了古北界和东洋界的大部分种类。我国现有种子植物30000种，其中裸子植物250种，居世界首位；脊椎动物6300余种，其中鸟类1244种，占世界总数的13.7%，居世界前列；鱼类3862种，占世界总数的20%，也居世界前列。不仅如此，特有类型众多，更是中国生物区系的特点。现已知脊椎动物有667个特有种，为中国脊椎动物总数的10.5%；种子植物有5个特有科，247个特有属，17300种以上的特有种。另外，中国还拥有众多的"活化石"之称的珍稀动植物如大熊猫、白鳍豚、文昌鱼、鹦鹉螺、水杉、银杏和攀枝花苏铁等。中国动植物特有种情况如表10-4。

表10-4 中国动植物特有种统计表

| 项目 | 门类 | 已知种(或属)数 | 特有种(或属)数 | 特有种(或属)占总数百分比/% |
|---|---|---|---|---|
| 动物 | 哺乳类 | 581 | 110 | 18.93 |
| | 鸟类 | 1244 | 98 | 7.88 |
| | 爬行类 | 376 | 25 | 6.65 |
| | 两栖类 | 284 | 30 | 10.56 |
| | 鱼类 | 3862 | 404 | 10.46 |
| | 总计 | 6347 | 667 | 10.5 |
| 植物 | 被子植物 | 3123 | 246 | 7.9 |
| | 种子植物 | 34 | 10 | 29.4 |
| | 蕨类植物 | 224 | 6 | 2.7 |
| | 苔藓植物 | 494 | 13 | 2.6 |
| | 总计 | 3875 | 275 | 10.3 |

中国有7000年以上的农业开垦历史，我国开发利用和培育了大量栽培植物和家养动物，其丰富程度在全世界也是独一无二的。目前我国共有家养动物品种和类群1900多个，境内已知的经济树种1000种以上，水稻的地方品种达50000个，大豆达20000个，药用植物11000多种，牧草4200多种，原产中国的重要观赏花卉2200多种，等等。

在生态系统多样性方面，中国陆地生态系统有森林212类，竹林36类，灌丛113类，草甸77类，沼泽37类，草原55类，荒漠52类，高山冻原、垫状和流石滩植被17类。淡水和海洋生态系统类型暂时尚无统计资料。

由上所述可见，我国的生物多样性丰富而又独特，其特点可以概括为六个方面：①物种高度丰富；②特有物种属、种繁多；③区系起源古老；④栽培植物和家养动物及野生亲缘种质资源异常丰富；⑤生态系统丰富多彩；⑥空间格局繁杂多样。因此，从世界的角度看，我国的生物多样性在全世界占有重要而又十分独特的地位。

#### 10.4.2.3 生物多样性的变化情况

在地球发展历史中，生物种类数也会由于多种多样的自然原因而不断减少，但是这种减少的速度是缓慢的。自从人类出现以后，特别是近几个世纪以来，人类活动大大加快了地球上物种灭绝的速度。有科学家认为，现在的生物物种至少以 1000 倍于自然灭绝的速度在地球上消失。据美国哈佛大学生物学家爱德华·威尔逊估计，世界上每年至少有 $5\times10^4$ 种物种灭绝，平均每天灭绝 140 种。F. D. M. Smith 和 R. M. Mary 的研究表明，自 1600 年以来，地球上有记录的动物灭绝 586 种，植物灭绝 504 种。在 1900—1950 年期间共有 60 个物种灭绝，而在自然背景下估计每 100 年到 1000 年才有一个物种灭绝。

有关资料表明，我国生物多样性的损失也十分严重。大约已有 200 种植物灭绝，估计还有 5000 种植物处于濒危状态，占中国高等植物总数的 20%；大约有 398 种脊椎动物处于濒危状态，占中国脊椎动物总数的 7.7%左右（表 10-5）。中国动物和植物已经有 15%~20%受到威胁，高于世界 10%~15%的水平，在《濒危野生动植物国际贸易公约》附录中所列的 640 个物种中，中国占 156 个。

表 10-5　中国脊椎动物特有种和受威胁种的种数统计

| 类别 | 已知种数 | 受威胁种数 | 受威胁种/% | 稀有物种数 | 稀有物种/% | 受威胁稀有种数 | 受威胁稀有种/% |
| --- | --- | --- | --- | --- | --- | --- | --- |
| 哺乳纲 | 581 | 134 | 23.04 | 110 | 18.93 | 22 | 20.00 |
| 鸟纲 | 1244 | 182 | 14.63 | 98 | 7.88 | 22 | 22.45 |
| 爬行纲 | 376 | 17 | 4.52 | 25 | 6.65 | 2 | 8.00 |
| 两栖纲 | 284 | 7 | 2.46 | 30 | 10.56 | 3 | 10.00 |
| 鱼纲 | 3862 | 93 | 2.41 | 404 | 10.46 | 6 | 1.49 |
| 总计 | 6347 | 433 | 6.82 | 667 | 10.05 | 55 | 8.25 |

另外，随着对生物多样性研究的不断深入，科学家在热带森林的物种研究中发现在林冠层中生活着数量巨大的物种（主要是昆虫）。其中已经被科学家记载的只是很小的一部分。这些发现使人们将估算的地球上的物种总数向上增长到 $1\times10^7$ 至 $1\times10^8$ 种之间，而其中被分类学家记载的还不到 $1.5\times10^6$ 种。

## 10.4.3　破坏生物多样性的主要因素

（1）生物生境（栖息地）的破坏

生境是一个生物与其他生物共同生存所利用的空间，包括地形、气候、土壤等各种要素的组配，简单地说就是动物、植物或微生物繁衍生息的地方。生境是生物多样性存在的基础，人类活动导致的生境破坏是生物多样性减少的主要原因。生境可分为以下几类：

① 森林生境。森林为野生动物、植物和微生物提供了丰富多样的栖息地，是人类未来的物种资源宝库。森林生境被破坏的原因主要有过度砍伐和开荒、森林火灾、病虫害、人工林品种单一化、环境污染等。

② 湿地生境。湿地指沼泽地、湿原、泥炭地或水域地带，带有或静止或流动，或为淡水、半咸水或咸水的水体，包括低潮时水深不超过 6m 的海域。由于特殊的地理环境，湿地的生物多样性资源极为丰富，特别是在鸟类、鱼类和两栖类动物方面。我国有 $2500\times10^4 hm^2$ 的天然湿地和一些人工湿地。据估计，在这些湿地栖息的有哺乳动物 65 种，占全国总数的 13%；鸟类 300 种，占 26%；爬行动物 50 种，占 13%；两栖类 45 种，占 16%；龟类 1040 种，占 37%。

湿地生境遭到破坏的原因主要有：农垦和城市开发，比如围海造地使我国沿海湿地的面

积以每年 $2\times10^4 km^2$ 的速率在消失；水土流失引起的河床和湖泊泥沙淤积，比如我国洞庭湖的面积已由 20 世纪初的 $4350 km^2$ 萎缩到现在的 $2500 km^2$；湿地水资源利用的不合理，比如我国新疆博斯腾湖湿地面积就因此从 1956 年到 1988 年减少了 $300 km^2$。

③ 其他生境。其他生境主要指草原、荒漠、湖泊水库、海洋岛屿等。

(2) 环境污染的破坏

环境污染对生物多样性有巨大的破坏作用。在大气污染中，二氧化硫污染使对其敏感的地衣从许多城市和近郊以及接近污染源的森林中减少或消失，二氧化硫造成的酸雨和酸沉降使湖泊、水库等水体和土壤酸化，危害农作物、鱼类和多种无脊椎动物的生存；农药的污染对小型食肉动物、鸟类（特别是猛禽）、两栖动物、爬行动物造成了巨大的危害；毒饵灭鼠，对野生动物构成了不小的威胁；人类排放氟氯烃（CFC）物质引起的臭氧层臭氧浓度的减少，使紫外线强度过量增加，抑制了浮游植物的光合作用，从而影响了浮游动物、鱼类、虾和藻类的数量，并因食物链的作用，将使该地区的生态系统受到严重损害，甚至被完全破坏。

随着工农业发展和城镇建设的扩大，大量工业废水、城市污水、农业废水排入江、河、湖、海等水体。其中重金属和其他有毒成分使水生生物死亡或影响其生长发育；大量有机物分解时消耗氧气并产生有毒气体，使水生生物失去了生存条件；另外，过量的氮、磷等营养物质排入湖泊、水库等水体造成水体富营养化，使浮游生物种类单一化，水草、底栖动物和鱼类数量锐减等。

(3) 水工建筑、采矿等经济活动的破坏

大型水利设施，对一个地区的地貌、水文、气候等自然地理条件会有较大的改变，也会对生物多样性产生巨大影响。因为它们可能隔断了鱼类、虾、蟹类的洄游通道，使它们不能正常洄游产卵和繁殖。例如在盛产河蟹的江苏省，20 世纪 50 年代初年产量 $600\times10^4 kg$ 左右，由于大量建设水工设施，1959 年年产量下降为 $465\times10^4 kg$，1963 年更减至 $170\times10^4 kg$，到 70 年代，河蟹在该省内陆河流湖泊中就基本绝迹了。

大规模的采矿引起的植被破坏、土壤和水体污染，开采地下水导致的水位下降和沿交通线的噪声也会对生物多样性产生不利影响。例如，太原西山煤矿开采导致该地区地下水位下降，使著名的晋祠难老泉水源枯竭，使泉中原有的珍贵藻类和鱼类趋于灭绝等等。

(4) 过度捕杀、捕捞、偷猎等的破坏

在短期经济利益甚至违法高额获利的驱使下，人类的许多捕猎行为往往对生物多样性造成巨大的破坏。在动物方面，由于大多数动物的肉可食、毛皮可衣，并且其中许多具有很高的药用价值，所以它们历来就是人们捕杀的对象。狂捕滥杀的行动已使如新疆虎、蒙古野马灭绝，高鼻羚羊在中国境内消失，华南虎、穿山甲、果子狸、雉类、大鲵、蛙类、蛇类、鲨鱼、虎、豹、熊、麋、羚羊、鹿、黑叶猴、大壁虎等都日渐濒危。在植物方面，一些珍贵物种如地衣类的石耳、雪地菜，苔藓类的泥炭藓属，蕨类的鹿角蕨，被子植物中的甘草、野人参、兰科植物等都面临灭绝。在国际上，日本、挪威等国在南极地区大肆捕杀鲸鱼、海豹等动物，也对南极的生物多样性造成极大的破坏。

(5) 外来物种入侵的破坏

在当前人类活动不断加剧，交通越来越发达的情况下，外来物种入侵已成为十分普遍的现象。当外来物种被引入到没有天敌的地方时，往往会造成破坏性的后果。比如原产日本的松突圆蚧在 20 世纪 80 年代初侵入中国广东沿海地区后，迅速扩散成灾。1983 年使松林受害面积达 $11\times10^4 hm^2$，1986 年达 $31\times10^4 hm^2$，1987 年增至 $40\times10^4 hm^2$，枯死面积约 $8\times$

$10^4 \text{ hm}^2$,到 90 年代,发生病害面积已达 $73\times10^4 \text{ hm}^2$,$13\times10^4 \text{ hm}^2$ 的马尾松林枯死。又如,原产北美的美国白蛾,1979 年侵入中国辽宁丹东、新金等地并扩散。该虫可危害果树、林木和农作物等 100 多种植物,许多果园游览区、林荫道上的树叶被吃得精光,严重威胁养蚕业、林果业和城市绿化,造成了惊人的损失。

## 10.4.4 生物多样性的保护与管理措施

### 10.4.4.1 加强生物多样性保护的立法和执法

为了遏制人为因素造成生物多样性锐减的趋势,首先需要制定和实施保护生物多样性的法律、法规体系。

目前,我国生物多样性保护的立法体系包括:

① 宪法,其第九条规定:国家保障自然资源的合理利用,保护珍贵的动物和植物。禁止任何组织或者个人用任何手段侵占或者破坏自然资源。第二十六条规定:国家保护和改善生活环境和生态环境,防治污染和其他公害。国家组织和鼓励植树造林,保护林木。

② 法律,主要有《中华人民共和国环境保护法》《中华人民共和国森林法》《中华人民共和国海洋环境保护法》《中华人民共和国野生动物保护法》等。

③ 行政法规,主要有《水资源保护条例》《植物检疫条例》《国务院关于严格保护珍贵稀有野生动物的通令》等。

④ 地方性法规,如《广东省森林管理实施办法》等。

⑤ 规章,如林业部《森林和野生动物类型自然保护区管理办法》等。

在实施生物多样性保护法规的过程中,建立了若干法律制度。主要有:

① 环境影响报告书制度。《中华人民共和国环境影响评价法》(2018 年修正)中规定,工业、交通、水利、农林、卫生、旅游、市政等对环境和生物多样性有影响的建设项目都必须执行环境影响报告书(表)制度,否则不予批准。同时也规定了相应实施的"三同时"制度等。

② 自然保护区制度。按有关法律规定,国务院和地方各级人民政府对具有代表性的各种类型的自然生态系统区域,珍稀、濒危野生动植物物种的天然集中分布区等的陆地、水体和海域,依法划出一定面积予以特殊保护和管理,建立自然保护区。另外,对自然保护区的经济、技术政策、管理体制、违法行为的处罚等也作出了规定。

③ 许可证制度。《森林法》规定,采伐林木必须持有林业部门发给的许可证;《渔业法》规定,捕捞作业必须按捕捞许可证关于作业类型、场所、时限和渔具数量的规定进行作业,并遵守有关保护渔业资源的规定;《野生动物保护法》规定,捕捉、捕捞国家一、二级保护野生动物必须申请特许猎捕证。

④ 检疫制度。为防止动植物病虫的侵入和传播,避免外来物种对本地物种的不利影响,规定了动植物检疫的范围、对象以及应检疫病虫、过境检疫、进出口检疫等内容。

关于生物多样性保护的执法,我国现有的执法主体主要有四类:

① 国务院和地方各级人民政府,它们掌握综合性和全局性情况,主要承担依法行政的任务。

② 国务院生态环境主管部门和县级以上人民政府的生态环境主管部门,它们依法实施对生物多样性保护的任务,并负有监督管理的职责。

③ 县级以上人民政府的土地、矿产、林业、农业、水政、渔政港务监督、海洋主管部

门，它们分别负责对各种自然资源的监督管理。

④ 各级公安机关、法院、检察院、军队以及交通管理部门均依法实施监督。

我国在生物多样性法制建设中奉行"立法与执法并重"的方针，执法工作取得了一定的成绩。但从历年来的执法检查情况来看，违法捕捉、经营、贩运、倒卖、走私野生动物等破坏生物多样性的情况仍十分严重，个别地方随意侵占、蚕食自然保护区，在保护区内进行偷猎、滥采的事件还时有发生；因自然资源破坏、浪费而造成的野生物种濒危、灭绝的情况也较多，执法工作形势非常严峻。目前，急需加强和改进执法工作。

#### 10.4.4.2 制定有利于保护生物多样性的政策

环境保护是我国的一项基本国策。因此除需加强法制建设外，还需尽快完善政策体系。

目前，我国在国家层次上关于保护生物多样性的主要政策可归纳为：

① 坚持经济建设、城乡建设、环境建设同步规划、同步实施、同步发展的战略方针，遵循经济效益、社会效益、环境效益相统一的原则。

② 在国土开发中，坚持开发、利用、整治、保护并重的方针，建立了一系列以保护自然环境为目标的自然资源持续利用战略，并推行有利于保护和持续利用生物资源的经济和技术政策。

③ 坚持强化管理、预防为主和"开发者负责、损害者负担"的三大政策体系。

④ 建立并加强了各级政府的自然保护机构，逐渐形成了国家、地方多级管理的体系。

⑤ 将自然保护建立在法制的基础上，适时颁布了各种自然保护的法律、法规、条例、标准。

⑥ 开展了自然保护的科学研究，建立生物资源监测网络和信息网络，定期发布环境状况公报。

⑦ 重视自然保护的宣传教育，积极开展有关的国际合作。

在部门层次上，有利于生物多样性保护的政策主要有：

① 自然资源的有偿使用政策，如林业部政策规定，凡是征用、占用林地的，用地单位应按规定支付林地、林木补偿费，森林植被恢复费和安置费；凡临时使用林地的，要按《土地复垦条例实施办法》支付林地损失补偿费，用于造林营木，恢复森林植被。

② 生物资源持续利用政策，如国家中药管理部门推行建立扶持资金和收购奖售及调控收购价格等措施，引导中药材的引种、野生动物养殖、植物药材驯化栽培工作，以保护野生药材资源。林业部门对野生动物驯养繁殖实行扶持政策，使一些动物的人工养殖业迅速发展起来，基本满足了市场对一些珍贵药材和毛皮的需求，从而避免了对野生动物的过度捕猎。

③ 财税补助政策，如中国农业银行和中国工商银行在1991年联合制定优惠林业政策，决定在"八五"期间每年给林业项目贴息贷款6亿元，给多种经营贴息贷款每年4亿元。国家税务总局决定对治沙和合理开发沙漠资源给予8个方面的税收优惠政策；给予东北、内蒙古综合利用木材剩余物的产品免征产品税和增值税。

④ 强化管理，通过建立各种制度，建立管理机构，组建监督管理队伍，运用法律、行政、经济手段，对各种可能损害生物多样性的行为进行严格的监督管理。如环境保护部门推行的"环境保护目标责任制"，林业部门推行的"森林资源任期目标责任制"以及水利部门推行的"水土保持目标责任制"等。

在地方层次上，主要政策有：

① 林业股份政策，其具体做法是：在山林产权不变的情况下，通过折股，将山林由物

质形态转变为价值形态（股票），并将股票以"森林股份证"的形式按投入分到各户。同时在股份制基础上建立林场管理经营。

② 生态环境补偿费政策，开展对矿藏开发、土地开发、旅游开发，水、森林、草原等资源开发、药用植物资源开发利用、电力资源开发、海域使用等经济活动征收生态环境补偿费。征收的资金主要作为自然保护工作的专项资金，用于生态环境的恢复与重建。

③ 乡村生态环境保护目标考核制度，重点考核乡村生态环境，指标包括土地保护、森林保护、自然保护区建设与管理、物种保持、农村能源建设、地质环境保护、农业环境保护、水资源保护、水土保持等。

④ 行业倾斜政策，一些地方为保护森林资源，促进植树造林，在安排资金和税收等方面对林业倾斜。各级财政和林业主管部门在安排地方支农资金、林业资金、物资及基地造林、荒山造林、封山育林、世界银行贷款造林、多种经营等项目时，适当地向林场倾斜，使其在较短的时间内完成荒山绿化任务。

#### 10.4.4.3 加强生物多样性的科学研究和公众教育

为了更有效地保护生物多样性，必须加强有关的科学研究工作。主要有：

① 生物多样性的编目；
② 生物多样性保护技术和理论；
③ 生物多样性的监测和信息系统的建立；
④ 生物技术；
⑤ 生物多样性宏观管理研究。

另外，还需要加强生物多样性的宣传教育工作。主要有：

① 在新闻报道中加大比重；
② 在影视制品中加大自然保护栏目的比重；
③ 利用与生物多样性有关的节目如"4.22 地球日""6.5 世界环境日""爱鸟周"等开展宣传教育活动，在博物馆、动物园、植物园等地举办各种展览来提高公众的生物多样性意识、责任和参与积极性；
④ 重视对青少年的生物多样性保护意识的教育等。

## 复习思考题

1. 试述水资源的特点，水资源开发利用中的环境问题有哪些？
2. 水资源环境管理有哪些主要方法和手段？
3. 试述矿产资源开发利用中的环境问题及管理的内容。
4. 什么是森林资源？如何进行森林资源的环境管理？
5. 破坏生物多样性的主要因素有哪些？
6. 怎样进行生物多样性的保护与管理？

## 主要参考文献

[1] 周三多.管理学——原理与方法.第7版.上海：复旦大学出版社，2018.
[2] 白志鹏，王珺.环境管理学.北京：化学工业出版社，2004.
[3] 沈洪艳.环境管理学.北京：清华大学出版社，2007.
[4] 张承中.环境规划与管理.北京：高等教育出版社，2007.
[5] 田良.环境规划与管理教程.合肥：中国科学技术大学出版社，2014.
[6] 李天昕.环境规划与管理实务.北京：冶金工业出版社，2014.
[7] 刘立忠.环境规划与管理.北京：中国建材工业出版社，2015.
[8] 韩德培.环境保护法教程.第7版.北京：法律出版社，2015.
[9] 马晓明.环境规划理论与方法.北京：化学工业出版社，2004.
[10] 张素珍.环境规划理论与实践.北京：中国环境出版社，2016.